Managementwissen für Studium und Praxis

Herausgegeben von
Professor Dr. Dietmar Dorn und
Professor Dr. Rainer Fischbach

Bisher erschienene Werke:

Arrenberg · Kiy · Knobloch · Lange, Vorkurs in Mathematik
Behrens · Kirspel, Grundlagen der Volkswirtschaftslehre, 2. Auflage
Behrens, Makroökonomie – Wirtschaftspolitik
Bichler · Dörr, Personalwirtschaft – Einführung mit Beispielen aus SAP® R/3® HR®
Blum, Grundzüge anwendungsorientierter Organisationslehre
Bontrup, Volkswirtschaftslehre
Bontrup, Lohn und Gewinn
Bontrup · Pulte, Handbuch Ausbildung
Bradtke, Mathematische Grundlagen für Ökonomen
Bradtke, Übungen und Klausuren in Mathematik für Ökonomen
Bradtke, Statistische Grundlagen für Ökonomen
Breitschuh, Versandhandelsmarketing
Busse, Betriebliche Finanzwirtschaft, 4. Auflage
Clausius, Betriebswirtschaftslehre I
Clausius, Betriebswirtschaftslehre II
Dinauer, Allfinanz – Grundzüge des Finanzdienstleistungsmarkts
Dorn · Fischbach, Volkswirtschaftslehre II, 3. A.
Drees-Behrens · Kirspel · Schmidt · Schwanke, Aufgaben und Fälle zur Finanzmathematik, Investition und Finanzierung
Drees-Behrens · Schmidt, Aufgaben und Fälle zur Kostenrechnung
Ellinghaus, Werbewirkung und Markterfolg
Fank, Informationsmanagement, 2. Auflage
Fank · Schildhauer · Klotz, Informationsmanagement: Umfeld – Fallbeispiele
Fiedler, Einführung in das Controlling, 2. Auflage
Fischbach, Volkswirtschaftslehre I, 11. Auflage
Fischer, Vom Wissenschaftler zum Unternehmer
Frodl, Dienstleistungslogistik
Götze, Techniken des Business-Forecasting
Götze, Mathematik für Wirtschaftsinformatiker
Gohout, Operations Research
Haas, Kosten, Investition, Finanzierung – Planung und Kontrolle, 3. Auflage
Haas, Marketing mit EXCEL, 2. Auflage
Haas, Access und Excel im Betrieb
Hardt, Kostenmanagement
Heine · Herr, Volkswirtschaftslehre, 2. Auflage
Hildebrand · Rebstock, Betriebswirtschaftliche Einführung in SAP® R/3®
Hofmann, Globale Informationswirtschaft
Hoppen, Vertriebsmanagement
Koch, Marketing
Koch, Marktforschung, 3. Auflage
Koch, Gesundheitsökonomie: Kosten- und Leistungsrechnung
Krech, Grundriß der strategischen Unternehmensplanung

Kreis, Betriebswirtschaftslehre, Band I, 5. Aufl.
Kreis, Betriebswirtschaftslehre, Band II, 5. Aufl.
Kreis, Betriebswirtschaftslehre, Band III, 5. Aufl.
Laser, Basiswissen Volkswirtschaftslehre
Lebefromm, Controlling – Einführung mit Beispielen aus SAP® R/3®, 2. Auflage
Lebefromm, Produktionsmanagement – Einführung mit Beispielen aus SAP® R/3®, 4. Aufl.
Martens, Betriebswirtschaftslehre mit Excel
Martens, Statistische Datenanalyse mit SPSS für Windows
Mensch, Finanz-Controlling
Mensch, Kosten-Controlling
Müller, Internationales Rechnungswesen
Olivier, Windows-C – Betriebswirtschaftliche Programmierung für Windows
Peto, Einführung in das volkswirtschaftliche Rechnungswesen, 5. Auflage
Peto, Grundlagen der Makroökonomik, 12. A.
Piontek, Controlling
Piontek, Beschaffungscontrolling, 2. Auflage
Piontek, Global Sourcing
Posluschny, Kostenrechnung für die Gastronomie
Posluschny · von Schorlemer, Erfolgreiche Existenzgründungen in der Praxis
Reiter · Matthäus, Marktforschung und Datenanalyse mit EXCEL, 2. Auflage
Reiter · Matthäus, Marketing-Management mit EXCEL
Rothlauf, Total Quality Management in Theorie und Praxis
Rudolph, Tourismus-Betriebswirtschaftslehre
Rüth, Kostenrechnung, Band I
Sauerbier, Statistik für Wirtschaftswissenschaftler
Schaal, Geldtheorie und Geldpolitik, 4. Auflage
Scharnbacher · Kiefer, Kundenzufriedenheit, 2. A.
Schuchmann · Sanns, Datenmanagement mit MS ACCESS
Schuster, Kommunale Kosten- und Leistungsrechnung
Schuster, Doppelte Buchführung für Städte, Kreise und Gemeinden
Specht · Schmitt, Betriebswirtschaft für Ingenieure und Informatiker, 5. Auflage
Stahl, Internationaler Einsatz von Führungskräften
Steger, Kosten- und Leistungsrechnung, 2. Aufl.
Stock, Informationswirtschaft
Strunz · Dorsch, Management
Weindl · Woyke, Europäische Union, 4. Auflage
Zwerenz, Statistik, 2. Auflage
Zwerenz, Statistik verstehen mit Excel – Buch mit CD-ROM

Aufgaben und Fälle zur Finanzmathematik, Investition und Finanzierung

Von

Prof. Dr. Christa Drees-Behrens
Prof. Dr. Matthias Kirspel
Prof. Dr. Andreas Schmidt
Prof. Helmut Schwanke

R. Oldenbourg Verlag München Wien

Die Deutsche Bibliothek – CIP-Einheitsaufnahme

Aufgaben und Fälle zur Finanzmathematik, Investition und Finanzierung /
von Christa Drees-Behrens .... – München ; Wien : Oldenbourg, 2001
  (Managementwissen für Studium und Praxis)
  ISBN 3-486-25820-6

© 2001 Oldenbourg Wissenschaftsverlag GmbH
Rosenheimer Straße 145, D-81671 München
Telefon: (089) 45051-0
www.oldenbourg-verlag.de

Das Werk einschließlich aller Abbildungen ist urheberrechtlich geschützt. Jede Verwertung außerhalb der Grenzen des Urheberrechtsgesetzes ist ohne Zustimmung des Verlages unzulässig und strafbar. Das gilt insbesondere für Vervielfältigungen, Übersetzungen, Mikroverfilmungen und die Einspeicherung und Bearbeitung in elektronischen Systemen.

Gedruckt auf säure- und chlorfreiem Papier
Gesamtherstellung: Druckhaus „Thomas Müntzer" GmbH, Bad Langensalza

ISBN 3-486-25820-6

Vorwort

Eines der wichtigsten und interessantesten Teilgebiete der Betriebswirtschaftslehre ist die betriebliche Investitions- und Finanzwirtschaft. Die betriebliche Investitionswirtschaft befasst sich mit der langfristigen Kapitalbindung, denn Investitionen reichen weit in die Zukunft und sind für die strategische Ausrichtung eines Unternehmens von grundlegender Bedeutung. Die betriebliche Finanzwirtschaft behandelt neben der Frage, wie ein Unternehmen und insbesondere seine Investitionen finanziert werden sollen, auch die für ein Unternehmen existenziell wichtige Frage, wie eine Unternehmung in die Lage versetzt werden kann, jederzeit seinen Zahlungsverpflichtungen nachkommen zu können, also liquide zu sein. Als nicht zu vernachlässigenden Nebeneffekt kann man die Erkenntnisse der betrieblichen Investitions- und Finanzwirtschaft ebenfalls für die private Vermögens- und Schuldendisposition nutzen, etwa bei der Frage, wie der Bau eines Hauses zweckmäßig zu finanzieren ist oder bei Fragen der Altersvorsorge.

Die vorliegende Aufgabensammlung soll dem Leser dabei helfen, die Grundlagen der betrieblichen Investitions- und Finanzwirtschaft unmittelbar praxisbezogen zu erleben. Da die betriebliche Investitions- und Finanzwirtschaft auf den Grundlagen der Finanzmathematik aufbaut, haben wir ein Kapitel mit Aufgaben zur Finanzmathematik vorangestellt. Die Aufgabensammlung umfasst insgesamt 134 Aufgaben mit Lösungen, von denen die meisten aufgrund ihres Anwendungsbezuges und ihres Umfangs als „Fälle" gelten können. Die Aufgabensammlung wendet sich an Studierende von Universitäten, Fachhochschulen und Berufsakademien sowie an Teilnehmer von Fort- und Weiterbildungsveranstaltungen. Auch der interessierte Praktiker wird manche Aufgabe als sehr hilfreich für seine tägliche Arbeit empfinden.

Alle Aufgaben haben sich in unseren zahlreichen Lehrveranstaltungen zu diesen Themengebieten überaus bewährt. Für Hinweise und Anregungen sind wir dennoch sehr dankbar. Eine durchgehende Bearbeitung der Aufgaben, verbunden mit der anschließenden Kontrolle der Lösungen sichert den Lern- und Prüfungserfolg. Wir wünschen Ihnen dabei viel Spaß und gutes Gelingen.

Christa Drees-Behrens
Matthias Kirspel
Andreas Schmidt
Helmut Schwanke

Inhaltsverzeichnis

Symbol- und Abkürzungsverzeichnis XIV

1. Finanzmathematik

1.1. Zins- und Zinseszinsrechnung

1-1	Zins- und Endwertberechnung	1 / 120
1-2	Anfangskapital	1 / 120
1-3	Unterjährige Verzinsung	1 / 120
1-4	Grundbegriffe der Zinsrechnung	2 / 121
1-5	Einfache Verzinsung/Zinseszinsen	2 / 121
1-6	Verzinsung des Sparkontos	2 / 121
1-7	Zinsberechnung für ein Sparkonto mit Einzahlungen	3 / 122
1-8	Zinskonditionen	3 / 122
1-9	Zinsberechnung für einen Bundesschatzbrief	3 / 123
1-10	Nachschüssige/vorschüssige Verzinsung	4 / 123
1-11	Antizipativer Zinssatz	4 / 123
1-12	Zinssatzberechnung	4 / 124
1-13	Zahlungsablösung	5 / 124
1-14	Kreditablösung	5 / 124
1-15	Zinssatzbestimmung	5 / 124
1-16	Jährliche/unterjährige Zinsberechnung	5 / 125
1-17	Verbraucherkreditberechnung	6 / 126
1-18	Variable Zinssätze	6 / 126
1-19	Wechselverzinsung	7 / 127
1-20	Variable Verzinsung	7 / 127
1-21	Unterjährige Zinstermine	8 / 128
1-22	Zinsberechnung beim Ratensparen	9 / 128
1-23	Kapitalwertvergleich	9 / 131
1-24	Jahreszinsberechnung	9 / 131

1.2. Rentenrechnung

1-25	Kapitalstockberechnung	10 / 132
1-26	Kapitalstock für veränderliche Rentenzahlungen I	10 / 133
1-27	Kapitalstock für veränderliche Rentenzahlungen II	11 / 133
1-28	Ratenberechnung	11 / 133
1-29	Rentenberechnung	11 / 134
1-30	Änderungen der Rentenraten	12 / 134
1-31	Änderungen der Beitragsdauer	12 / 135
1-32	Monatliche Rentenzahlung	12 / 135
1-33	Monatlich steigende Rentenzahlungen	13 / 136
1-34	Bausparvertrag	13 / 136
1-35	Endwertberechnung von Zahlungsreihen	14 / 137
1-36	Ratensparverträge und Zinsberechnungsverfahren	15 / 137
1-37	Raucherauszahlungen	15 / 138
1-38	Barabfindung für eine Rentenzahlung	16 / 138
1-39	Geschäftsübergabe auf Rentenbasis	16 / 139
1-40	Sparvertrag mit unterjährigen Zahlungen	17 / 140
1-41	Rentenvergleich	17 / 141
1-42	Investitionsbeurteilung I	18 / 142
1-43	Investitionsbeurteilung II	20 / 144
1-44	Bewertung einer Pensionsverpflichtung	21 / 145
1-45	Annuitätenberechnung	21 / 145
1-46	Investitionsvergleich	21 / 146
1-47	Vorfälligkeitsentschädigung	22 / 147
1-48	Pensionsrente I	23 / 147
1-49	Jährliche Renten	24 / 148
1-50	Barwert bei unterjährigen Rentenzahlungen	24 / 148
1-51	Pensionsrente II	25 / 149
1-52	Monatlich vorschüssige Rentenzahlungen/ Lebensversicherung	26 / 149
1-53	Unterjährige Rente	27 / 150
1-54	Barkauf oder Ratenzahlung	27 / 150

1.3. Tilgungsrechnung

1-55	Kreditratenberechnung I	28 / 151
1-56	Kreditberechnung	28 / 151
1-57	Wohnungsbaukredit/Zinsverrechnungsverfahren	29 / 152
1-58	Kreditvergleich I	30 / 154
1-59	Kreditablösung	31 / 158
1-60	Kreditratenberechnung II	31 / 158
1-61	Kreditfinanzierung	32 / 159
1-62	Verbraucherkreditberechnung	33 / 159
1-63	Effektivverzinsung eines endfälligen Darlehens	33 / 161
1-64	Tilgungsplan und Effektivverzinsung einer Ratenschuld	34 / 163
1-65	Annuitätentilgung I	34 / 164
1-66	Annuitätentilgung II	35 / 164
1-67	Kredit mit Jahresraten	36 / 165
1-68	Annuitätentilgung III	36 / 166
1-69	Kreditvergleich II	37 / 166
1-70	Unterjähriger Annuitätenkredit	38 / 167
1-71	Annuitätentilgung IV	39 / 167
1-72	Annuitätentilgung V	40 / 168
1-73	Tilgungsdauer	40 / 168

1.4. Kursrechnung

1-74	Kurs- und Effektivzinsberechnung	41 / 169
1-75	Kurs und Effektivverzinsung von Kapitalanlagen	41 / 170
1-76	Kurs einer Anleihe I	42 / 172
1-77	Kurswert von Anleihen	42 / 173
1-78	Kurs einer Anleihe II	43 / 173
1-79	Kurs einer Annuitätenschuld	44 / 173
1-80	Kurs einer Zinsschuld mit unterjährigen Zahlungen	44 / 174

2. Betriebliche Investitionswirtschaft

2.1. Grundlagen

2-1	Aussagen zur betrieblichen Investitionswirtschaft	45 / 176

2.2. Statische Investitionsrechnung

2-2	Gewinn-, Rentabilitäts- und Amortisationsvergleich	47 / 178
2-3	Kosten- und Gewinnvergleichsrechnung	49 / 180
2-4	Gewinnvergleichs- und Amortisationsrechnung	50 / 182

2.3. Dynamische Investitionsrechnung

2-5	Rechnungselemente bei Investitionsrechnungen	51 / 183
2-6	Kapitalwertmethode/Einzelinvestition I	51 / 184
2-7	Kapitalwertmethode/Einzelinvestition II	52 / 184
2-8	Kapitalwertmethode/Alternativenvergleich I	52 / 185
2-9	Kapitalwertmethode/Alternativenvergleich II	53 / 186
2-10	Kapitalwertmethode und Interne Zinsfußmethode	54 / 186
2-11	Kapitalwertmethode/Steuerzahlungen I	56 / 188
2-12	Kapitalwertmethode/Steuerzahlungen II	57 / 188

2.4. Statische und dynamische Investitionsrechnung

2-13	Statische und dynamische Investitionsrechnung/ Grundlagen	58 / 189
2-14	Statische und dynamische Investitionsrechnung für eine Einzelinvestition	58 / 191
2-15	Statische und dynamische Investitionsrechnung/ Alternativenvergleich I	59 / 192
2-16	Statische und dynamische Investitionsrechnung/ Alternativenvergleich II	60 / 195

2-17	Statische und dynamische Investitionsrechnung/ Alternativenvergleich III	61 / 198
2-18	Investitionsanalyse einschließlich Finanzierung	64 / 201

2.5. Vollständige Finanz- und Investitionsplanung

2-19	Vollständiger Finanzplan/Grundlagen	65 / 203
2-20	Vollständiger Finanzplan/Berechnung	65 / 204
2-21	Dynamische Investitionsrechnung und vollständiger Finanzplan	66 / 206
2-22	Statische und dynamische Investitionsrechnung/ Vollständiger Finanzplan	67 / 210
2-23	Vollständiger Finanzplan mit Ertragsteuern	68 / 212
2-24	Vollständige Finanz- und Investitionsplanung	69 / 216

2.6. Sonstige Modellerweiterungen

2-25	Investitionsentscheidungen bei Unsicherheit	73 / 220
2-26	Bestimmung der optimalen Nutzungsdauer und des optimalen Ersatzzeitpunktes	75 / 224

2.7. Bestimmung des optimalen Investitionsvolumens

2-27	Kapitalbudget nach Dean/Grundlagen	76 / 226
2-28	Kapitalbudget nach Dean/Berechnung	77 / 227
2-29	Optimale Abstimmung des Investitions- und Finanzierungsprogramms	78 / 228

3. Betriebliche Finanzwirtschaft

3.1. Grundlagen

3-1	Aussagen zur betrieblichen Finanzwirtschaft	80 / 231

3.2. Außenfinanzierung/Beteiligungsfinanzierung

3-2	Kapitalerhöhung der Aktiengesellschaft	86 / 237
3-3	Bilanzkurs, Ertragswertkurs, Bezugsrechtswert	89 / 241
3-4	Mittelkurs, Stück- und Prozentnotierung	90 / 242
3-5	Beteiligungsfinanzierung bei der AG	91 / 243
3-6	Operation Blanche	92 / 245

3.3. Außenfinanzierung/Kreditfinanzierung

3-7	Kreditbesicherung durch Grundpfandrechte	93 / 247
3-8	Indirekte Belastung des Lieferantenkredits	94 / 248
3-9	Effektivverzinsung bei Kreditfinanzierung	94 / 249
3-10	Unterjährige Effektivverzinsung	96 / 251
3-11	Konditionenbestimmung für Ratenkredite	98 / 255
3-12	Obligation	99 / 257
3-13	Leasing	100 / 260

3.4. Außenfinanzierung/Mischformen

3-14	Finanzierung durch Wandelschuldverschreibungen	102 / 262
3-15	Wandelschuldverschreibung und Optionsanleihe	103 / 264

3.5. Innenfinanzierung

3-16	Finanzierung aus einbehaltenen Gewinnen	103 / 265
3-17	Cashflow und Innenfinanzierung	104 / 267
3-18	Finanzierung aus Abschreibungsgegenwerten	106 / 269

3.6. Kapitalbedarfsermittlung und Finanzplanung

3-19	Statische Kapitalbedarfsermittlung	107 / 273
3-20	Bilanzorientierte Finanzplanung	108 / 275

3-21	Optimale kurz- und langfristige Kreditfinanzierung	110 / 278
3-22	Finanzplanung	112 / 281

3.7. Optimierung der Finanzstruktur

3-23	Finanzierungsregeln	114 / 283
3-24	Leverage-Effekt und Leverage-Formel	115 / 285
3-25	Leverage-Effekt und Eigenkapitalrentabilitäten	116 / 287
3-26	Leverage-Effekt und Finanzierungsstruktur	116 / 288

Finanzmathematische Formeln 290

Finanzmathematische Tabellen 294

Symbol- und Abkürzungsverzeichnis

Δ	Differenz zweier Werte
A	Anschaffungswert
A_0	Anschaffungsauszahlung zum Investitionszeitpunkt
ABF	Abzinsungs- oder Diskontierungsfaktor
ANF	Annuitäten- / Kapitalwiedergewinnungsfaktor
a_t	Auszahlungen der Periode t
AUF	Aufzinsungsfaktor
b	Kreditbearbeitungsgebühr in Prozent
BAF	Barwertfaktor oder Rentenbarwertfaktor oder Diskontierungssummenfaktor oder Kapitalisierungsfaktor
BRW	Bezugsrechtswert
C_0	Kapitalwert oder Ausgabekurs
C_n	Endwert oder Rückzahlungskurs
D	Dividende
DN	Dividendennachteil
ENF	Endwertfaktor oder Rentenendwertfaktor
e_t	Einzahlungen der Periode t
EVF	Endwertverteilungsfaktor
FS	Finanzierungssaldo
i	Zinsfuß oder Zinsfaktor p / 100
i_u	unterjähriger Zinsfuß
I_0	Investitionsbetrag
J.	Jahr
K	Kapital
K_0	Anfangskapital oder Barwert oder Gegenwartswert
K_a	Kurs der alten Aktien
KD	Kapitaldienst
K_n	Endkapital oder Endwert; Kurs der neuen Aktien
KR_t	Kreditrate in der Periode t
L_n	Liquidationserlös am Ende der Nutzungsdauer

m	Anzahl der unterjährigen Zins- oder Zahlungstermine
MK	Mischkurs
n	Laufzeit in Jahren oder Zinsperioden; Nutzungsdauer
p	Zinsprozentsatz oder Zinssatz
p.a.	per annum
p_A	antizipativer oder vorschüssiger Zinssatz
p_{eff}	effektiver Zinssatz per annum
p_{int}	interner Zinssatz
p_K	konformer Zinssatz pro Zinsperiode
p_M	monatlicher Zinssatz
p_R	relativer Zinssatz
Q.	Quartal
q^n	Aufzinsungsfaktor
R	Rentenrate
R_E	fiktive Ersatzrente zum Zinstermin
RS	Restschuld
RS_t	Restschuld nach Ablauf von t Jahren bzw. Zinsperioden
r	interner Zinsfuß, Effektivzins
r_u	unterjähriger Zinsfuß
T	Tilgungsrate
t	Anzahl Zinstage
t_A	Amortisationszeit
$ü_t$	Überschuss der Periode ($e_t - a_t$)
Z	Zinsen
ZT	Zinstage pro Zinsperiode, z.B. 360 bzw. 365 pro Jahr

1. Finanzmathematik

1.1. Zins- und Zinseszinsrechnung

Aufgabe 1-1: *Zins- und Endwertberechnung*

Am 01.01.00 zahlt ein Sparer 12.000,00 € auf sein Sparkonto ein.

a) Welchen Endbetrag hat er nach fünf Jahren mit Zinseszinsen auf seinem Sparkonto, wenn die Bank 3% Zinsen p.a. gewährt?

b) Welchen Betrag hat der Sparer am 30.06.05 auf seinem Konto, wenn innerhalb eines Jahres einfache Zinsen berechnet werden?

c) Welchen Betrag hat er bei a) bzw. b) auf seinem Konto, wenn die Bank die Zinsen vierteljährlich verrechnet (Zinseszinsen)?

Aufgabe 1-2: *Anfangskapital*

Einem Sparer werden heute 50.000 € von seinem Sparbuch ausgezahlt. Welchen Betrag hat er bei einem Zinssatz von 5% p.a. vor 10 Jahren auf dem Sparbuch angelegt?

Aufgabe 1-3: *Unterjährige Verzinsung*

Eine Finanzierungsgesellschaft legt 10.000 € für 20 Tage auf einem Festgeldkonto an, für das die Bank 1% Zinsen pro Vierteljahr gewährt. Welcher Betrag wird nach 20 Tagen zurückgezahlt?

Aufgabe 1-4: *Grundbegriffe der Zinsrechnung*

Erläutern Sie die Begriffe

a) Nachschüssige Verzinsung
b) Vorschüssige Verzinsung
c) Nachschüssige Zahlung
d) Vorschüssige Zahlung

Aufgabe 1-5: *Einfache Verzinsung/Zinseszinsen*

Ein Vater leiht seinem Sohn 5.000 € zum Kauf eines Gebrauchtwagens.

a) Welchen Betrag muss der Sohn bei einem Zinssatz von 5% p.a. und einfacher Verzinsung nach 3 Jahren zurückzahlen?

b) Welchen Betrag müsste der Sohn zurückzahlen, wenn er den Kredit bei einer Bank aufnehmen würde, die 5% Zinsen p.a. mit Zinseszinsen berechnet.

Aufgabe 1-6: *Verzinsung des Sparkontos*

Ein Großvater möchte bei der Geburt seiner Enkelin einen einmaligen Betrag auf ein Sparkonto einzahlen, damit die Enkelin bei Volljährigkeit (18 Jahre) 18.000 € auf dem Konto zur Verfügung hat. Welchen Betrag muss er anlegen, wenn die Bank 5% Zinsen für langfristige Geldanlagen gewährt?

Aufgabe 1-7: *Zinsberechnung für ein Sparkonto mit Einzahlungen*

Ein Sparer zahlt folgende Beträge innerhalb eines Jahres auf sein Konto ein:

Datum	01.01.00	01.04.00	01.07.00	01.10.00
Betrag	100,00	200,00	300,00	400,00

Welchen Betrag hat er am Jahresende (31.12.00) auf dem Konto, wenn die Bank 4% Zinsen p.a. gewährt? Bearbeitungsgebühren werden nicht berechnet.

Aufgabe 1-8: *Zinskonditionen*

Eine Schuldverschreibung mit einem Nennwert von 1.000 € ist mit folgenden Bedingungen ausgestattet:

a) Zinssatz 6% p.a., Zinszahlung jährlich
b) Zinssatz 6% p.a., Zinszahlung halbjährlich
c) Zinssatz 6% p.a., Zinszahlung vierteljährlich

Welcher Betrag wird bei den unterschiedlichen Konditionen nach 10 Jahren ausgezahlt, wenn die Zinsen dem Kapital zugeschlagen werden? Welcher jährlichen Verzinsung entsprechen die unterschiedlichen Konditionen?

Aufgabe 1-9: *Zinsberechnung für einen Bundesschatzbrief*

Ein Bundesschatzbrief ist mit folgenden Konditionen ausgestattet:

Laufzeit: 5 Jahre

Zinskonditionen:

Jahr	1	2	3	4	5
Zinssatz	4,0%	4,5%	5,0%	5,5%	6%

Welcher Betrag wird dem Kapitalanleger nach 5 Jahren ausgezahlt, wenn er für 10.000 € Schatzbriefe erwirbt? Welche durchschnittliche Verzinsung hat der Anleger erzielt?

Aufgabe 1-10: *Nachschüssige/vorschüssige Verzinsung*

Stellen Sie für ein Kapital K_0 = 500,00 € den Wert des Kapitals am Jahresanfang, am Jahresende und die jährlichen Zinsen in einer Tabelle dar. Unterstellen Sie dabei:

a) Nachschüssige (postnumerando) Verzinsung mit p = 10% p.a.
b) Vorschüssige (pränumerando) Verzinsung mit p = 10% p.a.

Führen Sie die Rechnung für n = 2 Jahre durch.

Aufgabe 1-11: *Antizipativer Zinssatz*

Bestimmen Sie den vorschüssigen (antizipativen oder pränumerando) Zinssatz p_A, der einer nachschüssigen (dekursiven) Verzinsung von 100% p.a. entspricht.

Aufgabe 1-12: *Zinssatzberechnung*

Berechnen Sie den Zinssatz, bei dem sich ein Kapital in 10 Jahren verdoppelt

a) bei nachschüssiger Verzinsung
b) bei vorschüssiger (antizipativer) Verzinsung.

Aufgabe 1-13: *Zahlungsablösung*

Durch welche einmalige Zahlung zum Zeitpunkt 0 können drei Zahlungsverpflichtungen, die an folgenden Terminen fällig sind, abgelöst werden? Der Zinssatz betrage 5% p.a.

1. 5.000 € zahlbar nach 3 Jahren
2. 15.000 € zahlbar nach 5 Jahren
3. 15.000 € zahlbar nach 6 Jahren.

Aufgabe 1-14: *Kreditablösung*

Ein Kredit von K_0 = 100.000 € soll durch drei gleich große Zahlungen abgelöst werden, die nach 2, 3 und 5 Jahren am Jahresende geleistet werden sollen. Berechnen Sie diese Zahlbeträge bei einem Zinssatz von 5% p.a.

Aufgabe 1-15: *Zinssatzbestimmung*

Welchem Jahreszinssatz entspricht folgende Zahlungsbedingung: 2% Skonto bei Zahlung innerhalb von 10 Tagen, 30 Tage netto.

Aufgabe 1-16: *Jährliche/unterjährige Zinsberechnung*

Ein Student nimmt am 01.01.00 einen Kredit von 10.000 € zur Finanzierung seines Studiums auf. Welchen Betrag muss er am 31.12.03 zurückzahlen

a) bei einer nachschüssigen Verzinsung von 8% p.a.?

b) bei vierteljährlichen Zinsterminen und 8% Jahreszinssatz? Bestimmen Sie den relativen und konformen Zinssatz, Bankgebühren sind zu vernachlässigen.

c) Auf welchen Wert ist der Kredit bei a) und b) am 30.06.04 angewachsen?

Aufgabe 1-17: *Verbraucherkreditberechnung*

Ein Versandhaus gewährt einem Kunden nach Anzahlung von 10% des Kaufpreises eines Video-Centers für 5.000,00 € einen Verbraucherkredit über den Restbetrag mit einer Laufzeit von 24 Monaten zu folgenden Konditionen:

Zinssatz:	0,6% pro Monat bezogen auf den Anfangskredit
Bearbeitungsgebühr:	2% des Kreditbetrages
Rückzahlung:	24 gleich große monatliche Raten

a) Wie hoch ist die monatliche Rate?

b) Wie hoch ist der effektive Zinssatz pro Jahr bei einfacher Zinsrechnung?

Aufgabe 1-18: *Variable Zinssätze*

Einem Sparer werden bei Beendigung eines Sparvertrages 37.711,88 € ausgezahlt. Welchen Betrag hatte er vor 5 Jahren angelegt, wenn der Sparvertrag mit folgenden Zinskonditionen ausgestattet war:

Jahr	1	2	3	4	5
Zinssatz p.a.	3,0%	3,5%	4,0 %	4,5%	5,0%

Aufgabe 1-19: *Wechselverzinsung*

Ein Wechsel über 10.000 € wird nach einem Jahr fällig.

a) Wie hoch ist der Barwert (Ankaufswert) des Wechsels heute bei einem Diskontsatz von 2,5% pro Vierteljahr?

b) Welchem nachschüssigen Jahreszinssatz entspricht der Diskontsatz?

c) Der Wechsel wird nach 100 Tagen fällig. Wie hoch ist der Ankaufswert heute bei gleichem Diskontsatz?

Aufgabe 1-20: *Variable Verzinsung*

Eine Schuldverschreibung mit einem Nennwert von 1.000 € ist mit folgenden Bedingungen ausgestattet:

Zeitraum	Zinssatz
01.01.00 - 31.00.00 (3 Monate)	3% p.a.
01.04.00 - 31.06.00 (3 Monate)	4% p.a.
01.07.00 - 30.09.00 (3 Monate)	5% p.a.
01.10.00 - 31.12.00 (3 Monate)	6% p.a.

a) Welcher Betrag wird dem Inhaber der Schuldverschreibung nach einem Jahr ausgezahlt, wenn innerhalb des Jahres einfache Zinsen berechnet werden? Rechnen Sie generell mit 30 Zinstagen pro Monat. Welcher jährlichen Verzinsung entsprechen die Zinskonditionen?

b) Welcher Betrag wird dem Inhaber der Schuldverschreibung nach einem Jahr ausgezahlt, wenn monatlich Zinseszinsen berechnet werden? Rechnen Sie generell mit 30 Zinstagen pro Monat. Welcher jährlichen Verzinsung entsprechen die o.a. Zinskonditionen?

c) Die Zinsbedingungen der Schuldverschreibung lauten:

Zeitraum	Zinssatz
01.01.01 - 31.12.03 (3 Jahre)	3% p.a.
01.01.04 - 31.12.06	4% p.a.
01.01.07 - 30.12.09	5% p.a.
01.01.10 - 31.12.12	6% p.a.

Welcher Endbetrag wird dem Inhaber der Schuldverschreibung am 31.12.12 ausgezahlt, wenn die Zinsen nicht ausgezahlt, sondern dem Kapital zugeschlagen werden?

Welcher durchschnittlichen jährlichen Verzinsung entsprechen die o.a. Zinskonditionen?

Aufgabe 1-21: *Unterjährige Zinstermine*

Eine Schuldverschreibung über 10.000 € wird mit 2% pro Vierteljahr verzinst.

a) Welcher Endbetrag wird dem Inhaber nach vier Jahren ausgezahlt, wenn die Zinsen nicht ausgeschüttet, sondern wieder verzinst werden?

b) Welcher Jahreszinssatz müsste gewährt werden, wenn der gleiche Endbetrag in vier Jahren erreicht werden soll?

Aufgabe 1-22: *Zinsberechnung beim Ratensparen*

Ein Sparer zahlt ein Jahr lang an jedem Monatsende 100 € auf sein Sparkonto ein. Welchen Endbetrag hat er bei einem nominalen Zinssatz von 10% p.a. am Jahresende auf dem Konto, wenn die Bank folgende Zinsberechnungsmethoden einsetzt:

a) Einfache unterjährige Verzinsung
b) Monatliche Zinsverrechnung bzw. monatliche Zinseszinsen
c) Vierteljährliche Zinsverrechnung

Aufgabe 1-23: *Kapitalwertvergleich*

Ein Anwalt möchte seine Praxis verkaufen. Zwei Interessenten melden sich und geben jeweils ein Zahlungsangebot ab.

Angebot I: Anzahlung 100.000 €, nach drei Jahren erste Zahlung einer über drei Jahre (= 36 Monate) andauernden monatlich vorschüssigen Rente von 3.000 € pro Monat.

Angebot II: Zahlung von 70.000 € nach einem Jahr, nach weiteren zwei Jahren 90.000 €, nach weiteren drei Jahren 110.000 €.

Welches Angebot ist für den Anwalt am günstigsten, wenn er mit einem Jahreszinssatz von 7% rechnet?

Aufgabe 1-24: *Jahreszinsberechnung*

Ein Anfangskapital von 2.000 € ist nach 6 Jahren auf 4.000 € angewachsen. Wie hoch ist der durchschnittliche nachschüssige Jahreszins?

1.2. Rentenrechnung

Aufgabe 1-25: *Kapitalstockberechnung*

Ein Unternehmer möchte eine Betriebsrente von 10.000 € pro Jahr für einen Zeitraum von fünf (5) Jahren erwerben.

a) Welchen Kapitalstock muss er anlegen bei einem Zinssatz von 5% und nachschüssiger Zahlung der Rente?

b) Stellen Sie die zeitliche Entwicklung des Kapitalstocks und der Zahlungen in einer Tabelle dar.

c) Welcher Kapitalstock ist erforderlich, wenn die Rente vorschüssig, d.h. am Jahresanfang ausgezahlt wird? Stellen Sie ebenfalls die Entwicklung des Kapitalstocks und der Zahlungen in einer Tabelle dar.

Aufgabe 1-26: *Kapitalstock für veränderliche Rentenzahlungen I*

Die nachschüssige Betriebsrente der Aufgabe 1-25 soll jährlich um 1.000,00 € angehoben werden, sodass sich folgende Rentenzahlungen ergeben:

Jahr	1	2	3	4	5
Zahlung	10.000	11.000	12.000	13.000	14.000

Welcher Kapitalstock ist erforderlich bei 5% Zinsen?

Aufgabe 1-27: *Kapitalstock für veränderliche Rentenzahlungen II*

Die jährliche Betriebsrente von 10.000 € (Aufgabe 1-25) soll jedes Jahr um 10% angehoben werden. Welcher Kapitalstock ist nun erforderlich bei einem Zinssatz von 5%?

Aufgabe 1-28: *Ratenberechnung*

Ein Student erbt 50.000,00 €.

a) Welchen gleichbleibenden Betrag kann er vier (4) Jahre lang an jedem Jahresanfang abheben, wenn er das Geld zu 5% p.a. auf einem Konto anlegt?

b) Der Student möchte jedes Jahr 12.000 € am Jahresanfang abheben. Wie lange kann er diese Abhebung vornehmen (p = 5%)?

c) Welchen Restbetrag hat der Student nach vier Jahren noch auf dem Sparkonto?

Aufgabe 1-29: *Rentenberechnung*

Welche Beträge muss ein 25-jähriger jährlich bis zur Vollendung seines 60. Lebensjahres einzahlen (n_{Ein} = 35), damit er ab diesem Zeitpunkt bis zum 75. Lebensjahr eine vorschüssige jährliche Rente von 24.000,00 € beziehen kann (n_{Aus} = 15)? Der Zinssatz betrage 5%. Die Einzahlungen sollen nachschüssig, d.h. am Jahresende erfolgen.

a) Berechnen Sie den Kapitalstock, der beim Eintritt des Versorgungsfalles (Vollendung des 60. Lebensjahres) angespart sein muss.

b) Berechnen Sie die jährlichen Einzahlungen.

Aufgabe 1-30: *Änderungen der Rentenraten*

Um welchen Betrag erhöhen sich die Einzahlungsbeträge der Aufgabe 1-29, wenn die Person eine jährliche Rente von 36.000 € beziehen möchte? Die übrigen Daten sollen unverändert gelten.

Aufgabe 1-31: *Änderungen der Beitragsdauer*

Auf welchen Betrag verringert sich die Rente bei gleichbleibenden Beitragsleistungen (s. Aufgabe 1-29), wenn der Beginn der Rentenzahlung auf das 55. Lebensjahr vorgezogen wird und Leistung und Gegenleistung im Gleichgewicht bleiben sollen?

Aufgabe 1-32: *Monatliche Rentenzahlung*

Ein Unternehmer wünscht eine monatlich vorschüssig zu zahlende Rente von 1.000,00 € über einen Zeitraum von 5 Jahren.

a) Welcher Kapitalstock ist erforderlich bei $p = 5\%$ p.a., wenn innerhalb des Jahres einfache Zinsen berechnet werden?

b) Welcher Kapitalstock ist erforderlich, wenn monatlich mit Zinseszinsen gerechnet wird?

Aufgabe 1-33: *Monatlich steigende Rentenzahlungen*

Die monatliche, vorschüssige Rente von 1.000,00 € soll in den vier Folgejahren jeweils um 100,00 € angehoben werden, sodass sich folgende Zahlungen ergeben:

Jahr	1	2	3	4	5
Rente	1.000,00	1.100,00	1.200,00	1.300,00	1.400,00

Welcher Kapitalstock ist erforderlich bei p = 5% p.a. und einfacher unterjähriger Zinsberechnung?

Aufgabe 1-34: *Bausparvertrag*

Ein junger Familienvater schließt einen Bausparvertrag über 50.000 € (Bausparsumme) ab, der mit folgenden Konditionen ausgestattet ist:

Bausparsumme:	50.000 €
Mindestguthaben für die Zuteilung:	40% der Bausparsumme
Monatlicher Sparbeitrag:	0,6% der Bausparsumme
Verzinsung des Sparguthabens:	3% p.a.
Verzinsung des Bausparkredits:	5% p.a.
Monatliche Rate für Zins und Tilgung des Bausparkredits:	0,6% der Bausparsumme

a) Berechnen Sie die Dauer der Ansparzeit, d.h. bis 40% der Bausparsumme als Guthaben erreicht sind. Vernachlässigen Sie die unterjährige Verzinsung, da Kontoführungsgebühren u.a.m. diesen Effekt in der Regel kompensieren. Alle Zahlungen sind nachschüssig zu leisten.

b) Bei Zuteilung des Bausparvertrages wird die Differenz zwischen Guthaben (idealerweise 40% der Bausparsumme) und Bausparsumme als Bausparkredit gewährt, der mit 5% p.a. verzinst wird. Die monatliche Zahlungsrate für Zins und Tilgung beträgt wiederum 0,6% der Bausparsumme.

Berechnen Sie die Höhe des Bausparkredits. Wie lange dauert die Tilgung des Kredits? Vernachlässigen Sie dabei die unterjährige Verzinsung.

Aufgabe 1-35: *Endwertberechnung von Zahlungsreihen*

a) Ein Sparer zahlt folgende Beträge innerhalb eines Jahres auf sein Konto ein:

Datum	01.01.00	01.02.00	01.06.00	01.12.00
Betrag	100,00	100,00	100,00	100,00

Welchen Betrag hat er am Jahresende (31.12.00) auf dem Konto, wenn die Bank 4% Zinsen p.a. gewährt? Bearbeitungsgebühren werden nicht berechnet.

b) Ein Sparer zahlt folgende Beträge innerhalb eines Jahres auf sein Konto ein:

Datum	01.01.00	01.04.00	01.07.00	01.10.00
Betrag	100,00	100,00	100,00	100,00

Welchen Betrag hat er am Jahresende (31.12.00) auf dem Konto, wenn die Bank 4% Zinsen p.a. gewährt? Bearbeitungsgebühren werden nicht berechnet.

Aufgabe 1-36: *Ratensparverträge und Zinsberechnungsverfahren*

Ein Sparer zahlt ab 01.01.00 fünf Jahre lang monatlich vorschüssig 100,00 € auf sein Sparkonto ein. Die Bank gewährt 3% Zinsen.

a) Berechnen Sie den Endbetrag nach fünf Jahren, wenn die Bank die Zinsen jährlich verrechnet. Innerhalb des Jahres werden einfache Zinsen berechnet.

b) Berechnen Sie den Endbetrag, wenn die Bank die Zinsen halbjährlich verrechnet.

c) Berechnen Sie den Endbetrag, wenn die erste Zahlung am 01.07.00 erfolgt und die Bank monatliche Zinseszinsen berechnet.

d) Berechnen Sie den Endbetrag, wenn die erste Zahlung am 01.07.00 erfolgt und die Bank die Zinsen wie bei a) am Jahresende verrechnet und innerhalb des Jahres einfache Zinsen berechnet.

e) Berechnen Sie die Barwerte bezogen auf den 01.01.00 für die vier Teilaufgaben.

Aufgabe 1-37: *Raucherauszahlungen*

a) Ein Raucher gibt im Jahr ca. 2.000 € für sein Laster aus. Wie hoch ist der Barwert dieser Auszahlungen bei einer Restlebenserwartung des Rauchers von 40 Jahren und einem Zinssatz von 6% p.a.? Unterstellen Sie zur Vereinfachung, dass der Zahlungsanfall am Jahresende erfolgt.

b) Welchen Endbetrag hat ein Nichtraucher auf seinem Sparkonto, wenn er diesen Betrag jährlich nachschüssig auf sein Sparkonto einzahlt und 6% Zinsen p.a. erhält?

Aufgabe 1-38: *Barabfindung für eine Rentenzahlung*

Ein bei einem Autounfall Geschädigter erhält eine Jahresrente von 6.000 € zugesprochen. Welche Barabfindung entspricht diesen Zahlungen bei einer mittleren Lebenserwartung des Geschädigten von 20 Jahren und 5% Zinsen p.a.?

Aufgabe 1-39: *Geschäftsübergabe auf Rentenbasis*

Ein Hotelier verkauft aus Altersgründen seinen Betrieb Ende 1999 für 500.000 € an einen Nachfolger zu folgenden Zahlungsbedingungen:

- Teilzahlung von 100.000 € bei Abschluss des Vertrages Ende 1999.
- Zahlung einer monatlichen Rente jeweils am Monatsanfang in den folgenden 5 Jahren beginnend im Jahr 2000 an den Verkäufer oder seine Erben. Die monatliche Rente soll 5.000,00 € im Jahr 2000 betragen und in den 4 folgenden Jahren (2001-2004) jedes Jahr um 500,00 € angehoben werden.
- Zahlung des Restbetrages Ende 2004.

Der vereinbarte Zinssatz beträgt 5% p.a.

a) Berechnen Sie den abschließenden Zahlungsbetrag (Restbetrag), der Ende 2004 zu zahlen ist. Nebenkosten des Erwerbs sollen unberücksichtigt bleiben. Die unterjährige einfache Verzinsung ist bei der Rentenzahlung zu berücksichtigen.

b) Nach 2 Jahren stirbt der Verkäufer. Seine Erben wünschen eine Sofortzahlung (am 31.12.01 bzw. 01.01.02) der ausstehenden Zahlungen vom Käufer. Wie hoch ist dieser Betrag bei dem Zinssatz von 5%?

c) Aus Liquiditätsgründen kann der Käufer diesen Betrag nicht aufbringen. Er einigt sich mit den Erben auf eine Sofortzahlung von 50.000,00 € (am 31.12.01). Der Rest soll in zwei (2) gleich großen Raten nach 6 bzw. 12 Monaten gezahlt werden. Wie hoch sind diese beiden Raten bei einem Zinssatz von 5% p.a.? Die unterjährige Verzinsung ist zu berücksichtigen.

Aufgabe 1-40: *Sparvertrag mit unterjährigen Zahlungen*

Ab Juli 2000 bis zum Jahresende 2002 sollen an jedem Monatsende 100,00 € auf ein Sparkonto eingezahlt werden. Der Zinsfuß beträgt 4% p.a. Die einfache unterjährige Verzinsung ist zu berücksichtigen.

a) Wie hoch ist das angesparte Guthaben am 31.12.00 bzw. am 01.01.01?

b) Wie hoch ist das Guthaben Ende 2002?

Aufgabe 1-41: *Rentenvergleich*

Eine erfolgreiche Geschäftsfrau hatte als 30-jährige eine private Zusatz-Rentenversicherung über monatlich 1.000 € abgeschlossen, zahlbar ab dem 60. Lebensjahr. Die durchschnittliche Lebenserwartung von Frauen betrage 78 Jahre (Rentendauer 18 Jahre). Die unterjährige Verzinsung und die Sterbewahrscheinlichkeiten seien hier zu vernachlässigen. Alle Zahlungen sind nachschüssig zu behandeln.

a) Berechnen Sie die monatlichen Beitragsleistungen während der Einzahlungsdauer bei einem Zinssatz von 5%.

Infolge der Rentenreform verschiebt sich der Rentenbeginn auf das 65. Lebensjahr. Die Rentenversicherung unterbreitet der Geschäftsfrau folgende verlockende Angebote:

b) Auszahlung der Rente wie vertraglich geregelt ab dem 60. Lebensjahr zusätzlich zum Arbeitsentgelt.

c) Verschiebung des Rentenbeginns auf das 65. Lebensjahr bei Aussetzung der Beitragszahlungen ab dem 60. Lebensjahr. Die monatliche bzw. jährliche Rentenzahlung wird dafür um 20% erhöht.

d) Verschiebung des Rentenbeginns auf das 65. Lebensjahr unter Beibehaltung der monatlichen Beitragsleistungen bis zum Rentenbeginn. Die monatliche Rentenzahlung wird dafür um 100% erhöht.

Welche Alternative empfehlen Sie der Geschäftsfrau unter finanzmathematischen Aspekten? Steuerliche Überlegungen und die unterjährige Verzinsung können Sie vernachlässigen. Der kalkulatorische Zinssatz betrage generell 5%.

Aufgabe 1-42: *Investitionsbeurteilung I*

Ein Investor plant den Erwerb einer Eigentumswohnung für 100.000 €. Er geht bei seinem Kauf von folgenden Annahmen aus:

- Jährliche Auszahlungen für Instandhaltung und Verwaltung ca. 1.000 €.
- Jährliche Mieteinzahlungen abzüglich Nebenkosten ca. 8.000 €.
- Erwarteter Verkaufspreis der Wohnung nach 5 Jahren 110.000 €.

Steuerliche Überlegungen sind zu vernachlässigen.

a) Wie hoch ist der Kapitalwert der Investition bei einem Kalkulationszinsfuß von 10%?

b) Bestimmen Sie näherungsweise den internen Zinsfuß der Investition.

c) Ermitteln Sie den durchschnittlichen jährlichen Überschuss nach der Annuitätenmethode bei einem Zinssatz von 10%.

d) Auf welchen Kaufpreis müsste der Investor die Eigentumswohnung herunterhandeln, wenn er eine Verzinsung von 10% wünscht?

e) Wie hoch sind die jährlichen, nachschüssigen Raten (Annuitäten), wenn der Kauf mit einem Kredit finanziert wird, der mit folgenden Bedingungen ausgestattet ist:

Auszahlungskurs:	98%
Bearbeitungsgebühr:	2%
Zinssatz:	6% p.a.
Laufzeit:	5 Jahre

Aufgabe 1-43: *Investitionsbeurteilung II*

Ein Investor plant den Erwerb eines Büro- und Geschäftshauses in Wilhelmshaven. Ein Immobilienmakler unterbreitet folgendes Angebot:

Kaufpreis des Gebäudes:	2 Mio €
Zuzüglich Nebenkosten:	
Maklergebühr:	4% des Kaufpreises
Grunderwerbsteuer:	3% des Kaufpreises
Sonstige Nebenkosten:	5% des Kaufpreises
Jährliche Mieteinzahlungen:	250.000 € / Jahr in den Jahren 1 bis 5
	300.000 € / Jahr in den Jahren 6 bis 10
Jährliche Auszahlungen für Instandhaltung, Verwaltung usw.:	50.000 € / Jahr in den Jahren 1 bis 5
	80.000 € / Jahr in den Jahren 6 bis 10
Verkaufspreis nach 10 Jahren (geschätzt):	90% des heutigen Kaufpreises

a) Berechnen Sie den Kapitalwert der Investition bei einem Kalkulationszinsfuß von 10% p.a.

b) Der Investor wünscht eine Verzinsung seines Kapitals von 10%. Auf welchen Preis muss das Gebäude
   - inklusive Nebenkosten (Maklergebühr usw.)
   - ohne Nebenkosten
   heruntergehandelt werden? Der Verkaufspreis soll wie bei a) mit 1,8 Mio € angenommen werden.

c) Wie ändern sich der mathematische Lösungsansatz und die Kaufpreise der Teilaufgabe b), wenn der Verkaufspreis nach 10 Jahren 90% des gezahlten Preises betragen soll?

Runden Sie alle Beträge auf volle €. Alle Zahlungen sind nachschüssig zu behandeln.

Aufgabe 1-44: *Bewertung einer Pensionsverpflichtung*

Ein Unternehmen sichert seinem 40-jährigen Geschäftsführer vertraglich eine jährlich vorschüssig zu zahlende Betriebsrente von 20.000 € ab dem 60. Lebensjahr zu. Die Dauer der Betriebsrente soll aus Vereinfachungsgründen mit 15 Jahren angenommen werden. Wie hoch ist diese Pensionsverpflichtung bei Vertragsabschluss in der Bilanz auszuweisen bei einem Zinssatz von 5,5%?

Aufgabe 1-45: *Annuitätenberechnung*

Ein Betrieb beabsichtigt, 100.000 € zum Zweck einer besseren Wärmeisolierung der Gebäude zu investieren. Wie hoch muss die dadurch ermöglichte jährliche Einsparung an Heizkosten sein, wenn der aufgewendete Betrag mit einer Verzinsung von 12% in 6 Jahren wiedergewonnen werden soll?

Aufgabe 1-46: *Investitionsvergleich*

Eine ärztliche Laborgemeinschaft plant die Anschaffung eines Blutanalysegerätes. Es stehen zwei Modelle, ein halbautomatisches und ein vollautomatisches Gerät, zur Auswahl. Nach den Angaben der Hersteller und eigenen Erfahrungen ergibt sich folgendes Bild:

	VAMP-2000	DRACULINO
Anschaffungskosten:	300.000 €	500.000 €
Nutzungsdauer:	5 Jahre	5 Jahre
Schrottwert:	0 €	0 €
Personalkosten je Analyse:	3,00 €	0,50 €
Materialkosten je Analyse (Reagenzien, Trägermaterial):	1,00 €	1,50 €
Sonstige Kosten je Analyse (Strom, Wasser, Reinigung usw.):	0,50 €	1,00 €
Sonstige jährliche Kosten (Inspektion, Reparaturen, Schreibmaterial):	10.000 €	20.000 €
Erlös pro Analyse gemäß Gebührenordnung für Ärzte:	10,00 €	10,00 €
Anzahl der Analysen pro Tag:	200	200
Anzahl der Arbeitstage pro Jahr:	220	

a) Berechnen Sie die Kapitalwerte der Investitionen. Der Kalkulationszinssatz betrage 10%.

b) Welches Modell empfehlen Sie der Laborgemeinschaft? Begründen Sie Ihre Entscheidung.

c) Wie viele Analysen müssen mindestens pro Tag angefertigt werden, damit sich der Kauf des vollautomatischen Gerätes DRACULINO rentiert bei einem Kalkulationszinssatz von 10%?

Aufgabe 1-47: *Vorfälligkeitsentschädigung*

Ein Bauherr hatte zur Finanzierung seines Eigenheimes ein endfälliges Darlehen über 100.000 € mit einem Zinssatz von 8% und einer Zinsfestschreibungsdauer von 10 Jahren aufgenommen. Die Zinsen sind jährlich im Voraus an die Bank zu zahlen. Nach fünf Jahren erbt der Eigenheimbesitzer und möchte das Baudarlehen sofort tilgen. Die Bank verlangt zusätzlich zum Restkreditbetrag eine sogenannte Vorfälligkeitsentschädigung, die den Kreditgeber schadensfrei stellen soll.

Berechnen Sie die Vorfälligkeitsentschädigung, wenn der Zinssatz für fünfjährige Kapitalanlagen (= Restlaufzeit des Darlehens) 4% beträgt. Bearbeitungsgebühren und Risikokosten des Kredits sind zu vernachlässigen.

Aufgabe 1-48: *Pensionsrente I*

Ein Unternehmer stellt einen Mitarbeiter zum 01.01.00 ein. Nach einer Betriebszugehörigkeit von 20 Jahren wird mit seinem Eintritt in den Altersruhestand (mit Sicherheit) gerechnet.

Ihm wird bei Eintritt in den Altersruhestand eine monatlich vorschüssige Rente von 3.000 € zugesagt, die für die Dauer von 15 Jahren (mit Sicherheit) gezahlt wird.

a) Wie hoch ist der Barwert der Rentenleistung bei Eintritt des Versorgungsfalles nach 20 Jahren, wenn mit einem Jahreszinssatz von 6% und unterjährig einfacher Verzinsung gerechnet wird?

b) Nehmen Sie an, dass die Unternehmung bei Dienstantritt einen Kapitalstock für die zukünftige Pensionsverpflichtung bilden will. Wie hoch ist der Kapitalstock bei einem Jahreszinssatz von 6%?

c) Nehmen Sie an, dass die Rentenverpflichtung durch monatlich nachschüssige und gleiche Sparbeträge bis zum Eintritt des Versorgungsfalls angespart werden soll. Wie hoch ist der notwendige

Sparbetrag pro Monat (Jahreszinssatz von 6% bei unterjährig einfacher Verzinsung)?

d) Dem Mitarbeiter wird als Alternative zur monatlich vorschüssigen Rente von 3.000 € für 15 Jahre eine Einmalzahlung beim Eintritt des Altersruhestandes angeboten.
Wie hoch muss die Einmalzahlung sein, damit der Mitarbeiter zustimmt (Jahreszinssatz 6%)?

Aufgabe 1-49: *Jährliche Renten*

a) Welche jährlich nachschüssige Rente wächst in 15 Jahren bei einem Zinssatz von 4% auf 16.018,87 € an?

b) Wie viele jährlich vorschüssige Renten in Höhe von 600 € muss jemand entrichten, um über einen Endwert von 8.382,99 € zu verfügen (Jahreszinssatz = 6%)?

Aufgabe 1-50: *Barwert bei unterjährigen Rentenzahlungen*

Ein Unternehmer möchte zum Jahresende einen Betrieb, der einen Wert von 795.000 € repräsentiert, an seine zweite Tochter übergeben, sofern sie folgende Bedingungen erfüllt:

- Der Unternehmer erhält ab sofort 10 Jahre lang eine vorschüssig zu zahlende Jahresrente von 45.000 €.

- Die erste Tochter erhält vierteljährlich sechs Jahre lang eine vorschüssige Rente von 3.200 €. Die erste Auszahlung erfolgt vier Jahre nach der Übernahme.

- Der Sohn erhält ab sofort fünf Jahre lang halbjährlich 9.000 € nachschüssig und dann, drei Jahre nach der letzten Auszahlung, zusätzlich und einmalig 60.000 €.

- An ihre Mutter sind 80 Vierteljahresraten von je 3.000 € ab sofort vorschüssig zu zahlen.

Die zweite Tochter prüft, ob sie das Angebot annehmen soll. Sollte sie ablehnen, wird der Betrieb zum Unternehmenswert verkauft. Die Tochter bekommt dann ein Sechstel des Unternehmenswertes ausgezahlt. Als Jahreszinssatz gelte 8%. Für unterjährige Zahlungen soll unterjährig einfache Verzinsung angenommen werden.

Begründen Sie mit finanzmathematischen Berechnungen, ob die zweite Tochter den Betrieb übernehmen sollte oder nicht.

Aufgabe 1-51: *Pensionsrente II*

Ein heute 62-jähriger Abteilungsleiter zahlte in den zurückligenden 25 Jahren monatlich vorschüssig 300,00 € in eine private Rentenversicherung ein. Nach einer nun folgenden beitragsfreien Zeit von 3 Jahren wird die Auszahlung der Rente fällig. Es soll mit einem Jahreszinssatz von 7% und unterjährig einfacher Verzinsung gerechnet werden.

a) Nehmen Sie an, dass die Rentenversicherung in monatlich nachschüssigen Beträgen über eine Laufzeit von 15 Jahren ausgezahlt werden soll. Mit welchen monatlichen Beträgen kann der Abteilungsleiter rechnen (Jahreszinssatz 7% bei unterjährig einfacher Verzinsung)?

b) Dem Abteilungsleiter wird als Alternative zur monatlich nachschüssigen Rente für 15 Jahre eine Einmalzahlung beim Eintritt des Altersruhestandes angeboten. Wie hoch muss die Einmalzahlung sein, damit er das Angebot annimmt (Jahreszinssatz 7%)?

c) Wie lange (in Jahren gerundet) können bei dem vorgegebenen Zinssatz monatlich vorschüssig 2.250 € von der Versicherung ausgezahlt werden (Jahreszinssatz 7% bei unterjährig einfacher Verzinsung)?

Aufgabe 1-52: *Monatlich vorschüssige Rentenzahlungen/Lebensversicherung*

Herr Müller schließt eine Lebensversicherung über 200.000 € ab. Die 200.000 € werden im Todesfall an die Hinterbliebenen ausbezahlt. Die Prämie, die er monatlich vorschüssig zu zahlen hat, betrage 500,00 €. Ein Jahreszinssatz von 5% und unterjährig einfache Verzinsung werden angenommen.

a) Mit welchem Gewinn oder Verlust muss die Versicherung rechnen (Verwaltungskosten sollen unberücksichtigt bleiben), wenn Herr Müller
   - nach 19 Jahren
   - nach 32 Jahren
   stirbt?

b) Bei welcher Laufzeit (in ganzen Jahren) würde weder Verlust noch Gewinn entstehen?

Aufgabe 1-53: *Unterjährige Rente*

Ein Onkel möchte seinen Neffen finanziell unterstützen und ihm ab sofort fünf Jahre lang jährlich nachschüssig 3.000 €, danach sieben Jahre lang halbjährlich vorschüssig 2.500 € zur Verfügung stellen. Rechnen Sie mit einfacher unterjähriger Verzinsung.

a) Welchen Betrag muss der Onkel heute bei seiner Bank einbezahlen, damit aus diesem Betrag bei einem Jahreszinssatz von 4% die Raten gezahlt werden können?

b) Welchen Betrag müsste der Neffe seinem Onkel nach Ablauf von 15 Jahren einmalig bezahlen, wenn er zu diesem Zeitpunkt 5% des Endwertes des erhaltenen Geldes zurückzahlen müsste?

Aufgabe 1-54: *Barkauf oder Ratenzahlung*

Der Kaufpreis eines Autos beträgt 32.600 €. Der Händler macht Ihnen folgendes Finanzierungsangebot:
Nach einer Anzahlung von 12.600 € werden 48 monatlich vorschüssig Raten in Höhe von 450 € verlangt.

a) Wie hoch ist der Barwert der Ratenzahlungen, wenn mit einem Jahreszins von 5% kalkuliert wird (unterjährig einfache Verzinsung)?

b) Lohnt sich Barzahlung für den Autokäufer, wenn er ausreichend liquide Mittel hat und bei Barzahlung 1% Skonto gewährt wird? Unterstellen Sie, dass freie Mittel vom Autokäufer zu 5% Jahreszins angelegt werden.

1.3. Tilgungsrechnung

Aufgabe 1-55: *Kreditratenberechnung I*

Ein Kredit von 10.000,00 € soll in fünf gleich großen Beträgen jeweils zahlbar am Jahresende getilgt werden.

a) Wie hoch sind diese Raten bei einem Zinssatz von 10% p.a.?

b) Stellen Sie die Entwicklung des Kredits, der Zins-, Tilgungs- und Zahlbeträge in einer Tabelle dar.

Aufgabe 1-56: *Kreditberechnung*

Ein unternehmensfreudiger Student nimmt zur Gründung eines Nebenerwerbsbetriebes, mit dem er sein Studium finanzieren will, ein "Gründungsdarlehen für junge Unternehmer" bei der Kreditanstalt für Wiederaufbau auf. Es gelten folgende Kreditbedingungen:

Kreditbetrag K_0: 50.000,00 €
Auszahlungskurs: 98%
Bearbeitungsgebühr: 2% des Kreditbetrages
Zinssatz: 6% p.a.
Zwei Jahre sind tilgungsfrei, es sind nur Zinsen an die Bank zu zahlen.

Die Rückzahlung erfolgt nach den zwei tilgungsfreien Jahren durch gleichbleibende, nachschüssige Annuitäten mit einer anfänglichen Jahrestilgung von 5% des Kreditbetrages.

a) Wie hoch ist der Auszahlungsbetrag?

b) Wie hoch sind die nachschüssigen jährlichen Zahlungsbeträge während der Laufzeit des Kredits?

c) Wie lange dauert die Tilgung des Kredits?

d) Wie hoch ist der Restkredit nach 13 Jahren?

e) Welchen Kreditbetrag müsste der Student aufnehmen, wenn er netto 50.000 € (Auszahlungsbetrag) benötigt, und wie ändern sich die Zahlungsbeträge?

Aufgabe 1-57: *Wohnungsbaukredit/Zinsverrechnungsverfahren*

Ein Hauskäufer nimmt einen Kredit über 100.000 € bei einem Zinssatz von 10% p.a. auf, der nach zwei tilgungsfreien Jahren in fünf gleichen Jahresbeträgen (Annuitäten) am Jahresende zurückgezahlt werden soll. Während der tilgungsfreien Zeit sind nur die Zinsen an das Kreditinstitut zu zahlen.

a) Berechnen Sie die Höhe der jährlichen Zahlungsbeträge.

b) Erstellen Sie für die ersten vier Jahre den Tilgungsplan für den Kredit.

c) Der Kredit soll in vierteljährlich gleich großen, nachschüssigen Zahlungsbeträgen zurückgezahlt werden. Das Kreditinstitut verrechnet auch vierteljährlich Zinsen und Tilgung. Berechnen Sie die Höhe der vierteljährlichen Zahlungsbeträge. Erstellen Sie für das erste Tilgungsjahr den Tilgungsplan.

d) Der Kredit soll in vierteljährlich gleich großen, nachschüssigen Zahlungsbeträgen zurückgezahlt werden. Das Kreditinstitut verrechnet jährlich Zinsen und Tilgung, innerhalb des Jahres werden einfache Zinsen berechnet. Berechnen Sie die Höhe der vierteljährlichen Zahlungsbeträge. Erstellen Sie für das erste Tilgungsjahr den Tilgungsplan.

Aufgabe 1-58: *Kreditvergleich I*

Für den Kauf eines Hauses müssen 100.000 € über ein Hypothekendarlehen finanziert werden. Dem Käufer werden folgende Alternativen von dem Kreditinstitut angeboten:

1. Auszahlungskurs 100%, Verzinsung 8% p.a.
2. Auszahlungskurs 90%, Verzinsung 6% p.a.

Beide Darlehen sollen in Form einer Annuitätenschuld in 10 Jahren getilgt werden. Alle Zahlungen sind nachschüssig zu leisten.

a) Berechnen Sie die Höhe der beiden Darlehen K_0.

b) Welches Darlehen ist günstiger? Steuerliche Aspekte sind zu vernachlässigen.

c) Berechnen Sie die effektive Verzinsung der Darlehen.

d) Die Konditionen für das Hypothekendarlehen 1 lauten alternativ:

Auszahlungskurs:	100%
Verzinsung:	8%
Anfängliche Jahrestilgung:	2%
Zinsfestschreibungsdauer:	5 Jahre

Die Konditionen für das Hypothekdarlehen 2 lauten:

Auszahlungskurs:	90%
Verzinsung:	6%
Anfängliche Jahrestilgung:	3%
Zinsfestschreibungsdauer:	5 Jahre

Berechnen Sie die Höhe der jährlichen Raten für die ersten fünf Jahre. Berechnen Sie die Restschuld nach Ablauf der Zinsfestschreibungsdauer für beide Kredite. Bestimmen Sie die effektive Verzinsung dieser Kredite. Gehen Sie dabei davon aus, dass die Anschlusskredite nach Ablauf der Zinsbindung bei beiden Krediten zu gleichen Konditionen aufgenommen werden können. Welcher Kredit ist günstiger?

Aufgabe 1-59: *Kreditablösung*

Ein Kredit von 200.000,00 € soll durch fünf Zahlungen abgelöst werden:

1. Eine Zahlung von 100.000 € nach 2 Jahren und
2. Vier gleich große nachschüssige Zahlungen nach 5, 6, 7 und 8 Jahren

Berechnen Sie die Höhe der vier Zahlungen bei einem Zinssatz von 6%.

Aufgabe 1-60: *Kreditratenberechnung II*

Ein Darlehen in der Höhe von 50.000 € soll am Ende der Jahre 1 und 3 durch die beiden Jahresraten R_1 und R_2 zurückgezahlt werden. Die Jahresrate R_2 soll dabei doppelt so hoch sein wie die Jahresrate R_1. Der Zinsfuß beträgt 10% p.a.

a) Wie hoch sind die Jahresraten R_1 und R_2?

b) Wie hoch ist die Effektivverzinsung, wenn vom Darlehensbetrag gleich 1.000 € Bearbeitungsgebühr abgezogen werden? Die Jahresraten bleiben wie bei Aufgabe a).

Aufgabe 1-61: *Kreditfinanzierung*

Zur Finanzierung eines LKW-Kaufs nimmt eine Spedition einen Kredit von 200.000 € auf, der in Form einer Annuitätenschuld getilgt werden soll. Der Zinssatz beträgt 6% p.a., die Laufzeit 4 Jahre.

a) Berechnen Sie die jährlichen Raten.

Nach zwei Jahren gerät die Spedition in finanzielle Schwierigkeiten. In den Verhandlungen mit der Bank kann eine Tilgungsaussetzung um 1 Jahr erreicht werden. Die Bank erhöht als Ausgleich den Zinssatz für die Restlaufzeit sofort auf 10% p.a. Nach Ablauf des tilgungsfreien Jahres soll der Restkredit in nachschüssigen jährlichen Raten à 36.000 € zurückgezahlt werden.

b) Berechnen Sie die Höhe der Restschuld nach den zwei Jahren.

c) Wie lange dauert nun die Tilgung?

d) Stellen Sie den Tilgungsplan für die ersten vier Jahre des Kredits auf. Im Tilgungsplan sind die Restschuld, die Zinsen, der Tilgungsanteil und die Zahlungsbeträge auszuweisen.

Finanzmathematik

Aufgabe 1-62: *Verbraucherkreditberechnung*

Eine Sparkasse gewährt einen Verbraucherkredit von 3.000 € mit einer Laufzeit von 24 Monaten zu folgenden Bedingungen:

Zinsen:	0,5% pro Monat bezogen auf den Anfangskreditbetrag
Bearbeitungsgebühr:	2% des Kreditbetrages
Rückzahlung:	24 gleich große Monatsraten

a) Wie hoch sind die Rückzahlungsraten?

b) Wie hoch ist die jährliche Effektivverzinsung des Kredits (alle Kreditkosten einschließlich Bearbeitungsgebühr)?

Aufgabe 1-63: *Effektivverzinsung eines endfälligen Darlehens*

Ein Bauherr nimmt bei seiner Lebensversicherung ein endfälliges Darlehen über 50.000 € mit einer Laufzeit von 10 Jahren auf, das mit folgenden Konditionen ausgestattet ist:

Auszahlungskurs: 100%
Zinsprozentsatz: 10% p.a.

a) Zinszahlung: Jeweils im Voraus am Jahresanfang
b) Zinszahlung: Jeweils vierteljährlich im Voraus

Welcher effektiven Jahresverzinsung entsprechen diese Konditionen?

Aufgabe 1-64: *Tilgungsplan und Effektivverzinsung einer Ratenschuld*

Eine Staatsanleihe über 100 Mio € ist mit folgenden Bedingungen ausgestattet:

Ausgabekurs:	99%
Verzinsung:	5%, zahlbar am Jahresende
Laufzeit:	4 Jahre
Rückzahlungskurs:	100%

Stückelung à 100 €
Tilgung in Form der Ratenschuld

a) Erstellen Sie den Tilgungsplan.

b) Bestimmen Sie die effektive Verzinsung der Staatsanleihe.

c) Bestimmen Sie die individuelle effektive Verzinsung für einen Anleger, wenn seine Teilschuldverschreibung am Ende des ersten Jahres zur Tilgung ausgelost wird.

d) Bestimmen Sie die individuelle effektive Verzinsung für einen Anleger, wenn seine Teilschuldverschreibung am Ende des vierten Jahres getilgt wird.

Aufgabe 1-65: *Annuitätentilgung I*

Eine Anleihe von 600.000 € ist mit 8% p.a. zu verzinsen und nach einer tilgungsfreien Zeit von 5 Jahren (= Sperrfrist) in 15 Jahren durch gleiche monatliche Zahlungen nachschüssig zu tilgen. Unterjährig einfache Verzinsung wird vereinbart. Während der Sperrfrist sind jährlich nachschüssige Zinsen zu zahlen.

a) Wie groß ist der Barwert der Zahlungen der tilgungsfreien Zeit? (Kalkulationszinssatz = 8% pro Jahr)

b) Wie hoch ist die monatliche Rate nach Ablauf der Sperrfrist? (Jahreszinssatz = 8% pro Jahr bei unterjährig einfacher Verzinsung)

c) Wie verändert sich das Ergebnis unter b), wenn die Zahlungen der Zinsen in der tilgungsfreien Zeit nicht erbracht werden können und der Anleiheschuld zugeschlagen werden müssen?

Aufgabe 1-66: *Annuitätentilgung II*

Ein Unternehmer plant die Anschaffung einer Maschine auf Kredit mit dem Kaufpreis 90.000 € und einer erwarteten Lebensdauer von 8 Jahren.

a) Kann er bei einem Kreditzinssatz von 11% p.a. und unterjährig einfacher Verzinsung diese Maschine anschaffen, wenn er 8 Jahre lang nachschüssige Monatsraten bis zu 1.500 € aufbringen kann?

b) Wie hoch ist die nachschüssige Monatsrate bei p = 11% p.a. und Annuitätentilgung tatsächlich?

c) Nehmen Sie an, dass der Unternehmer die geometrisch degressive Abschreibung wählt. Wie hoch ist der Restbuchwert nach 6 Jahren bei degressiver Abschreibung mit p = 20%?

d) Bestimmen Sie den optimalen Übergangspunkt zur linearen Abschreibung. Stellen Sie den Abschreibungsverlauf in einer Wertetabelle dar. Gehen Sie nach 8 Jahren von einem Schrottwert von null € aus.

Aufgabe 1-67: *Kredit mit Jahresraten*

Zur Renovierung eines Eigenheimes benötigen Sie 60.000 €. Ihnen werden folgende Hypothekendarlehen angeboten:

I) 100% Auszahlung, Jahreszinssatz 7,5%, Laufzeit 4 Jahre
II) 99% Auszahlung, Jahreszinssatz 7,0%, Laufzeit 6 Jahre

Hypothek I wird durch jährliche, nachschüssige Annuitätentilgung zurückgezahlt.
Hypothek II wird durch jährliche, nachschüssige Ratentilgung zurückgezahlt.

a) Berechnen Sie die Annuität für das Hypothekdarlehen I und stellen Sie einen Tilgungsplan für die Gesamtlaufzeit des Kredits auf.

b) Berechnen Sie die jährliche Tilgungsrate für Hypothek II und stellen Sie auch hier einen Tilgungsplan für die Gesamtlaufzeit des Kredites auf.

c) Welches Kreditangebot würden Sie wählen? Begründen Sie Ihre Entscheidung. (Bitte nur wirtschaftliche Überlegungen als Begründung angeben. Es sei unterstellt, dass der Darlehensnehmer sich in beiden Fällen die Zahlungen leisten kann, d.h. kein Illiquiditätsrisiko besteht.)

Aufgabe 1-68: *Annuitätentilgung III*

Ein Unternehmer nimmt einen Kredit von 15.000 € bei 7% Jahreszins auf. Er will den Kredit in 5 Jahren zurückzahlen. Der Kredit soll durch Annuitätentilgung monatlich getilgt werden.

Wie hoch sind die nachschüssigen Monatsraten, wenn unterjährig einfache Verzinsung unterstellt wird?

Aufgabe 1-69: *Kreditvergleich II*

Eine Kommune benötigt zum Bau eines Schwimmbades einen Betrag von 700.000 €. Dieser soll über Kreditfinanzierung beschafft werden. Folgende zwei Angebote liegen der Kommune vor:

Angebot I:
Bei 95% Auszahlung wird ein Jahreszins von 7% genommen. Nach einer tilgungsfreien Zeit von 5 Jahren (= Sperrfrist) soll der Kredit in 20 Jahren durch monatlich nachschüssige Annuitätentilgung zurückgezahlt werden (unterjährig einfache Verzinsung sei angenommen). Während der Sperrfrist sind die Zinsbeträge jährlich nachschüssig zu zahlen.

Angebot II:
Bei 98% Auszahlung wird ein Jahreszins von 8% genommen. Der Kredit wird als endfälliges Darlehen gewährt. Nach 30 Jahren Laufzeit ist der Kredit zu 100% zu tilgen. Während der Laufzeit sind nur Zinsen zu zahlen. Die Zinszahlungen sind jährlich nachschüssig zu leisten.

a) Berechnen Sie die monatlich nachschüssigen Raten nach Ablauf der tilgungsfreien Zeit für Angebot I (Jahreszinssatz von 7% bei monatlich einfacher Verzinsung).

b) Wie hoch ist der Barwert aller Zahlungen bei Abschluss des Kreditvertrages für Angebot I bei einem Kalkulationszinsfuß von 7%?

c) Berechnen Sie die jährlich fälligen Zinszahlungen für Angebot II.

d) Wie hoch ist der Barwert aller Zahlungen direkt nach Abschluss des Kreditvertrages für Angebot II bei einem Kalkulationszinsfuß von 8%?

e) Welches der Kreditangebote sollte die Kommune wählen?

Aufgabe 1-70: *Unterjähriger Annuitätenkredit*

Ein Unternehmer plant die Anschaffung einer Maschine auf Kredit zum Kaufpreis von 200.000 € und mit einer erwarteten Lebensdauer von n = 10 Jahren.

a) Kann er diese Maschine anschaffen, wenn er 10 Jahre lang nachschüssige vierteljährliche Raten bis zu 3.000 € aufbringen kann? Er rechnet mit einem Kreditzinssatz von 8% pro Jahr und unterjährig einfacher Verzinsung.

b) Nehmen Sie an, dass bei einem Zinssatz von 7% und unterjährig einfacher Verzinsung eine vorschüssige Vierteljahresrate von 8.000 € vereinbart wird. Wie lang ist die Laufzeit des Kredits in Jahren (gerundet)?

c) Nehmen Sie an, dass der Unternehmer die geometrisch degressive Abschreibung mit dem Abschreibungsprozentsatz 20% wählt. Wie hoch ist der Restbuchwert nach 6 Jahren bei degressiver Abschreibung (in ganzen Euro)?

d) Bestimmen Sie den optimalen Übergangspunkt zur linearen Abschreibung. Gehen Sie von einem Schrottwert von null € aus.

Aufgabe 1-71: *Annuitätentilgung IV*

Ein Darlehen von 400.000 € ist mit 9% Jahreszins zu verzinsen und nach einer tilgungsfreien Zeit (= Sperrfrist) von 5 Jahren in 12 Jahren durch gleiche monatlich nachschüssige Zahlungsbeträge zu tilgen (unterjährig einfache Verzinsung sei im Folgenden unterstellt).

a) Wie groß ist die Monatsrate nach Ablauf der tilgungsfreien Zeit? (Jahreszinssatz 9% bei unterjährig einfacher Verzinsung)

b) Wie groß ist der Barwert aller Zahlungen bei Abschluss des Kreditvertrages? Es soll mit einem Kalkulationszinsfuß von 9% gerechnet werden.

c) Wie hoch ist die Restschuld nach 10 Jahren?

d) Angenommen der Schuldner ist nach 10 Jahren in wirtschaftlichen Schwierigkeiten, sodass er weder Zins noch Tilgung in den nächsten zwei Jahren zahlen kann.

  d1) Auf welche Restschuld ist das Darlehen nach Ablauf der zwei Jahre angewachsen, wenn die Bank während dieser Zeit auf jegliche Zahlung verzichtet?

  d2) Wie groß ist die Monatsrate nach Ablauf der zwei Jahre, wenn der Schuldner die ursprüngliche Laufzeit von 17 Jahren einhalten will, d.h. in den restlichen 5 Jahren das Darlehen vollständig tilgen will?

Aufgabe 1-72: *Annuitätentilgung V*

Zum Bau eines Eigenheimes benötigen Sie 120.000 €. Ihnen werden folgende Hypothekendarlehen angeboten:

I) 100% Auszahlung, Jahreszinssatz 7,5%, Laufzeit 20 Jahre
II) 98% Auszahlung, Jahreszinssatz 6,8%, Laufzeit 20 Jahre

Beide Hypotheken werden durch Annuitätentilgung zurückgezahlt und nachschüssig verzinst.

a) Berechnen Sie für beide Darlehen die monatlichen Raten, wobei unterjährig einfache Verzinsung unterstellt wird.

b) Welches Angebot würden Sie wählen (Begründung!)?

c) Wie hoch sind bei beiden Alternativen die Tilgungsbeträge des 1. Jahres?

Aufgabe 1-73: *Tilgungsdauer*

Ein Unternehmer erhält einen Kredit von 60.000 € bei 15% jährlich nachschüssigen Zinsen. Er will vierteljährlich 3.000 € nachschüssig zurückzahlen (unterjährig einfache Verzinsung).

a) Wie lange wird es dauern, bis er den Kredit zurückgezahlt hat?

b) Wie hoch ist die letzte Rate?

1.4. Kursrechnung

Aufgabe 1-74: *Kurs und Effektivzinsberechnung*

Ein Kapitalanleger kann für ca. 10.000 € Schuldverschreibungen eines Unternehmens erwerben, die mit folgenden Bedingungen ausgestattet sind:

Ausgabekurs: 98%
Verzinsung: 6% p.a. zahlbar am Jahresende
Laufzeit: 10 Jahre (Zinsschuld)
Rückzahlungskurs nach 10 Jahren: 102%

a) Wie hoch ist der interne Zinsfuß der Kapitalanlage?

b) Welchen Ausgabekurs müsste die Schuldverschreibung haben, wenn der Anleger eine Mindestverzinsung seines Kapitals von 8% erreichen will? Depotgebühren und Steuern sollen vernachlässigt werden.

Aufgabe 1-75: *Kurs und Effektivverzinsung von Kapitalanlagen*

Ein Kleinanleger plant den Erwerb eines Aktienpaketes für ca. 10.000 €. Folgende Daten der Aktiengesellschaft liegen vor:

Nennwert der Aktien:	5 €
Aktueller Kurs der Aktien:	50 €
Durchschnittliche Dividendenzahlung der Gesellschaft in den letzten Jahren:	10% auf das Grundkapital
Transaktionskosten für Kauf/Verkauf des Paketes:	50 €

a) Auf welchen Kurs muss die Aktie in zwei Jahren steigen, wenn der Kapitalanleger eine Verzinsung seines eingesetzten Kapitals von 8% erreichen will und er erwartet, dass die Gesellschaft die Dividendenzahlung beibehält? Steuerliche Überlegungen sollen vernachlässigt werden. Die Transaktionskosten sind zusätzlich beim Kauf/Verkauf vom Anleger zu entrichten.

b) Welche Effektivverzinsung seines Anlagekapitals hat der Anleger erzielt, wenn der Kurs der Aktie nach zwei Jahren auf 55 € gestiegen ist und der Anleger verkauft?

Aufgabe 1-76: *Kurs einer Anleihe I*

Eine Anleihe über 1 Mio € ist mit folgenden Bedingungen ausgestattet:

Zinsatz:	5% p.a.
Zinszahlung:	Jährlich nachschüssig
Laufzeit:	4 Jahre
Tilgung:	In vier gleich großen Tilgungsraten (Ratenschuld)

a) Zu welchem Kurs muss die Anleihe ausgegeben werden, wenn der Marktzinssatz für vergleichbare Geldanlagen bei 6% liegt?

b) Welche Effektivverzinsung erreicht ein Anleger, wenn er die Anleihe zu einem Kurs von 99% erwirbt?

Aufgabe 1-77: *Kurswert von Anleihen*

Eine Gemeinde benötigt zum Bau eines Schwimmbades einen Betrag von 1.000.000 €. Dieser soll über die Ausgabe einer Anleihe beschafft werden. Die Gemeinde plant die Ausgabe der Anleihe mit einer Stückelung von 100 € je Wertpapier zu folgenden Konditionen:

Nominalzins: 8% p.a. bei jährlich nachschüssiger Zinszahlung
Laufzeit: 20 Jahre
Rückzahlung: Nach 20 Jahren zum Kurs von 100% (= Nominalwert)

a) Wie hoch ist der Kurs eines Anleihepapiers, wenn der Käufer eine Effektivverzinsung von 9% wünscht?

b) Wie viele Teilschuldverschreibungen (gerundet auf ganze Zahlen) muss die Gemeinde bei dem unter a) ermittelten Kurs in Umlauf bringen, damit sie den benötigten Betrag von 1.000.000 € erhält?

c) Wie hoch ist der Barwert aller Zahlungen der Gemeinde zum Ausgabezeitpunkt der Anleihe bei einem Kalkulationszinssatz von 9% pro Jahr?

Aufgabe 1-78: *Kurs einer Anleihe II*

Eine Unternehmung bietet ein Wertpapier mit einem Nennwert von 100 € zu folgenden Konditionen an:

Der Nominalzins beträgt 7% p.a. des Nennwerts bei jährlich nachschüssiger Zinszahlung. Das Wertpapier habe eine Laufzeit von 12 Jahren und werde nach der Laufzeit zum Rückzahlungskurs von 100% getilgt.

a) Wie hoch ist der Kurs des Wertpapiers bei einer gewünschten Effektivverzinsung von 8%?

b) Wie hoch ist die Effektivverzinsung des Wertpapiers bei einem Verkaufskurs von 96%? Wenden Sie die Näherungsformel an.

Aufgabe 1-79: *Kurs einer Annuitätenschuld*

Eine Gemeinde möchte eine 8,5% nominalverzinste Anleihe von 2.400.000 € aufnehmen und nach einer tilgungsfreien Zeit von 10 Jahren durch 24 gleiche Annuitäten nachschüssig tilgen. Während der tilgungsfreien Zeit werden nur die Zinsen gezahlt.

a) Wie groß ist die Annuität?

b) Wie groß ist der Barwert aller Zahlungen der Gemeinde zu Beginn der tilgungsfreien Zeit bei einem Kalkulationszinssatz von 9%?

c) Wie hoch ist der Kurs der Anleihe, wenn 9% Effektivverzinsung von den Darlehensgebern angestrebt wird?

Aufgabe 1-80: *Kurs einer Zinsschuld mit unterjährigen Zahlungen*

Eine Anleihe ist mit folgenden Bedingungen ausgestattet:

Anleihevolumen: 100.000.000 €
Laufzeit: 5 Jahre
Stückelung: 1.000 €
Verzinsung: 8% p.a.
　　　　　　Zinszahlung vierteljährlich, nachschüssig
Rückzahlungskurs: 103% nach fünf Jahren

a) Berechnen Sie den Ausgabekurs, wenn eine Mindestverzinsung von 9% erreicht werden soll bei einfacher untererjähriger Verzinsung.

b) Welche effektive Verzinsung erreicht ein Anleger bei einem Ausgabekurs von 101%?

2. Betriebliche Investitionswirtschaft

2.1. Grundlagen

Aufgabe 2-1: *Aussagen zur betrieblichen Investitionswirtschaft*

Entscheiden Sie bei den folgenden Aussagen jeweils, ob die Aussage richtig oder falsch ist, indem Sie in die entsprechende Spalte ein Kreuzchen setzen.

	richtig	falsch
a) Bei statischen Investitionsrechnungsverfahren – sind Zahlungen die Rechnungselemente – fehlt die finanzmathematische Basis – berechnet man die Effektivverzinsung – geht man von einer repräsentativen Durchschnittsperiode aus – werden kalkulatorische Abschreibungen und/ oder kalkulatorische Zinsen berücksichtigt – werden alle anfallenden Zahlungen während der Nutzungsdauer berücksichtigt – wird ein Kapitalwert ausgerechnet – wird der zeitliche Anfall der einzelnen Rechnungselemente berücksichtigt		
b) Die klassischen dynamischen Investitionsrechnungsverfahren – beruhen auf einem vollständigen Kapitalmarkt – unterstellen einen einheitlichen Kalkulationszinsfuß – berücksichtigen keine Abschreibungen und kalkulatorischen Zinsen – haben keine finanzmathematische Basis – unterscheiden bei der Finanzierung in Eigen- und Fremdkapital – unterstellen die jederzeitige Geldaufnahme oder -anlage zum Kalkulationszinsfuß		

	richtig	falsch
c) Bei der Kapitalwertmethode – ist eine Investition unvorteilhaft, wenn der Kapitalwert kleiner null ist – wird der Endwert am Ende der Nutzungsdauer bestimmt – werden alle Zahlungen auf den Zeitpunkt null abgezinst – werden Abschreibungen berücksichtigt – gibt der Kapitalwert den Vermögensvorteil am Ende des Planungszeitraums an – ist eine Investition vorteilhafter als eine andere, wenn ihr Kapitalwert niedriger ist – berechnet man die innere Verzinsung einer Investition		
d) Die interne Zinsfußmethode – ist eine statische Methode – berechnet den Zinssatz, bei dem der Kapitalwert gleich null ist – wird zur Ermittlung der Effektivverzinsung benötigt – geht von der Prämisse aus, dass zwischenzeitliche Geldanlagen oder -aufnahmen zum Kalkulationszinsfuß erfolgen – führt bzgl. der Auswahl einer von mehreren Investitionen immer zum gleichen Ergebnis wie die Kapitalwertmethode		
e) Die Annuitätenmethode – ist ein dynamisches Investitionsrechnungsverfahren – berechnet aus dem Kapitalwert mit Hilfe des Endwertfaktors die Annuität – und die Kapitalwertmethode führen bzgl. der Vorteilhaftigkeit einer (Einzel-) Investition immer zum gleichen Ergebnis – beruht auf einem vollkommenen Kapitalmarkt		

	richtig	falsch
f) Der vollständige Finanzplan (Vofi) – ist auch ein Instrument zur Berechnung der Vorteilhaftigkeit einzelner Finanzierungsmöglichkeiten – arbeitet mit einem einheitlichen Kalkulationszinsfuß – berechnet einen Endwert – beruht auf Zahlungen als Rechnungselemente – berücksichtigt explizit die Finanzierung einer Investition – beruht auf den Annahmen eines vollkommenen Kapitalmarktes – ist den klassischen dynamischen Investitionsrechnungsverfahren überlegen		

2.2. Statische Investitionsrechnung

Aufgabe 2-2: *Gewinn-, Rentabilitäts- und Amortisationsvergleich*

Ein Konsumgüterhersteller will ein neues Produkt auf den Markt bringen. Zur Herstellung des Produktes ist die Neuanschaffung einer Produktionsanlage erforderlich. Zur Prüfung des Investitionsvorhabens liegen folgende Daten vor:

Anschaffungskosten	2.700.000 Euro
Restwert nach Ablauf der Nutzungsdauer	300.000 Euro
Nutzungsdauer	5 Jahre
Fixe Kosten pro Jahr ohne Kapitaldienst	533.200 Euro
Variable Kosten	2,25 Euro/Stück
Nettoverkaufspreis	4,30 Euro/Stück
Kalkulatorischer Zinssatz p.a.	10%

Es ist davon auszugehen, dass die kalkulatorischen Zinsen in der berechneten Höhe zu Auszahlungen an die Kapitalgeber führen.

Die Marketingabteilung prognostiziert für den Artikel während der fünfjährigen Nutzungsdauer der Anlage folgende Absatzzahlen:

1. und 2. Jahr   jeweils 750.000 Stück
3. bis 5. Jahr   jeweils 640.000 Stück

a) Prüfen Sie rechnerisch, ob sich die Anschaffung der Produktionsanlage lohnt, wenn Sie für die Dauer der Nutzung - neben der kalkulatorischen Verzinsung des durchschnittlich gebundenen Kapitals - einen Durchschnittsgewinn pro Jahr aus dieser Investition von mindestens 100.000 Euro erwarten. Führen Sie den Gewinnvergleich auf der Basis eines Durchschnittsjahres mit der durchschnittlichen jährlichen Absatzmenge im Gesamtzeitraum durch.

b) Berechnen Sie die Rentabilität des durchschnittlichen Kapitaleinsatzes dieser Investition.

c) Ermitteln Sie die statische Amortisationszeit dieser Investition, basierend auf dem durchschnittlichen jährlichen Mittelrückfluss.

d) Erklären Sie, ob die statische Amortisationszeit der Investition basierend auf dem prognostizierten Zahlenmaterial kürzer oder länger als die mit der Durchschnittsformel nach c) berechnete Amortisationszeit sein wird, wenn Sie die Kumulationsrechnung anwenden.

e) Geben Sie aufgrund der Ergebnisse unter a) bis d) eine gutachterliche Empfehlung ab.

Aufgabe 2-3: *Kosten- und Gewinnvergleichsrechnung*

Die BAUFIX GmbH muss eine Ersatzmaschine für die Produktion beschaffen. Nach der technischen Vorprüfung der Angebote verschiedener Hersteller stehen noch zwei Alternativen zur Wahl, für die folgende Plandaten ermittelt wurden.

	Maschine A	Maschine B
Anschaffungskosten (Euro)	700.000	630.000
Nutzungsdauer (ND, Jahre)	8	8
Restwert am Ende der ND (Euro)	40.000	30.000
Produktionskapazität (Stück/Jahr)	3.000	2.800
Sonstige fixe Kosten (Euro/Jahr)	7.900	8.600
Fertigungsmaterial (Euro/Jahr)	79.500	79.240
Fertigungslöhne (Euro/Jahr)	69.900	95.760
Sonstige variable Kosten (Euro/Jahr)	66.600	40.600
Erlöse (Euro/Stück)	140,00	140,00

- Die angegebenen variablen Kosten jeder Maschine beziehen sich auf deren Vollauslastung.
- Die Kosten verlaufen linear. Die Auftragslage des Unternehmens verspricht einen jährlichen Absatz (= Produktion) von 2.400 Stück.
- Das Unternehmen arbeitet mit einem Kalkulationszinssatz von einheitlich 8%.

a) Beurteilen Sie, welche der beiden Maschinen für das Unternehmen bei der voraussichtlichen Menge nach der Kostenvergleichsrechnung vorteilhafter ist.

b) Ermitteln Sie die kritische Ausbringungsmenge, bei der die beiden alternativen Maschinen zu gleich hohen Kosten führen.

50 Betriebliche Investitionswirtschaft

c) Berechnen Sie die Gewinnschwelle für jede der beiden Investitionsalternativen sowie die kritische Ausbringungsmenge, bei der beide Alternativen zu einem gleich hohen Gewinn führen.

d) Entscheiden Sie, welche der beiden Möglichkeiten in Anbetracht der Produktions- und Absatzsituation für das Unternehmen bei Anwendung der Gewinnvergleichsrechnung vorteilhafter ist. Beurteilen Sie auch das Ausmaß der Sicherheit gegen Verluste bei der vorteilhaften Alternative.

Aufgabe 2-4: *Gewinnvergleichs- und Amortisationsrechnung*

Ein Taxiunternehmer beabsichtigt den Kauf eines zusätzlichen Fahrzeugs aus vorhandenen Eigenmitteln. Die Anschaffungskosten betragen rund 60.000 Euro. Erfahrungsgemäß wird das Fahrzeug nach fünf Jahren der Nutzung zu 15.000 Euro in Zahlung gegeben; auf Basis dieser Zahlen werden auch die linearen Abschreibungen berechnet. Der kalkulatorische Kapitalkostensatz wird mit 8% angesetzt. Die jährlichen Kosten für Steuern, Versicherungen, Reinigung etc. betragen 8.000 Euro. Die Fahrer erhalten eine von der erbrachten Fahrleistung abhängige Vergütung. Nach Abzug der variablen Kosten für Betriebsstoffe, Instandhaltung und Fahrer verbleibt ein Deckungsbeitrag von 0,34 Euro/km. Die Fahrleistung kann - ohne bei den übrigen Fahrzeugen zu Einbußen zu führen - mit 85.000 km pro Jahr angesetzt werden.

a) Prüfen Sie mit Hilfe der Gewinnvergleichsrechnung, ob sich der Kauf des zusätzlichen Fahrzeugs lohnt.

b) Die Kosten für Steuern, Versicherungen, Reinigung etc. wie auch der Deckungsbeitrag sind vollständig zahlungswirksam. Berechnen Sie, nach wie vielen Jahren sich das Fahrzeug amortisiert.

2.3. Dynamische Investitionsrechnung

Aufgabe 2-5: *Rechnungselemente bei Investitionsrechnungen*

Erläutern Sie, warum man bei Investitionsrechnungen von Zahlungen als Rechnungselementen ausgehen sollte und nicht von Leistungen und Kosten bzw. Einnahmen und Ausgaben.

Aufgabe 2-6: *Kapitalwertmethode/Einzelinvestition I*

Ein Unternehmer plant die Anschaffung einer Maschine zum Anschaffungspreis von 125.000 €. Er schätzt für die vier Jahre der Nutzung folgende Periodenüberschüsse:

Jahr	Periodenüberschüsse [€]
1	32.000
2	50.000
3	52.000
4	60.000

a) Berechnen Sie den Kapitalwert bei einem Kalkulationszinssatz von 9% pro Jahr. Ist die Investition vorteilhaft?

b) Nehmen Sie an, dass im dritten Jahr statt des Überschusses mit einem Defizit von 2.000 € gerechnet werden muss. Zum Ausgleich dieses Defizits wird ein Kredit zum Zinssatz von 15% aufgenommen, der am Ende von Periode 4 mit Zins und Tilgung zurückgezahlt werden muss.

Berechnen Sie nun den Kapitalwert und beurteilen Sie die Vorteilhaftigkeit der Investition.

Aufgabe 2-7: *Kapitalwertmethode/Einzelinvestition II*

Ein Investor will ein Gewerbeobjekt zur Vermietung errichten. Die Baukosten werden auf 4,75 Mio. Euro veranschlagt. Dazu kommen Erschließungskosten in Höhe von 0,45 Mio. Euro. Die Bauzeit beträgt ein Jahr; danach beginnt die Vermietungsphase.

Mit der Immobilia GmbH, die den Neubau anmieten will, hat der Investor folgende Konditionen vereinbart. Die Immobilia GmbH verpflichtet sich, das Gebäude für 12 Jahre zu mieten. Die Miete beträgt 377.000 Euro pro Jahr. Die Miete wird bereits im ersten Jahr und in den folgenden Jahren vorschüssig am Jahresanfang gezahlt. Nach Ablauf der 12 Mietjahre will die Immobilia GmbH das Objekt zu 4,2 Mio. Euro erwerben.

a) Prüfen Sie mit Hilfe der Kapitalwertmethode, ob sich dieses Geschäft für den Investor lohnt, wenn er einen kalkulatorischen Zinssatz von 9% p.a. unterstellt. Gehen Sie davon aus, dass die gesamte Bausumme und die Erschließungskosten sofort fällig werden.

b) Erläutern Sie allgemein und für den vorliegenden Fall, welche Schlussfolgerungen der Investor aus der Höhe des ermittelten Kapitalwertes ziehen kann.

Aufgabe 2-8: *Kapitalwertmethode/Alternativenvergleich I*

Die FIPLA AG beabsichtigt, eine Produktionsmaschine durch eine neue zu ersetzen. Zu diesem Zweck werden von verschiedenen Herstellern Angebote eingeholt. Nach einer Vorauswahl zur Prüfung der technischen Leistungsfähigkeit der eingereichten Angebote verbleiben zwei Alternativen. Für diese Investitionsalternativen liegen die folgenden Plandaten vor:

	Maschine A	Maschine B
Anschaffungswert (Euro)	730.500	630.500
Nutzungsdauer (Jahre)	5	5
Restwert (Euro)	30.000	30.000
Produktionsmenge (Stück/Jahr)	20.000	20.000
Variable Kosten (Euro/Stück)	27,00	29,00
Erlöse (Euro/Stück)	38,00	38,00

Der Kalkulationszinssatz beträgt 8%.

Die Anschaffung soll aus vorhandenen Mitteln finanziert werden. Die angegebenen variablen Stückkosten sind vollständig liquiditätswirksam. Es ist davon auszugehen, dass die gesamte Produktionsmenge abgesetzt wird.

a) Entscheiden Sie mithilfe der Kapitalwertmethode, welche der beiden Maschinen für die Ersatzinvestition wirtschaftlich vorteilhafter ist.

b) Begründen Sie, ob es für Ihre Investitionsentscheidung von Bedeutung ist, dass Maschine A zu höheren Anschaffungsauszahlungen führt. Eine Anlagemöglichkeit für diesen Differenzbetrag und für im Rahmen der Nutzung der Investition frei werdende Mittel besteht zu einem Zinssatz von 8%.

Aufgabe 2-9: *Kapitalwertmethode/Alternativenvergleich II*

Ein Unternehmer plant die Anschaffung eines Investitionsobjektes, bei dem die Nutzungsdauer auf vier Jahre geschätzt wird. Es stehen zwei Alternativen zur Auswahl. Mit Alternative A ist eine Anschaffungsauszahlung von 80.000 € und mit Alternative B von 91.000 € verbunden. Die folgende Tabelle zeigt die mit den beiden Objekten erzielbaren Einzahlungsüberschüsse in €:

Jahr	A	B
1	20.000	28.000
2	15.000	35.000
3	19.500	5.000
4	48.000	51.000

a) Für welche Investition wird sich der Investor bei einem Kalkulationsfuß von 7% nach der Kapitalwertmethode entscheiden?

b) Nehmen Sie an, dass für Alternative B im dritten Jahr statt des Überschusses mit einem Defizit von 2.000 € gerechnet werden muss. Zum Ausgleich dieses Defizits muss ein Kredit zum Zinssatz von 15% aufgenommen werden, der am Ende von Periode 4 mit Zins und Tilgung zurückzuzahlen ist. Zu welcher Empfehlung kommen Sie nun?

Aufgabe 2-10: *Kapitalwertmethode und Interne Zinsfußmethode*

Die EXPLO KG will aufgrund gestiegener Nachfrage ihre Kapazität erweitern. Ein benachbartes Gelände mit Fabrikationshalle kann günstig gemietet werden. Die zusätzlichen Maschinen und Anlagen müssen neu beschafft werden. Das Unternehmen rechnet damit, dass die erhöhte Nachfrage nur rund drei Jahre andauern wird.

Für die Kapazitätserweiterung ist ein Kapitaleinsatz von 19,7 Mio. Euro erforderlich, der sich aus den Anschaffungsauszahlungen für

Maschinen, Installationskosten sowie zusätzlichen Auszahlungen für die Beschaffung von Gegenständen des Umlaufvermögens ergibt.

Das Unternehmen erwartet in den drei Jahren Einzahlungsüberschüsse in folgender Höhe:

am Ende des 1. Jahres	6,0 Mio. Euro
am Ende des 2. Jahres	6,8 Mio. Euro
am Ende des 3. Jahres	7,1 Mio. Euro

Am Ende des dritten Jahres rechnet das Unternehmen mit einem Veräußerungserlös von 3,1 Mio. Euro für die zur Kapazitätserweiterung angeschafften Maschinen, der in dieser Höhe zu einer zeitgleichen Einzahlung führen wird.

a) Das Unternehmen geht zunächst von einem Kalkulationszinsfuß von 7% aus. Ermitteln Sie mit Hilfe der Kapitalwertmethode, ob die Investition aus finanzwirtschaftlicher Sicht durchgeführt werden sollte.

b) Da die Renditen alternativer Investitionsmöglichkeiten inzwischen gestiegen sind, passt das Unternehmen den Kalkulationszinsfuß auf 8% an.

Begründen Sie mithilfe der Kapitalwertmethode, ob die Investition bei diesem Kalkulationszinsfuß vorteilhaft ist.

c) Berechnen Sie mithilfe der „regula falsi" bzw. durch lineare Interpolation den internen Zinsfuß der Investition.

d) Nennen Sie zwei weitere Investitionszwecke neben der Kapazitätserweiterung.

Aufgabe 2-11: *Kapitalwertmethode/Steuerzahlungen I*

Die Wirtschaftlichkeit der Anschaffung einer Windkraftanlage ist zu prüfen. Folgende Daten stehen zur Verfügung:

Anschaffungsauszahlung	400.000 Euro
Geschätzte Lebensdauer	10 Jahre
Jährliche Auszahlungen	7.500 Euro
Jahresenergieertrag	700.000 Kilowattstunden

Es wird mit einer Einspeisevergütung von 0,08 Euro je Kilowattstunde gerechnet. Ein Restwert am Ende der Lebensdauer wird nicht erwartet.

a) Der Unternehmer will linear über 10 Jahre abschreiben. Dieses sei auch steuerlich zulässig. Wie hoch ist der jährliche Abschreibungsbetrag?

b) Zusätzlich sind Ertragsteuerzahlungen zu berücksichtigen. Dies führt pro Jahr zu Steuerauszahlungen von 25% auf die Differenz „Periodenüberschüsse - Abschreibungen". Ist die Investition nach der Kapitalwertmethode bei einem Kalkulationszinsfuß von 8% (nach Steuern) durchzuführen? Unterstellen Sie dabei lineare Abschreibungen über 10 Jahre.

c) Ermitteln Sie, wie sich das in b) ermittelte Ergebnis verändert, wenn die erwartete Lebensdauer nun 20 Jahre beträgt. Die jährlichen Ein- und Auszahlungen seien unverändert. Für die lineare Abschreibung ist weiterhin von 10 Abschreibungsjahren auszugehen.

Aufgabe 2-12: *Kapitalwertmethode/Steuerzahlungen II*

Eine geplante Investition mit einer Anschaffungsauszahlung von 200.000 Euro und einer Nutzungsdauer von 6 Jahren lässt jeweils zum Jahresende folgende Periodenüberschüsse erwarten:

Jahr	Periodenüberschüsse [€]
1	49.000
2	49.000
3	35.000
4	35.000
5	18.000
6	18.000

Der erwartete Liquiditationserlös am Ende der Nutzungsdauer beträgt 40.000 Euro.

a) Der Unternehmer will geometrisch-degressiv abschreiben. Wie hoch ist der Abschreibungsprozentsatz, wenn der Restbuchwert am Ende des sechsten Jahres dem Liquidationserlös entspricht?

b) Stellen Sie für die Jahre der Nutzungsdauer den Verlauf des Restbuchwertes und den Verlauf der Abschreibungsbeträge in einer Tabelle dar.

c) Zusätzlich sind Ertragsteuerzahlungen zu berücksichtigen. Dies führt pro Jahr zu Steuerauszahlungen von 30% auf die Differenz „Periodenüberschüsse - Abschreibungen". Ist die Investition nach der Kapitalwertmethode bei einem Kalkulationszinsfuß von 8% (nach Steuern) durchzuführen? Die Abschreibungen erfolgen gemäß der unter b) ermittelten Werte.

2.4. Statische und dynamische Investitionsrechnung

Aufgabe 2-13: *Statische und dynamische Investitionsrechnung/ Grundlagen*

a) Erklären Sie die Grundmerkmale der statischen und der dynamischen Investitionsrechnungsverfahren und heben Sie den grundsätzlichen Unterschied dieser Verfahrensgruppen hervor.

b) Erläutern Sie die bedeutenden Merkmale von drei dynamischen Investitionsrechnungsverfahren.

Aufgabe 2-14: *Statische und dynamische Investitionsrechnung für eine Einzelinvestition*

Eine Unternehmung plant die Einführung eines neuen Produktes. Für einen Planungszeitraum von 8 Jahren - gleichzeitig die angenommene Nutzungsdauer der zu beschaffenden maschinellen Anlagen - werden folgende Annahmen zugrunde gelegt:

Anschaffungsauszahlung	30.000.000 €
Restwert nach 8 Jahren	0 €
Jährliche Lohn- und Gehaltszahlungen	300.000 €
Jährliche Mietzahlungen	150.000 €
Variable Kosten je Stück	30 €
Absatzpreis je Stück	150 €
Kalkulationszinsfuß	8%

a) Wie viele Produkte müssen pro Jahr mindestens abgesetzt werden, damit die Einführung des neuen Produktes zum einen einen Gewinn (statische Investitionsrechnung) und zum anderen einen positiven Kapitalwert erbringt?

b) Bei vorsichtiger Schätzung rechnet die Unternehmung damit, pro Jahr 55.000 Stück verkaufen zu können. Ermitteln Sie den internen Zinsfuß, die Annuität und die dynamische Amortisationszeit des Investitionsobjektes.

Aufgabe 2-15: *Statische und dynamische Investitionsrechnung/ Alternativenvergleich I*

Eine Unternehmung möchte ein neues Produkt einführen. Zur Produktion ist eine Erweiterungsinvestition erforderlich, für die zwei Alternativen I und II zur Auswahl stehen. Die beiden Alternativen sind durch folgende Merkmale gekennzeichnet:

Alternative	I	II
Anschaffungsauszahlung	800.000 €	900.000 €
Nutzungsdauer	8 Jahre	8 Jahre
Restwert am Ende der Nutzungsdauer	0 €	0 €
Kapazität pro Jahr	6.500 ME	7.000 ME
Variable Fertigungskosten pro Stück	150 €	140 €
Mietauszahlungen pro Jahr	60.000 €	70.000 €
Gehaltsauszahlungen pro Jahr	210.000 €	240.000 €
Absatzpreis pro Stück	220 €	220 €

Die Unternehmung rechnet mit einem Kalkulationszinsfuß von 5%.

a) Geben Sie auf der Basis einer Kostenvergleichsrechnung an, bei welcher jährlichen Produktionsmenge beide Alternativen gleichwertig sind (kritische Menge).

b) Die Unternehmung geht davon aus, dass sie pro Jahr 6.200 ME absetzen kann. Welche Alternative ist jeweils zu wählen, wenn alternativ die statische Gewinnvergleichsrechnung, die statische Rentabilitätsrechnung, die Kapitalwertmethode und die interne Zinsfußmethode zur Anwendung gelangen?

Gehen Sie nun davon aus, dass für das Produktionsverfahren eine jährliche Lizenzgebühr von 50.000 € zu entrichten ist.

c) Wie hoch ist der Kapitalwert bei beiden Alternativen, wenn weiterhin davon ausgegangen wird, dass 6.200 ME des Produktes pro Jahr abgesetzt werden können?

d) Wie hoch müssten die Absatzmengen für beide Alternativen mindestens sein, damit sich jeweils eine positive Annuität errechnet?

Aufgabe 2-16: *Statische und dynamische Investitionsrechnung/ Alternativenvergleich II*

Eine Unternehmung möchte ein neues Produkt einführen. Zur Produktion ist eine Erweiterungsinvestition erforderlich, für die zwei maschinelle Anlagen A und B zur Auswahl stehen. Die beiden Alternativen sind durch folgende Merkmale gekennzeichnet:

Alternative	A	B
Anschaffungsauszahlung	1.600.000 €	1.800.000 €
Nutzungsdauer	8 Jahre	8 Jahre
Restwert am Ende der Nutzungsdauer	0 €	0 €
Kapazität pro Jahr	6.500 ME	7.000 ME
Variable Fertigungskosten pro Stück	300 €	280 €
Mietauszahlungen pro Jahr	120.000 €	140.000 €
Gehaltsauszahlungen pro Jahr	430.000 €	480.000 €
Absatzpreis pro Stück	440 €	440 €

Die Unternehmung rechnet mit einem Kalkulationszinsfuß von 8%.

a) Geben Sie auf der Basis einer Kostenvergleichsrechnung an, bei welcher jährlichen Produktionsmenge beide Alternativen gleichwertig sind (kritische Menge).

b) Die Unternehmung geht davon aus, dass sie pro Jahr 6.000 ME absetzen kann. Welche Alternative ist zu wählen, wenn die Unternehmung ihrer Entscheidung alternativ die statische Gewinnvergleichsrechnung, die statische Rentabilitätsrechnung, die Kapitalwertmethode und die interne Zinsfußmethode zugrunde legt?

Gehen Sie nun davon aus, dass nur für Investitionsalternative B am Ende der Nutzungsdauer Abbruch- und Entsorgungskosten in Höhe von 200.000 € zu zahlen sind. Die Unternehmung geht weiterhin davon aus, dass 6.000 ME des Produktes abgesetzt werden können.

c) Wie hoch ist nun der Kapitalwert der Alternative B und welche Investition ist unter diesen Bedingungen vorteilhafter?

d) Bezüglich der Abbruch- und Entsorgungskosten der Alternative A ist sich die Unternehmung unsicher. Wie hoch müssten die Abbruch- und Entsorgungskosten bei Anlage A mindestens sein, damit Alternative B nach dem Kapitalwertkriterium vorteilhaft ist?

Aufgabe 2-17: *Statische und dynamische Investitionsrechnung/ Alternativenvergleich III*

Eine Unternehmung möchte ein neues Produkt einführen. Dazu benötigt sie eine neue Maschine. Zwei maschinelle Anlagen A und B stehen zur Auswahl. Die beiden Alternativen sind durch folgende Merkmale gekennzeichnet:

Alternative	A	B
Anschaffungsauszahlung	900.000 €	600.000 €
Nutzungsdauer	6 Jahre	6 Jahre
Restwert am Ende der Nutzungsdauer	0 €	0 €
Kapazität pro Jahr	6.000 ME	5.000 ME
Variable Fertigungsauszahlungen pro Stück	300 €	340 €
Mietauszahlungen pro Jahr	100.000 €	80.000 €
Gehaltsauszahlungen pro Jahr	400.000 €	320.000 €
Absatzpreis pro Stück	475 €	475 €

Die Unternehmung rechnet mit einem Kalkulationszinsfuß von 5%.

Der Leiter der Abteilung Investition/Finanzwirtschaft hat sein Studium der Betriebswirtschaftslehre vor 30 Jahren abgeschlossen und ist seitdem Anhänger der statischen Investitionsrechnungsverfahren. Er beauftragt eine Studentin, die gerade in seiner Abteilung ein Praxissemester ableistet, mit der Entscheidungsvorbereitung.

a) Geben Sie auf der Basis einer Kostenvergleichsrechnung an, bei welcher jährlichen Produktionsmenge beide Alternativen gleichwertig sind (kritische Menge).

b) Der Abteilungsleiter geht davon aus, dass die Unternehmung pro Jahr 4.000 ME absetzen kann. Bestimmen Sie, welche Alternative zu wählen ist, wenn Sie Ihrer Entscheidung zum einen die statische Gewinnvergleichsrechnung und zum anderen die statische Rentabilitätsrechnung zugrunde legen.

c) Angesichts der Widersprüchlichkeit der Ergebnisse versucht die Studentin den Abteilungsleiter von den klassischen dynamischen

Investitionsrechnungsverfahren zu überzeugen. Der Abteilungsleiter sträubt sich zunächst gegen die für ihn neuen Methoden, gibt aber dann der Praktikantin den Auftrag, einmal anhand dieser Methoden zu bestimmen, welche Alternative gewählt werden soll. Auch dabei soll die Praktikantin davon ausgehen, dass 4.000 ME pro Jahr abgesetzt werden können. Bestimmen Sie, welche Alternative zu wählen ist, wenn Ihrer Entscheidung zum einen die Kapitalwertmethode und zum anderen die interne Zinsfußmethode zugrunde gelegt wird.

d) Die Praktikantin ist verzweifelt angesichts der Ergebnisse, hatte sie doch gehofft, dass Kapitalwertmethode und interne Zinsfußmethode hier zum gleichen Ergebnis führen würden. Nun muss sie dem etwas triumphierend dreinblickenden Abteilungsleiter auch noch erklären, woran es liegt, dass Kapitalwertmethode und interne Zinsfußmethode zu unterschiedlichen Ergebnissen führen können. Erklären Sie diesen Sachverhalt.

e) Die von der Studentin gelieferte Erklärung stürzt den Abteilungsleiter in eine tiefe Krise. Aber dann entdeckt der Abteilungsleiter in einer Fachzeitschrift einen Aufsatz über ein weiteres Investitionsrechnungsverfahren, welches die Prämissen der Kapitalwertmethode und der internen Zinsfußmethode aufhebt. Er befragt die Studentin, ob sie dieses Verfahren kennt. Die Studentin freut sich, hatte sie sich doch im letzten Semester an der Hochschule mit Investitionsrechnung beschäftigt, angesichts seiner Verzweiflung aber nicht mehr gewagt, dem Abteilungsleiter dieses Verfahren auch noch vorzuschlagen. Nun hält sie dem Abteilungsleiter einen Vortrag über die Vorteile dieses Verfahrens. Angesichts ihrer Ausführungen und der gezeigten Begeisterung für dieses investitionsrechnerische Verfahren beschließt der Abteilungsleiter, in der Zukunft nur noch dieses Verfahren anzuwenden. Um welches Verfahren handelt es sich?

Aufgabe 2-18: *Investitionsanalyse einschließlich Finanzierung*

Eine Ziegelei verwendet einen Brennofen, um das Wasser der geformten, noch feuchten Rohlinge auszutreiben und die Tonziegel auszuhärten. Die Ziegelei beabsichtigt, ihren Brennofen mit einer Wärmerückgewinnungsanlage auszurüsten, um Energie zu sparen.

Die Investitionssumme beläuft sich laut Angebot des Herstellers auf 1.200.000 Euro. Die erforderlichen zahlungswirksamen Wartungskosten liegen voraussichtlich über die gesamte Nutzungsdauer von 12 Jahren bei 150.000 Euro pro Jahr. Gehen Sie davon aus, dass die Anlage durchgehend gleichmäßig ausgelastet ist. Der Brennofen wird mit Erdgas betrieben. Der Erdgaspreis wird auf Dauer bei 0,40 Euro pro Kubikmeter (cbm) Gas liegen.

Der Kalkulationszinssatz beträgt 10%.

a) Berechnen Sie, wieviel Erdgas (in cbm) eingespart werden muss, damit sich die Investition aus Sicht der Ziegelei lohnt. Vernachlässigen Sie in Ihren Berechnungen den Zinseszinseffekt (statische Betrachtung).

b) Berücksichtigen Sie in Ihrer Rechnung den Zinseszinseffekt (dynamische Betrachtung). Wie hoch muß in diesem Fall die jährliche Erdgaseinsparung (in cbm) sein, damit die Investition vorteilhaft ist?

c) Technische Analysen ergeben eine zu erzielende Einsparung von jährlich 500.000 cbm Erdgas. Berechnen Sie, welchen nicht rückzahlbaren Investitionszuschuss das Land leisten muss, damit sich die Investition bei dynamischer Betrachtung mit Hilfe der Kapitalwertmethode dennoch lohnt.

d) Für die Investition muss voraussichtlich ein zehnjähriges endfälliges Bankdarlehen in Höhe von 500.000 Euro zu einem Zinssatz von 10% (nominal = effektiv) aufgenommen werden. Das Land bietet einen nicht rückzahlbaren Investitionszuschuss von 15% der Investitionssumme oder einen laufenden, auf acht Jahre begrenzten, nicht rückzahlbaren Zuschuss in Höhe von 60% des laufenden Zinsaufwands (hier: identisch mit Zinsauszahlungen).

Prüfen Sie rechnerisch, ob die Ziegelei den Investitionszuschuss oder den Zinszuschuss in Anspruch nehmen sollte.

e) Erläutern Sie drei Gesichtspunkte, die über Ihre Ausführungen in a) bis d) hinaus die Investitionsentscheidung zugunsten der Wärmerückgewinnungsanlage beeinflussen können.

2.5. Vollständige Finanz- und Investitionsplanung

Aufgabe 2-19: *Vollständiger Finanzplan/Grundlagen*

Beschreiben Sie kurz die Vorteile des vollständigen Finanzplans (Vofi) gegenüber den klassischen dynamischen Methoden der Investitionsrechnung.

Aufgabe 2-20: *Vollständiger Finanzplan/Berechnung*

Eine Unternehmung hat die Möglichkeit, eine Investition durchzuführen. Mit dem Investitionsobjekt ist eine Anschaffungsauszahlung von 100.000 € verbunden. Das Objekt hat eine Nutzungsdauer von 4 Jahren. Mit einem Liquidationserlös von 10.000 € am Ende der Nutzungsdauer wird gerechnet. Zur Finanzierung des Objektes stehen eigene Mittel in Höhe von 60.000 € zur Verfügung, die man - falls die Investition nicht durchgeführt wird - zu 5% anlegen könnte. Die restlichen 40.000 € könnten durch einen Annuitätenkredit zu 7% über 4 Jahre finanziert werden. Darüber hinaus kann die Unternehmung jederzeit bei ihrer Hausbank Geld zu 4% anlegen oder zu 10% aufnehmen. Mit dem Investitionsobjekt sind folgende Einzahlungsüberschüsse verbunden:

Jahr	1	2	3	4
Einzahlungsüberschuss [€]	40.000	40.000	30.000	30.000

Ermitteln Sie mit Hilfe von vollständigen Finanzplänen, ob die Investition für die Unternehmung vorteilhaft ist und wie der fremd zu finanzierende Betrag von 40.000 € ggf. optimal finanziert werden sollte. Begründen Sie Ihre Entscheidung.

Aufgabe 2-21: *Dynamische Investitionsrechnung und vollständiger Finanzplan*

Eine Unternehmung hat die Möglichkeit, eine Investition durchzuführen. Mit dem Investitionsobjekt ist eine Anschaffungsauszahlung von 120.000 € verbunden. Das Objekt hat eine Nutzungsdauer von 5 Jahren. Mit einem Liquidationserlös von 10.000 € am Ende der Nutzungsdauer wird gerechnet. Mit dem Investitionsobjekt sind folgende Einzahlungsüberschüsse verbunden:

Jahr	1	2	3	4	5
Überschüsse [€]	30.000	40.000	30.000	20.000	10.000

a) Berechnen Sie mit Hilfe der Kapitalwertmethode und der Annuitätenmethode die Vorteilhaftigkeit dieses Investitionsobjektes. Die Unternehmung rechnet stets mit einem Kalkulationszinsfuß von 8%.

b) Gehen Sie nun davon aus, dass in Höhe von 60.000 € eigene Mittel zur Verfügung stehen, die man - falls die Investition nicht durchgeführt wird - zu 4% anlegen könnte. Die restlichen 60.000 € können durch ein Abzahlungsdarlehn zu 7% über 5 Jahre finanziert werden. Darüber hinaus kann die Unternehmung jederzeit bei ihrer Hausbank Geld zu 4% anlegen oder zu 10% aufnehmen. Ermitteln Sie mit Hilfe von vollständigen Finanzplänen, ob die Investition unter diesen Bedingungen vorteilhaft ist. Wie soll die Investition finanziert werden? Begründen Sie Ihre Entscheidung.

Aufgabe 2-22: *Statische und dynamische Investitionsrechnung/Vollständiger Finanzplan*

Eine Unternehmung plant die Einführung einer neuen Produktvariante. Für einen Planungszeitraum von 4 Jahren, was der angenommenen Nutzungsdauer der zu beschaffenden maschinellen Anlagen entspricht, werden folgende Annahmen zugrunde gelegt:

Anschaffungsauszahlung	800.000 €
Nutzungsdauer	4 Jahre
Restwert am Ende der Nutzungsdauer	0 €
Kapazität pro Jahr	3.500 ME
Variable Fertigungsauszahlungen pro Stück	300 €
Mietauszahlungen pro Jahr	100.000 €
Gehaltsauszahlungen pro Jahr	400.000 €
Absatzpreis pro Stück	600 €

Die Unternehmung rechnet mit einem Kalkulationszinsfuß von 5%.

a) Wie viele Mengeneinheiten der Produktvariante müssen pro Jahr mindestens abgesetzt werden, damit die Einführung der Variante zum einen einen Gewinn (statische Investitionsrechnung) und zum anderen einen positiven Kapitalwert erbringt?

b) Bei vorsichtiger Einschätzung rechnet die Unternehmung damit, pro Jahr 2.500 ME verkaufen zu können. Ermitteln Sie den internen Zinsfuß und die Annuität des Investitionsobjektes.

c) Gehen Sie nun davon aus, dass eigene Mittel in Höhe von 200.000 € zur Verfügung stehen, die man - falls die Investition nicht durchgeführt wird - zu 5% anlegen könnte. Die restlichen 600.000 DM *müssen* durch ein Annuitätendarlehn zu 8% über vier Jahre finanziert werden. Darüber hinaus kann die Unternehmung jederzeit bei ihrer Hausbank Geld zu 5% anlegen oder zu 10% aufnehmen. Ermitteln Sie mit Hilfe *eines* vollständigen Finanzplans (Vofi), ob die Investition unter diesen Bedingungen vorteilhaft ist. Die Unternehmung rechnet weiterhin damit, 2.500 ME pro Jahr verkaufen zu können.

Aufgabe 2-23: Vollständiger Finanzplan mit Ertragsteuern

Ein Reiseveranstalter beabsichtigt eine Investition. Dieses Objekt verursacht eine Anschaffungsauszahlung in Höhe von 300.000 €. Liquide eigene Mittel stehen in Höhe von 60.000 € zur Verfügung, die man - falls die Investition nicht durchgeführt wird - zu 4% bei der Hausbank anlegen könnte. Der Restbetrag von 240.000 € kann durch einen Annuitätenkredit zu 8% mit einer Laufzeit von 4 Jahren fremdfinanziert werden, ein Disagio fällt nicht an. Die Nutzungsdauer des Investitionsobjektes soll ebenso wie die Abschreibungsdauer 5 Jahre betragen, wobei am Ende der Nutzungsdauer ein Restverkaufserlös von 10.000 € erzielt werden kann. Es ist eine lineare Abschreibung vorgesehen, deshalb werden pro Jahr der Nutzungsdauer 60.000 € abgeschrieben.

Die Einzahlungsüberschüsse betragen für die einzelnen Perioden:

t	1	2	3	4	5
ü$_t$ [€]	70.000	110.000	100.000	90.000	60.000

Der Reiseveranstalter hat die Möglichkeit, bei seiner Hausbank zwischenzeitlich für jeweils ein Jahr einen Kredit zum Zinssatz $i_{SZ} = 0,1$ aufzunehmen oder eine Geldanlage zum Zinssatz $i_{HZ} = 0,04$ zu tätigen.

Für die Besteuerung wird von einer Einzelunternehmung ausgegangen. Der nominale vom Entscheidungsträger vorgegebene Einkommensteuersatz betrage $s_{en} = 0,4$, der Kirchensteuersatz $s_{ki} = 0,09$. Die Steuermesszahl ist nach § 11 Abs. 2 GewStG gestaffelt, sie liegt für höhere Beträge bei $m = 0,05$. Davon wird hier ausgegangen. Der Hebesatz der hebesatzberechtigten Gemeinde liegt bei 317%.

Ermitteln Sie mit Hilfe von vollständigen Finanzplänen, ob diese Investition vorteilhaft ist und wie sie gegebenenfalls finanziert werden sollte.

Aufgabe 2-24: *Vollständige Finanz- und Investitionsplanung*

Eine Kapitalgesellschaft beabsichtigt, über drei Jahre ein innovatives Spielzeug zu produzieren und zu verkaufen. Der Absatzpreis soll im ersten und zweiten Jahr 25,00 Euro je Einheit betragen; im dritten Jahr wird der Preis auf 23,50 Euro zurückgenommen. Voraussichtlich kann das Unternehmen im ersten Jahr 20.000, im zweiten Jahr 24.000 und im dritten Jahr 18.000 Einheiten absetzen. Die fixen Produktionskosten ohne Abschreibungen betragen im ersten Jahr 65.000 Euro, infolge diverser Verteuerungen steigen sie auf 68.000 Euro im zweiten Jahr und 73.000 Euro im dritten Jahr; diese Kosten sind zugleich zahlungswirksam. Zusätzlich entstehen zahlungswirksame variable Kosten in Höhe von 12,00 Euro pro Einheit im ersten Jahr, 13,00 Euro im zweiten Jahr und 13,50 Euro im dritten Jahr.

Für die Durchführung dieses Vorhabens ist seitens des Unternehmens eine Erweiterungsinvestition unabdingbar. Der Lieferant sagt zu, das Investitionsobjekt zum Preis von 300.000 Euro inklusive Anschaffungsnebenkosten zu errichten. Die betriebsgewöhnliche Nutzungsdauer beträgt genau drei Jahre. Erfahrungen zeigen, dass Resterlöse durch Verkauf nach Ablauf der betriebsgewöhnlichen Nutzungsdauer nicht erzielt werden können. Eine Weiternutzung durch das Unternehmen erscheint im Investitionszeitpunkt ausgeschlossen.

Als kompetenter Unternemensberater werden Sie um Rat gefragt. Für den Geschäftsführer ist die Durchführung der Investition nämlich noch keine beschlossene Sache. Vielmehr plagen ihn erhebliche Zweifel. Diese sind auch darin begründet, dass das Unternehmen bzw. die Gesellschafter üblicherweise eine Verzinsung von mindestens 15% auf die eingesetzten Mittel verlangen.

a) Beurteilen Sie die Investition anhand des Kapitalwertes ohne Berücksichtigung von Fremdfinanzierung und Ertragsteuern.

b) Aufgrund der derzeitigen Liquiditätssituation des Unternehmens kann das Investitionsobjekt nur durch Aufnahme externen Kapitals finanziert werden. In diesem Zusammenhang sind die Gesellschafter des Unternehmens bereit, 140.000 Euro als zusätzliches Eigenkapital bereitzustellen und auf Ausschüttungen während der drei Nutzungsjahre der Investition zu verzichten. Der restliche Betrag soll als Annuitätendarlehen dargestellt werden. Üblicherweise werden dem Unternehmen bei Transaktionen dieser Art Darlehenszinsen in Höhe von 12% p.a. in Rechnung gestellt.

Ermitteln Sie die Vorteilhaftigkeit der Investition mit Hilfe der Kapitalwertmethode unter Berücksichtigung der Fremdfinanzierung, jedoch ohne Ertragsteuern.

c) Die Erweiterungsinvestition ist steuerlich linear auf drei Jahre abzuschreiben. Für die Ertragsbesteuerung des Unternehmens ist mit einem pauschalen Satz von 40% zu rechnen, bezogen auf die Bemessungsgrundlage „Erfolg vor Steuern". Eventuell negative Ertragsteuern aus der Investition mindern die Ertragsteuerlast des Unternehmens insgesamt, sind also im Sinne eines unmittelbaren Erstattungsanspruchs zu behandeln.

Berechnen Sie den Kapitalwert der Investition nach Ertragsteuern und unter Berücksichtigung der Fremdfinanzierung, und erklären Sie, warum dieser geringer ausfällt als unter b).

d) Sollten in der Nutzungsphase Zahlungsüberschüsse erzielt werden, können diese voraussichtlich zu 6% angelegt werden. Die Geldanlage erfolgt aus den zum Jahresende vorhandenen Zahlungsüberschüssen für jeweils ein Jahr. Bei Bedarf können zusätzliche Fremdmittel für jeweils ein Jahr zu 12% aufgenommen werden.

Erstellen Sie einen Vollständigen Finanz- und Investitionsplan (Vofi). Als Hilfsmittel steht Ihnen die Tabelle auf der folgenden Seite zu Verfügung. Beachten Sie, dass durch Anlage überschüssiger Mittel bzw. Kreditaufnahme fehlender Mittel während des Planungszeitraumes - mit Ausnahme des Investitions- und des Endzeitpunkts des Vorhabens - der Zahlungssaldo zum Ende jeder Periode null wird. Verwenden Sie als Lösungshilfe das beigefügte Schema.

Periode/Zeitpunkt	0	1	2	3
Menge		....	....	....
Preis		....	....	....
Variable Stückk. (= Auszahl.)		....	....	....
Stückdeckungsbeitrag		....	....	....
Gesamtdeckungsbeitrag		....	....	....
Fixe Auszahlungen		....	....	....
Betriebl. Zahlungsüberschuss		....	....	....
Investitionsauszahlung	....			
Kreditaufnahme	....			
Kreditstand zum Ende der Periode (nachrichtlich)	(........)	(........)	(........)	*(0)*
Annuitätenfaktor (Zinss. .... %)		....	....	....
Annuität		....	....	....
Kreditzinsen (Zinssatz .... %)		....	....	....
Kredittilgung		....	....	....
Geldanlage		....	....	
Guthaben zum Ende der Periode (nachrichtlich)		(........)	(........)	*(0)*
Habenzinsen (Zinssatz .... %)			....	....
Rückzahlung Geldanlage				....
Ertragsteuern		....	....	....
Zahlungssaldo gesamt*)	....	0	0	....

*) aus Sicht der Gesellschafter

Nebenrechnung zur Ermittlung der Ertragsteuern:

Periode	1	2	3
Betriebl. Zahlungsüberschuss			
Abschreibungen			
Kreditzinsen			
Guthabenzinsen			
Ertragsteuergrundlage			
Ertragsteuern (Steuersatz ...... %)			

e) Berechnen und beurteilen Sie die effektive Verzinsung der eingesetzten Eigenmittel auf der Basis des Vofi-Planes. Erläutern Sie, worin sich dieser Zinssatz wesentlich vom internen Zinsfuß in traditioneller Sicht unterscheidet.

2.6. Sonstige Modellerweiterungen

Aufgabe 2-25: *Investitionsentscheidungen bei Unsicherheit*

Die Unternehmerin Gabi Zauder steht vor einer schwierigen Entscheidung. Ihr stehen drei Investitionsalternativen A_i zur Verfügung. Aufgrund ihrer unvollkommenen Informationen über die Zukunft kann sie nur vier grobe Umweltsituationen S_j unterscheiden. Gabi Zauder hat für die möglichen Investitionsalternativen mit Hilfe von vollständigen Finanzplänen die Endvermögenswerte EVW (in Mio. €) bei den jeweiligen Umweltsituationen ermittelt. Alle Informationen sind in der folgenden Matrix der erzielbaren Endvermögenswerte zusammengefasst.

Umweltsituationen S_j	S_1	S_2	S_3	S_4
Alternativen A_i				
A_1	8	4	6	5
A_2	3	9	10	7
A_3	5	11	3	6

Aufgrund dieser Ergebnismatrix hat Gabi Zauder die Entscheidung für eine der drei Investitionsalternativen zu treffen. Ihr ist nicht bekannt, welche der vier Umweltsituationen tatsächlich eintreten wird.

a) Warum trifft Gabi Zauder in dieser Situation die Entscheidung anhand von Endvermögenswerten und greift nicht auf Endvermögensdifferenzen zurück? Was wird dabei implizit unterstellt?

b) Ermitteln Sie anhand der vorliegenden Matrix, welche Investitionsalternative Gabi Zauder wählen soll, wenn sie alternativ die Wald-Regel, die Maximax-Regel, die Hurwicz-Regel ($\lambda=0{,}3$), die Laplace-Regel und die Savage-Niehans-Regel anwendet.

c) Wie wird sich Gabi Zauder entscheiden, wenn sie die in der folgenden Tabelle aufgeführten Eintrittswahrscheinlichkeiten für die vier möglichen Umweltsituationen zugrunde legt und den Erwartungswert der Endvermögenswerte maximieren will?

Umweltsituation S_j	S_1	S_2	S_3	S_4
Eintrittswahrscheinlichkeit w_j	0,4	0,3	0,2	0,1

Im Grunde ist Gabi Zauder aber ein risikoscheuer Mensch. Bei diesem Investitionsproblem möchte sie auch einmal andere Entscheidungskriterien „ausprobieren", die das Risiko der Planungssituation berücksichtigen können.

d) Gabi Zauder entscheidet sich für die Standardabweichung σ der Endvermögenswerte als Maß für das Risiko einer Investitionsalternative. Als Maß für den Erfolg einer Investitionsalternative sieht sie den Erwartungswert μ der Endvermögenswerte an. In einer Formelsammlung findet Gabi Zauder die Formel für die Standardabweichung. Es handelt sich um die positive Wurzel der Varianz. Sie lautet hier:

$$\sigma = \sqrt{VAR} = \sqrt{\sum_j \left(EVW_j^2 \cdot w_j\right) - \mu}$$

Welche Investitionsalternativen sind unter diesen beiden Zielen „Erfolg" und „Risiko" für Gabi Zauder effizient? Kann Gabi Zauder nun eine optimale Investitionsalternative identifizieren? Erläutern Sie das Problem.

e) Durch einen Unternehmensberater lässt Gabi Zauder über einen Befragungstest ihre individuelle Risikonutzenfunktion ermitteln. Sie lautet:

N(EVW) = EVW - 0,02 * EVW²

Ermitteln Sie die Erwartungswerte des Nutzens nach dem Bernoulli-Prinzip. Welche Investitionsalternative wird Gabi Zauder nun wählen?

Aufgabe 2-26: *Bestimmung der optimalen Nutzungsdauer und des optimalen Ersatzzeitpunktes*

Ein Spediteur steht vor der Anschaffung eines neuen Transporters zu 100.000 Euro. Aus der vierjährigen Nutzung des Transporters erwartet er laufende Zahlungsüberschüsse. Diese betragen nach vorsichtiger Schätzung 28.000 Euro im ersten Jahr, 32.000 Euro im zweiten Jahr, 35.000 Euro im dritten Jahr und 28.000 Euro im vierten Jahr. Länger als vier Jahre soll der Kleintransporter keinesfalls genutzt werden.

Beim Verkauf des gebrauchten Transporters erzielt der Spediteur einen zusätzlichen Erlös; dieser beträgt - je nach Veräußerungszeitpunkt - 80.000 Euro nach einem Jahr, 65.000 Euro nach zwei Jahren, 38.000 Euro nach drei Jahren und 12.000 Euro nach vier Jahren. Der Spediteur gibt einen Kalkulationszinssatz von 12% vor.

a) Berechnen Sie die optimale Nutzungsdauer des Kleintransporters und den maximal erzielbaren Kapitalwert der Investition. Gehen Sie dabei davon aus, dass der Kleintransporter nicht ersetzt werden soll.

b) Begründen Sie sowohl verbal als auch rechnerisch, ob die optimale Nutzungsdauer gemäß Teil a) dem optimalen Ersatzzeitpunkt des ersten eingesetzten Kleintransporters entspricht, wenn dieser genau einmal durch ein Fahrzeug gleichen Typs zu identischen Konditionen ersetzt werden soll.

2.7. Bestimmung des optimalen Investitionsvolumens

Aufgabe 2-27: *Kapitalbudget nach Dean/Grundlagen*

Das Kapitalbudget nach Dean greift die Schwachstellen des Leverage-Effektes auf und ersetzt sie durch realitätsnähere Annahmen.

a) Erörtern Sie die Schwachstellen des Leverage-Effektes.

b) Beschreiben Sie die Vorgehensweise beim Kapitalbudget nach Dean. Benutzen Sie für Ihre Erläuterungen eine Graphik.

Aufgabe 2-28: *Kapitalbudget nach Dean/Berechnung*

Einer Unternehmung bieten sich in der nächsten Planungsperiode die folgenden vollständig teilbaren Investitions- und Finanzierungsmöglichkeiten:

Investition	Betrag [€]	Rendite [%]
1	100.000	15
2	80.000	12
3	160.000	8
4	50.000	5

Kredit	Betrag [€]	Effektivbelastung [%]
1	150.000	5
2	100.000	7
3	150.000	10

a) Ermitteln Sie das gewinnmaximale Investitions- und Finanzierungsprogramm. Tragen Sie das Ergebnis Ihrer Berechnungen in die folgende Tabelle ein. Welcher Gewinn ergibt sich aus Ihrem Investitions- und Finanzierungsprogramm?

Durchzuführende Investition Nr.	Betrag [€]
Summe	

Aufzunehmender Kredit Nr.	Betrag [€]
Summe	

b) Gehen Sie nun davon aus, dass Investition 3 nicht teilbar ist. Sie kann nur ganz oder gar nicht durchgeführt werden. Wie lautet unter diesen Bedingungen das gewinnmaximale Investitions- und Finanzierungsprogramm? Berechnen Sie den zugehörigen Gewinn.

Aufgabe 2-29: *Optimale Abstimmung des Investitions- und Finanzierungsprogramms*

Am Rande des Unternehmerforums einer Volksbank unterhalten sich zwei Inhabergeschäftsführer mittelständischer Betriebe darüber, welche Überlegungen sie ihrer Investitions- und Finanzpolitik zugrunde legen.

Meier: „Wir setzen in unserem Unternehmen nur Investitionen um, die eine rechnerische Kapitalverzinsung von mindestens 15% versprechen. Natürlich greifen wir zur Finanzierung auf die kostengünstigsten Möglichkeiten zurück. Schließlich, Herr Schulz, setzen wir unser Engagement ein, um zu verdienen."

Schulz: „Aber Herr Meier, da entgehen Ihnen ja viele Chancen! Wir bringen in unserem Unternehmen die Investitionen in eine Rangfolge abnehmender Renditen und die Finanzierungsmöglichkeiten in eine Reihenfolge abnehmender Effektivbelastungen. Dann stellen wir einen Zusammenhang her und tätigen alle Investitionen, deren Rendite gerade noch die Effektivbelastung der zugehörigen Finanzierung deckt. Die Banken stehen da voll hinter uns, wenn wir ihnen in Kreditverhandlungen unsere Wirtschaftlichkeitsberechnungen vorlegen."

a) Nehmen Sie kritisch Stellung zu diesen Ausführungen der Herren Meier und Schulz. Gewährleisten die geschilderten Vorgehensweisen, dass die Unternehmen der Herren Meier und Schulz zum maximalen Nettoüberschuss gelangen und aus Sicht der Eigenkapitalgeber optimal sind?

b) In Vorbereitung der Geschäftsführungssitzung der Schulz KG zur Verabschiedung des Investitions- und Finanzierungsprogramms hat der Leiter Finanzen die folgenden, noch nicht geordneten Investitions- und Finanzierungsmöglichkeiten zusammengetragen (Beträge in 1.000 Euro).

Investitionen			Finanzierungen		
Inv.-Nr.	Betrag	Rendite	Fin.-Nr.	Betrag	Eff.zins
A	100	16%	a	150	9%
B	150	12%	b	100	7%
C	200	5%	c	100	15%
D	100	8%	d	250	12%
E	100	7%	e	200	8%
F	250	14%	f	200	6%
G	200	10%			

Die Investitionen können jeweils nur als Ganzes realisiert werden, die Finanzierungsmöglichkeiten sind beliebig teilbar.

Ermitteln Sie, welche Investitionen in Verbindung mit welcher Finanzierung zu realisieren sind, wenn einerseits den Vorstellungen des Herrn Meier bzw. andererseits der von Herrn Schulz vorgeschlagenen Vorgehensweise gefolgt wird. Berechnen Sie für beide Alternativen den jährlichen Überschuss aus dem geplanten Investitions- und Finanzierungsprogramm.

c) Aus Ihrem BWL-Studium wissen Sie, dass Sie die Lösungen der Herren Meier und Schulz verbessern können. Bestimmen Sie das optimale Investitions- und Finanzierungsprogramm nach der „Maxime des Kapitalbudgets". Berechnen Sie abschließend die maximal mögliche Verbesserung des jährlichen Überschusses.

3. Betriebliche Finanzwirtschaft

3.1. Grundlagen

Aufgabe 3-1: *Aussagen zur betrieblichen Finanzwirtschaft*

Entscheiden Sie bei den folgenden Aussagen jeweils, ob die Aussage richtig oder falsch ist, indem Sie in die entsprechende Spalte ein Kreuzchen setzen.

	richtig	falsch
a) Als Fremdfinanzierung bezeichnet man – die Aufnahme eines Darlehns von einem Gesellschafter – den Erhalt von Anzahlungen – die Ausgabe von Aktien – die Auflösung von Rücklagen – die Aufnahme eines Kontokorrentkredites – die Bezahlung einer Lieferung mit einem Solawechsel		
b) Fremdfinanzierung liegt in der Regel vor bei – Mitwirkung des Kreditgebers an der Geschäftsführung – Anspruch des Gläubigers auf Zins und Tilgung – Anspruch auf einen bestimmten Prozentsatz am Gewinn		
c) Eigenfinanzierung liegt vor bei – Ausgabe junger Aktien gegen Einlage – Aufnahme eines Darlehns vom Eigentümer – Ausgabe von Gratisaktien – Ausgabe von Anleihen – Gewinnthesaurierung – Gewährung eines Darlehns an Eigentümer		

	richtig	falsch
d) Das Bezugsrecht für Aktionäre bei einer Kapitalerhöhung ist notwendig, um – die Aktionäre vor finanziellen Nachteilen zu schützen – die goldene Bilanzregel einzuhalten – eine Veränderung der Stimmrechtsverhältnisse zu verhindern		
e) Bei der ordentlichen Kapitalerhöhung – ist ein Beschluss der Hauptversammlung mit 1/4-Mehrheit erforderlich – wird den Aktionären ein Bezugsrecht eingeräumt – ist keine Eintragung in das Handelsregister erforderlich – wird der Nennwert der alten Aktien erhöht		
f) Die genehmigte Kapitalerhöhung – ist nur erlaubt, wenn die Hauptversammlung bestimmte, genau bezeichnete Investitionen genehmigt – erfordert die Zustimmung der Hauptversammlung mit 3/4-Mehrheit – erfordert die Zustimmung des Aufsichtsrats – erfordert eine Eintragung in das Handelsregister – räumt für längstens 10 Jahre das Recht ein, das Grundkapital zu erhöhen – erlaubt eine unbegrenzte Erhöhung des Grundkapitals – dient der flexiblen Gestaltung einer Erweiterung der Beteiligungsfinanzierung		

	richtig	falsch
g) Der Ausgabekurs für junge (zusätzliche) Aktien – sollte unterhalb des Börsenkurses liegen – darf nur dann unterhalb des Nennwertes liegen, wenn die Hauptversammlung dies mit 3/4-Mehrheit beschlossen hat – darf nur dann unter dem Nennwert liegen, wenn der Börsenkurs unter diesen gefallen ist – ist ausschlaggebend für den Finanzmittelzufluss aus einer Kapitalerhöhung		
h) Für den Einheitskurs gilt, dass – auch der Begriff „Kassakurs" verwendet wird – er börsentäglich fortlaufend notiert wird – bei ihm die maximale Anzahl von Aktien (Stücke) verkauft wird – alle unter ihm limitierten Kaufaufträge ausgeführt werden können – alle Billigst- und Bestensaufträge ausgeführt werden können		
i) Stammaktien beinhalten das Recht auf – Beteiligung am Liquidationserlös eines Unternehmens – Dividendenzahlungen in Höhe eines Mindestzinssatzes – Teilnahme an der Hauptversammlung – direkte Wahl des Vorstandes einer AG – jederzeitige Rückzahlung des Kapitals durch die Gesellschaft		
j) Lieferantenkredite werden im Regelfall – durch Grundpfandrechte gesichert – ohne besondere Kreditwürdigkeitsprüfung gewährt		

	richtig	falsch
k) Als Referenzzinssätze bei variablen Zinsvereinbarungen eignen sich der – LIBOR – EURIBOR – Spareckzins – Kalkulationszinsfuß		
l) Ein Wechsel – wird übereignet nur durch Übergabe – kann als Zahlungsmittel fungieren – kann bei der Landeszentralbank eingereicht werden, wenn es sich um einen „guten Handelswechsel" handelt – unterliegt der Wechselsteuer – heißt Akzept, wenn der Bezogene quer unterschreibt – unterliegt der Wechselstrenge		
m) Zu den Personalsicherheiten gehört – die Garantie – die Hypothek – das Pfandrecht – die Sicherungsabtretung – die Negativklausel – die Bürgschaft		
n) Zu den Realsicherheiten gehört – die Patronatserklärung – der derivative Firmenwert – die Grundschuld – der Eigentumsvorbehalt – der Kreditauftrag – die Sicherungsabtretung (Zession)		

	richtig	falsch
o) Die Zahlungsfähigkeit eines Unternehmens ist mit Sicherheit gegeben, wenn – die Liquidität 1. Grades zum Bilanzstichtag eingehalten wurde – das ausgewiesene Eigenkapital mindestens so hoch ist wie das Fremdkapital – alle Gesellschafter ihre Einlage geleistet haben – die Eigenkapitalquote mindestens 30% beträgt		
p) Zero-Bonds – werden an der Börse stets zum Nennwert notiert – sind in Deutschland nicht zugelassen – beinhalten für den Emittenten Kosten- und Liquiditätsvorteile während der Laufzeit		
q) Zu den langfristigen Fremdfinanzierungen gehört – das Schuldscheindarlehn – der Lieferantenkredit – die Ausgabe junger Aktien gegen Einlage – der Avalkredit – der Diskontkredit – die Schuldmitübernahme – der Zero-Bond		
r) Das Schuldscheindarlehn – wird insbesondere von Sparkassen und Volksbanken ausgegeben – soll keine längere Laufzeit als 15 Jahre haben – kann auf einem Schuldschein beruhen – wird insbesondere an Körperschaften des öffentlichen Rechts, Kreditinstitute mit Sonderaufgaben und Unternehmen erster Bonität vergeben		

	richtig	falsch
s) Bei Wandelschuldverschreibungen – gibt es das Recht auf Umtausch in Aktien – gilt die Degussaklausel – ist eine 3-jährige Sperrfrist einzuhalten, bevor der Umtausch in Aktien erfolgen kann – ist eine bedingte Kapitalerhöhung erforderlich – wird den Aktionären ein Bezugsrecht eingeräumt – können Kommanditgesellschaften die Emittenten sein		
t) Bei Optionsanleihen – hat der Anleger das Recht, Wertpapiere zu einem im voraus festgesetzten Preis zu erwerben – liegt die Verzinsung meist unter dem Kapitalmarktzins – erlischt die Anleihe bei Ausübung der Option – gibt das Bezugsverhältnis bei stock warrants an, wie viele Optionsscheine für den Bezug einer Aktie erforderlich sind – ergeben sich zwei Börsennotierungen – orientiert sich der Börsenkurs des Optionsscheins am Kursniveau der entsprechenden Aktie		
u) Beim Lombardkredit – werden Grundstücke beliehen – werden Wertpapiere beliehen – werden Edelmetalle beliehen – handelt es sich um einen langfristigen Kredit, den die Bundesbank gewährt		

	richtig	falsch
v) Beim Akzeptkredit – zieht ein Kreditinstitut auf einen Kunden einen Wechsel – stellt das Kreditinstitut keine finanziellen Mittel bereit – wird das Kreditinstitut durch sein Akzept zum Hauptschuldner – muss der Kunde den Wechselbetrag vor Fälligkeit des Wechsels bereitstellen		
w) Beim Avalkredit – handelt es sich um einen Geldkredit – haftet ein Kreditinstitut für einen Kunden in Form einer Patronatserklärung – übernimmt ein Kreditinstitut z. B. eine Prozessbürgschaft – fällt die Avalprovision an		
x) Eine stille Selbstfinanzierung kann sich ergeben – durch überhöhte Bildung von Rücklagen – durch überhöhte Abschreibungen – durch überhöhte Bildung von Rückstellungen		

3.2. Außenfinanzierung/Beteiligungsfinanzierung

Aufgabe 3-2: *Kapitalerhöhung der Aktiengesellschaft*

Die NABU AG veröffentlicht im Juli des laufenden Geschäftsjahres (01.01.-31.12.) das folgende Bezugsangebot:

- Erhöhung des gezeichneten Kapitals von 500.000 Euro auf 750.000 Euro durch Ausgabe neuer auf den Inhaber lautender

Aktien im Nennbetrag von 5 Euro aufgrund des 3/4-Mehrheitsbeschlusses auf der Hauptversammlung am 02. Juli
- Dividendenberechtigung der jungen Aktien für die Monate September bis Dezember des laufenden Geschäftsjahres
- Angebot an die Aktionäre der Gesellschaft, durch Vermittlung einer deutschen Großbank Aktien zum Bezugspreis von 43,80 Euro je Aktie im Nennbetrag von 5 Euro zu erwerben.
- Möglichkeit zur Ausübung des Bezugsrechts in der Zeit vom 11. bis 29. August des laufenden Geschäftsjahres.

a) Kreuzen Sie an, welche Art der Kapitalerhöhung diesem Bezugsangebot zugrunde liegt.

	richtig	falsch
Kapitalerhöhung aus Gesellschaftsmitteln	O	O
Effektive Kapitalerhöhung	O	O
Kapitalerhöhung gegen Einlagen	O	O
Genehmigte Kapitalerhöhung	O	O
Nominelle Kapitalerhöhung	O	O

b) Definieren Sie den Begriff „Bezugsverhältnis". Ermitteln Sie das Bezugsverhältnis bei der beabsichtigten Kapitalerhöhung der NABU AG.

c) Für das Vorjahr wird am 05.07. eine Dividende von 1,50 Euro je 5-Euro-Stammaktie gezahlt. Für das laufende Geschäftsjahr wird eine Dividende von 3 Euro erwartet. Wie hoch ist der Dividendennachteil der jungen Aktien zum 31.08. des laufenden Geschäftsjahres?

d) Gehen Sie davon aus, dass der Kurs der alten Aktien zum Emissionszeitpunkt 60,80 Euro beträgt. Definieren Sie den Begriff

„Mischkurs" und berechnen Sie den Wert des Mischkurses der alten Aktien im vorliegenden Fall.

e) Ermitteln Sie den rechnerischen Wert des Bezugsrechts.

f) Zeigen Sie die Auswirkungen der Kapitalerhöhung auf die betroffenen Positionen der Aktiva bzw. Passiva in der Bilanz der NABU AG, indem Sie deren Veränderungen (+/-) mit Betrag angeben. Gehen Sie davon aus, dass die Kapitalerhöhung zu den geplanten Konditionen durchgeführt wird. Die zahlungswirksamen Emissionskosten liegen bei 190.000 Euro.

g) Kreuzen Sie an, welche Auswirkungen die Kapitalerhöhung auf folgende Bilanzkennzahlen hat.

	sinkt	steigt	unverändert
Jahresüberschuss	O	O	O
Anlagenintensität	O	O	O
Barliquidität	O	O	O
Verschuldungsgrad	O	O	O
Cashflow	O	O	O

h) Aktionär Meyer besitzt 1.290 Aktien der NABU AG. Da er zum Emissionszeitpunkt der jungen Aktien etwas „klamm" ist, möchte er gerade so viele Bezugsrechte verkaufen, dass er mit dem Erlös die restlichen Bezugsrechte zum Erwerb junger Aktien nutzen kann.

Ermitteln Sie, wie viele Aktien Meyer im Rahmen dieser „Operation Blanche" voraussichtlich erwerben kann und welchen Liquiditätsüberschuss er gegebenenfalls erzielt. Nennen und beurteilen Sie den Nachteil, den Meyer bei der „Operation Blanche" in Kauf nehmen muss.

i) Aktionär Meyer - vgl. h) - führt die „Operation Blanche" wie im Voraus berechnet durch, jedoch beträgt der tatsächlich erzielte Erlös 4,98 Euro je Bezugsrecht.

Berechnen Sie den Liquiditätsüberschuss, den Meyer bei dieser Vorgehensweise erzielt, bzw. die Zuzahlung, die er leisten muss.

Aufgabe 3-3: *Bilanzkurs, Ertragswertkurs, Bezugsrechtswert*

Die Schoko-AG weist folgende vereinfachte Bilanz auf:

Aktiva	Bilanz per 1.1.		Passiva
Anlagevermögen	10.000.000 €	Gezeichnetes Kapital	5.000.000 €
Umlaufvermögen	3.100.000 €	Gewinnrücklagen	2.000.000 €
		Freie Rücklagen	1.000.000 €
		Verbindlichkeiten	5.000.000 €
		Gewinnvortrag	100.000 €
	13.100.000 €		13.100.000 €

Der Jahresgewinn beträgt 1.200.000 €. Die Schoko-AG arbeitet mit einem Kalkulationszinsfuß von 8%.

a) Ermitteln Sie den Bilanzkurs und den Ertragswertkurs für die Schoko-AG.

Die Schoko-AG beabsichtigt, eine Kapitalerhöhung in Höhe von 1.000.000 € durch Ausgabe neuer Aktien vorzunehmen. Als Ausgabekurs der neuen Aktien wurden 22 € pro 5 €-Aktie festgelegt. Der Kurs der alten Aktien liegt bei 28 €.

b) Welches Bezugsverhältnis liegt bei dieser Kapitalerhöhung vor?

c) Welchen Wert hat das Bezugsrecht rechnerisch, wenn die Ausgabe der neuen Aktien zum Zeitpunkt der Dividendenauszahlung erfolgt?

d) Welchen Wert hat das Bezugsrecht rechnerisch, wenn die Ausgabe der neuen Aktien 8 Monate vor der Dividendenauszahlung erfolgt und mit einer Dividende von 15% gerechnet wird?

e) Nach der Kapitalerhöhung hat die Studentin Vera Watte zehn 5 €-Aktien der Schoko-AG zum Kurs von je 26 € an der Börse gekauft. Außerdem musste sie für den Kauf Gebühren von insgesamt 15 € an ihre Hausbank zahlen. Genau nach 5 Monaten erhält sie eine Dividende von 15%. Wie hoch ist die jährliche Effektivverzinsung dieser Finanzinvestition? Hat sich die Investition gelohnt, wenn die Hausbank Vera Watte eine Effektivverzinsung von 7% pro Jahr bietet?

Aufgabe 3-4: *Mittelkurs, Stück- und Prozentnotierung*

Die Hauptversammlung der Energie-AG beschließt, das Grundkapital von 50 Mio. € auf 60 Mio. € zu erhöhen. Nach der Kapitalerhöhung soll eine gemeinsame Kursfestsetzung für junge und alte Aktien erfolgen. Der Börsenkurs der alten Aktien beträgt 205 € bei einem Nennwert von 50 € je Aktie. Die jungen Aktien sollen bei einem Nennwert von 50 € zu 175 € ausgegeben werden.

a) Ermitteln Sie den gemeinsamen Kurs (Mittelkurs) der jungen und alten Aktien als Stück- und Prozentnotierung, der sich nach vollzogener Kapitalerhöhung unter sonst gleichen Umständen einstellen müsste.

b) Welcher rechnerische Wert ergibt sich für das Bezugsrecht, wenn die Ausgabe der neuen Aktien zum Zeitpunkt der Dividendenauszahlung erfolgt?

c) Zeigen Sie, wie sich die Vermögenssituation eines Altaktionärs rein rechnerisch ändert, der 3 Aktien besitzt und eine neue Aktie erwerben will.

Aufgabe 3-5: *Beteiligungsfinanzierung bei der AG*

Die Einladungen zu den Hauptversammlungen einiger Aktiengesellschaften (große Kapitalgesellschaften) sehen unter anderem die folgenden Tagesordnungspunkte vor:

- Beschlussfassung über die Ermächtigung zum Erwerb eigener Aktien: Auf Vorschlag von Aufsichtsrat und Vorstand soll die Gesellschaft mit der vorgeschlagenen Ermächtigung in die Lage versetzt werden, eigene Aktien im Rahmen der gesetzlichen Vorschriften zu erwerben. Damit macht die Gesellschaft von § 71 Absatz 1 Nummer 8 des Aktiengesetzes Gebrauch, der durch das KonTraG in das Aktiengesetz eingefügt wurde.

- Ermächtigung zur Ausgabe von Optionsschuldverschreibungen und Wandelschuldverschreibungen, Schaffung eines bedingten Kapitals, Satzungsänderung

- Umstellung von Inhaberaktien auf Namensaktien

- Beschlussfassung über die Umstellung des Grundkapitals auf Euro, die Erhöhung des Grundkapitals aus Gesellschaftsmitteln sowie Satzungsänderung: Das Grundkapital wird zum Umrechnungskurs von 1 Euro = 1,95583 DM umgestellt und beträgt danach 40.903.350 Euro. Die Kapitalerhöhung aus Gesellschaftsmitteln soll 96.650 Euro betragen. Das Grundkapital wird ohne Ausgabe neuer Aktien auf 41.000.000 Euro erhöht.

a) Nennen Sie zwei oben nicht aufgeführte Fälle, die es einer Aktiengesellschaft erlauben, eigene Aktien zu erwerben.

b) Geben Sie zwei Ziele an, die die Gesellschaft im oben beschriebenen Fall mit dem Erwerb eigener Aktien verfolgen könnte.

c) Erläutern Sie die Unterschiede zwischen einer Kapitalerhöhung aus Gesellschaftsmitteln und einer Kapitalerhöhung gegen Einlagen.

d) Geben Sie an, welcher Zusammenhang im vorliegenden Fall zwischen der Umstellung des Grundkapitals von DM auf Euro zum einen und der Kapitalerhöhung aus Gesellschaftsmitteln zum anderen vermutet werden kann.

e) Erläutern Sie den Unterschied zwischen Optionsanleihe und Wandelschuldverschreibung.

f) Erklären Sie den Unterschied zwischen Inhaber- und Namensaktien und nennen Sie zwei mögliche Gründe für die Umstellung im vorliegenden Fall.

Aufgabe 3-6: *Operation Blanche*

Jungaktionär Bolle besitzt 80 Aktien der HOLMEHR AG zu einem Kurswert von jeweils 360 Euro. Bei einer Kapitalerhöhung im Verhältnis 4 zu 1 werden die jungen Aktien zum Kurswert von 160 Euro bei vollem Dividendenanspruch für die jungen Aktien emittiert.

a) Ermitteln Sie den voraussichtlichen Mittelkurs der Aktien nach der Kapitalerhöhung und den rechnerischen Wert des Bezugsrechts.

b) Bolle hatte die Aktien erst kürzlich zu 414 Euro erworben und will wegen des erheblichen Kursrückgangs zunächst keine Liquidität nachschießen. Andererseits hat er auch kein Interesse am Verkaufserlös der Bezugsrechte. Erklären Sie, wie Bolle in diesem Fall von der „Operation Blanche" Gebrauch machen kann.

c) Gehen Sie davon aus, dass Bolle im Rahmen der „Operation Blanche" genau den im Voraus berechneten Erlös aus dem Verkauf der Bezugsrechte erzielt. Vergleichen Sie seine Vermögensposition vor und nach der Emission.

d) Angenommen im Verkaufsprospekt findet sich der Hinweis: „Die jungen Aktien sind für das Emissionsjahr zur Hälfte dividendenberechtigt." Erläutern Sie, wie sich die geschilderte Dividendenberechtigung auf den Mittelkurs der Aktien und auf den Bezugsrechtswert auswirkt.

e) Erläutern Sie, warum nicht jedem Anteilseigner uneingeschränkt zur „Operation Blanche" zu raten ist.

3.3. Außenfinanzierung/Kreditfinanzierung

Aufgabe 3-7: *Kreditbesicherung durch Grundpfandrechte*

Die Grundpfandrechte Hypothek und Grundschuld ermöglichen es, Grundstücke und grundstücksgleiche Rechte als Kreditsicherheiten zu verwenden.

a) Die Hypothek ist akzessorisch, die Grundschuld fiduziarisch (abstrakt). Erläutern Sie diese Eigenschaften.

b) Prüfen und begründen Sie, ob eine (Verkehrs-) Hypothek bzw. eine (Sicherungs-) Grundschuld zur Besicherung von Kontokorrentkrediten geeignet ist.

Aufgabe 3-8: *Indirekte Belastung des Lieferantenkredits*

Als Mitarbeiter des Finanz- und Rechnungswesens erhalten Sie von der Geschäftsleitung den Auftrag, die Möglichkeit der Skontoziehung gegenüber Lieferanten zu überprüfen. Einer der Lieferanten gewährt 3% Skonto, wenn innerhalb von 12 Tagen nach Rechnungseingang bezahlt wird. Das Zahlungsziel beträgt 42 Tage. Gehen Sie in Ihrer Rechnung von 360 Zinstagen pro Jahr aus.

a) Berechnen Sie den effektiven Jahreszinssatz, der bei Inanspruchnahme des Zahlungszieles des Lieferanten anfällt. Rechnen Sie zum einen überschlägig, zum anderen einschließlich unterjähriger Zins- und Zinseszinseffekte.

b) Ermitteln Sie den Zinsgewinn bzw. den Zinsverlust des Lieferantenkredits gegenüber dem von der Hausbank eingeräumten Kontokorrentkredit zu 15% bei einem Rechnungsbetrag von 20.880 Euro einschließlich 16% Umsatzsteuer.

Aufgabe 3-9: *Effektivverzinsung bei Kreditfinanzierung*

In den folgenden Teilaufgaben werden jeweils Finanzierungs- bzw. Anlagemöglichkeiten beschrieben. Ermitteln Sie jeweils den jährlichen Effektivzinssatz aus der Sicht des Kreditnehmers.

a) Eine Hypothekenbank bietet eine Annuitätenhypothek in Höhe von 200.000 € zu folgenden Konditionen an:

Auszahlungskurs	91,766%
Nominalzinssatz	9,00%
Laufzeit	10 Jahre

b) Eine Bank bietet Zero-Bonds zu folgenden Bedingungen an:

Ausgabekurs	60%
Rückzahlungskurs	100%
Laufzeit	10 Jahre

c) Eine Bank bietet einen Kredit in Höhe von 90.000 € an. Während der Laufzeit erfolgen die Zinszahlungen jeweils am Ende eines Jahres. Die Tilgung soll am Ende der Laufzeit erfolgen. Die weiteren Konditionen lauten:

Auszahlungskurs	90%
Nominalzinssatz	5%
Laufzeit	2 Jahre

d) Eine Bank bietet Zero-Bonds zu folgenden Konditionen an:

Auszahlungskurs	100%
Rückzahlungskurs	220%
Laufzeit	15 Jahre

e) Eine Hypothekenbank bietet eine Annuitätenhypothek in Höhe von 250.000 € zu folgenden Konditionen an:

Auszahlungskurs	98%
Nominalzinssatz	7%
Laufzeit	20 Jahre

Aufgabe 3-10: *Unterjährige Effektivverzinsung*

a) Für eine Warenlieferung sind entweder sofort 50.000 € zu zahlen oder in 100 Tagen 55.000 €. Wie hoch ist der jährliche Effektivzins bei sofortiger Zahlung?

b) Für eine Maschine sind sofort 100.000 € zu zahlen oder 2 Halbjahresraten in Höhe von jeweils 52.780,50 €, zahlbar jeweils am Ende des Halbjahres. Wie hoch der jährliche Effektivzinssatz bei sofortiger Zahlung?

c) Für eine Warenlieferung sind entweder 10.000 € sofort zu zahlen oder in 50 Tagen 10.500 €. Wie hoch ist der jährliche Effektivzinssatz bei sofortiger Zahlung der Warenlieferung?

d) Eine Unternehmung bestellt eine maschinelle Anlage, für die eine Bauzeit von fünf Monaten notwendig ist. Bei den Verhandlungen über Preis und Konditionen bleibt schließlich die Wahl zwischen folgenden Möglichkeiten:

- 5 Raten à 100.000 €, zahlbar jeweils am Ende eines Monats während der Bauzeit oder

- eine Zahlung nach Fertigstellung der Anlage am Ende des fünften Monats in Höhe von 509.081,40 €.

Soll die bestellende Unternehmung Ratenzahlung wählen, wenn sie mit einem Kalkulationszinsfuß von 12% rechnet?

e) Für ein Auto sind entweder 30.000 € sofort zu zahlen oder 5.001 € sofort und 24 Monatsraten zu je 1.149 €, zahlbar jeweils am Ende eines Monats. Soll das Auto sofort bezahlt werden, wenn dazu ein Bankkredit zu 8% aufgenommen werden muss?

f) Für eine Maschine sind sofort 80.000 € zu zahlen oder 10 Monatsraten in Höhe von jeweils 8.906,12 €, zahlbar jeweils am Ende eines Monats. Welche jährliche Effektivverzinsung hat die sofortige Zahlung?

g) Eine Unternehmung lässt von einer Bauunternehmung eine Lagerhalle bauen, für die eine Bauzeit von 5 Quartalen notwendig ist. Bei den Verhandlungen über Preis und Konditionen bleibt schließlich die Wahl zwischen folgenden zwei Möglichkeiten:

- 5 Raten à 100.000 €, zahlbar jeweils am Quartalsende während der Bauzeit oder

- eine Zahlung nach Fertigstellung der Lagerhalle am Ende des 5. Quartals in Höhe von 541.632,30 €.

Soll die beauftragende Unternehmung die Ratenzahlung wählen, wenn sie mit einem Kalkulationszinssatz von 14% pro Jahr rechnet?

h) Ein Hotel kann beim Erwerb einer Spülmaschine wählen zwischen sofortiger Zahlung von 36.000 € oder 12 Quartalsraten zu je 3.616,63 €, zahlbar jeweils am Ende eines Quartals. Berechnen Sie den jährlichen Effektivzinssatz bei sofortiger Zahlung.

i) Ein Reisebüro hat Büromaterial für 5.000 € gekauft. Auf der Rechnung findet sich die Formulierung: „Bei Zahlung bis 10 Tage 3% Skonto, bis 30 Tage netto Kasse." Wie hoch ist der effektive Jahreszins des Lieferantenkredits?

j) Ein Hotel bestellt Papier. Am Ende der Verhandlungen über Preise und Zahlungskonditionen bleibt die Wahl zwischen folgenden Möglichkeiten:

- Sofortige Zahlung von 2.000 € oder

- Zahlung von 2.050 € bei Lieferung des Papiers nach 30 Tagen

Berechnen Sie den jährlichen Effektivzinssatz für die Variante „Sofortige Zahlung".

Aufgabe 3-11: *Konditionenbestimmung für Ratenkredite*

Berechnen Sie für folgende Ratenkredite aus den vorgegebenen Kreditkonditionen die noch offenen Größen.

a) Kreditbetrag   15.000,00 Euro
   Jahresrate   2.201,45 Euro
   Zinssatz   10% p.a.
   Laufzeit   .... Jahre

b) Kreditbetrag   500.000,00 Euro
   Disagio   5,46%
   Jahresrate   65.737,00 Euro
   Laufzeit   15 Jahre
   Nominalzinssatz   .... % p.a.
   Effektivzinssatz   .... % p.a.

c) Kreditauszahlung   60.000,00 Euro
   Disagio   0,00%
   Monatsrate   2.800,00 Euro
   Zinssatz   0,85% p.M.
   Laufzeit   24 Monate
   Bearbeitungsgebühr   .... Euro

d) Kreditauszahlung   350.000,00 Euro
Jahresrate   60.000,00 Euro
Laufzeit   10 Jahre
Nominalzinssatz   9% p.a.
Disagio   .... %
Effektivzinssatz   .... % p.a.

Aufgabe 3-12: *Obligation*

Eine Bank hat am 01.04.01 eine Schuldverschreibung im Nennwert von 200 Mio. Euro zu einem Nominalzinssatz von 8% und in Stücken à 1.000 Euro begeben. Der Ausgabekurs lag bei 96%.

Die erste von fünf gleich hohen Tilgungsraten erfolgt laut Prospekt am 01.04.07 zum Kurs von 102%. In den darauf folgenden Jahren wird zu den gleichen Konditionen weiter getilgt, bis die Anleihe vollständig zurückgezahlt ist. Bei Begebung der Teilschuldverschreibung hatte die Bank Emissionskosten für Prospekterstellung etc. in Höhe von 3 Mio. Euro.

a) Ermitteln Sie die Ein- und Auszahlungen aus der Sicht der Bank.

b) Berechnen Sie die Effektivbelastung in % p.a., die sich für die Bank unter Berücksichtigung aller aufgeführten Einflussgrößen ergibt.

   Hinweis: Es genügt, die Lösung mithilfe der „regula falsi" über ganzzahlige Probierzinssätze zu bestimmen.

c) Begründen Sie verbal, ob die Effektivverzinsung aus Sicht der Anleihezeichner höher oder niedriger ist als die Effektivbelastung der Bank.

d) Erklären Sie, wie üblicherweise festgestellt wird, welche Teilschuldverschreibungen zu den Tilgungszeitpunkten 01.04. des Jahres 08 bzw. 01.04. der darauf folgenden Jahre zurückgezahlt werden.

e) Sie zeichnen zehn Teilschuldverschreibungen und erhalten am 01.04.08 die Rückzahlung für alle Papiere. Berechnen Sie Ihre Effektivverzinsung. Welche Faktoren außer der erzielten Effektivverzinsung sind zu berücksichtigen, um zu beurteilen, ob die frühzeitige Rückzahlung günstig für Sie ist?

Aufgabe 3-13: *Leasing*

In dem Fuhrunternehmen SCHNELL KG sollen mehrere Container angeschafft werden. Über die Ausführung der Container ist noch nicht entschieden; in Frage kommen das marktübliche Standardmodell (Gesamtkaufpreis 260.000 Euro) oder eine Spezialanfertigung, die sich besonders für Kleinviehtransporte eignet, auf die sich die KG als Alleinanbieter konzentriert hat (Kaufpreis 312.000 Euro). Die Abschreibungstabellen sehen für die Container eine betriebsgewöhnliche Nutzungsdauer von fünf Jahren vor.

Die SCHNELL KG kann die Container kaufen, müsste den Kaufpreis allerdings vollständig über einen Bankkredit finanzieren. Der Firmenkundenbetreuer der Hausbank hat den Kredit zu einem variablen Zinssatz von aktuell 9,4% nominal mit einer 100%-igen Auszahlung und wahlfreier Tilgung in Aussicht gestellt.

Weil der Hersteller keine Möglichkeit des Leasing anbietet, laufen Gespräche mit einer Leasinggesellschaft. Diese bietet die marktüblichen Standardcontainer über eine Grundmietzeit von 48 Monaten an. Da eine sofortige Einmalzahlung nicht in Frage kommt, werden die monatlich fälligen, nachschüssig zahlbaren Raten für die Grundmietzeit auf 2,4% des Kaufpreises von 260.000 Euro festgesetzt; außerdem muss die SCHNELL KG bei Vertragsabschluss eine Sonderzahlung von 15% des Kaufpreises leisten.

Prokurist Müller möchte auch ein Leasingangebot über die Container für die Kleinviehtransporte und schlägt zudem vor, in den Leasingvertrag eine Klausel aufzunehmen, die es ihm ermöglicht, die Container nach der Grundmietzeit günstig zu erwerben; sein Gesprächspartner will diese Möglichkeit prüfen und das Angebot ggf. anpassen.

a) Nennen Sie mit den präzisen Bezeichnungen die Möglichkeiten der Finanzierung der Container, die in der Fallschilderung angesprochen werden.

b) Beurteilen Sie den in Aussicht gestellten Bankkredit aus Sicht der SCHNELL KG im Hinblick auf die Kriterien Liquidität, Flexibilität und Effektivbelastung.

c) Erläutern Sie den möglichen Vorteil des Leasing im Vergleich zum kreditfinanzierten Kauf betreffend die Gewerbeertragsteuer, und prüfen Sie, ob bzw. unter welchen Voraussetzungen dieser in den angesprochenen Leasingvarianten zum Tragen kommt.

d) Berechnen Sie den effektiven Monats- und Jahreszins, der der Kalkulation des obigen Leasingangebots zugrunde liegt. Verwenden Sie zur Berechnung die „regula falsi" mit Probierzinssätzen von 1,0% und 1,5% pro Monat.

e) Geben Sie dem Prokuristen einen begründeten Finanzierungsvorschlag für die Container.

3.4. Außenfinanzierung/Mischformen

Aufgabe 3-14: *Finanzierung durch Wandelschuldverschreibungen*

Die WILLMEHR AG will expandieren und benötigt in erheblichem Umfang zusätzliche Finanzmittel. Die Finanzierung der Expansion soll durch die Ausgabe von Wandelanleihen (Wandelschuldverschreibungen) im Gesamtvolumen von 200 Mio. Euro erfolgen. Die Emission erfolgt zu folgenden Konditionen:

Stückelung/Nennwert	100 Euro
Jährliche Verzinsung	6%
Ausgabekurs	100%
Bezugsverhältnis	5 : 1
Wandlungsverhältnis	2 : 1
Umtauschfrist	16.11.02 - 13.11.08
Zuzahlungen	
Jahre 02/03	60 Euro je Aktie im Nennwert von 50 Euro
Jahre 04/06	85 Euro je Aktie im Nennwert von 50 Euro
Jahre 07/08	110 Euro je Aktie im Nennwert von 50 Euro

a) Erläutern Sie, unter welchen Kapitalmarktbedingungen es für die WILLMEHR AG vorteilhaft ist, Wandelschuldverschreibungen auszugeben statt eine Finanzierung durch eine Industrieobligation oder eine Kapitalerhöhung gegen Einlagen vorzunehmen.

b) Nennen Sie je zwei Vorteile der Wandelschuldverschreibung aus der Sicht des Unternehmens und eines Anlegers.

c) Ein Aktionär hält 70 Aktien der WILLMEHR AG zu 50 Euro Nennwert. Berechnen Sie, wie viele Wandelschuldverschreibungen er erwerben kann.

d) Der unter c) genannte Aktionär hat die maximal mögliche Zahl Wandelschuldverschreibungen erworben. Im Jahr 02 will er von seinem Wandlungsrecht Gebrauch machen. Ermitteln Sie rechnerisch, wie viele Aktien er erhalten wird.

e) Prüfen und beurteilen Sie, ob es vorteilhaft ist, dass der Anleger im Jahr 02 von seinem Umtauschrecht Gebrauch macht, wenn am 18.11.02 der Kurs der Obligation bei 98% und der Kurswert der Aktie im Nennwert von 50 Euro bei 168 Euro liegt. Transaktionskosten sollen unberücksichtigt bleiben.

Aufgabe 3-15: *Wandelschuldverschreibung und Optionsanleihe*

Große Aktiengesellschaften können zur langfristigen Finanzierung Wandelschuldverschreibungen und Optionsanleihen ausgeben.

a) Nennen Sie zwei gemeinsame Merkmale von Wandelschuldverschreibung und Optionsanleihe.

b) Beschreiben Sie den wesentlichen Unterschied zwischen der Wandelschuldverschreibung und der Optionsanleihe.

3.5. Innenfinanzierung

Aufgabe 3-16: *Finanzierung aus einbehaltenen Gewinnen*

Erläutern Sie die grundsätzlichen Möglichkeiten einer Unternehmung, sich aus zurückbehaltenen Gewinnen zu finanzieren (Selbstfinanzierung i. e. S.). Unter welchen Voraussetzungen bestehen die von Ihnen genannten Möglichkeiten? Welche Vor- und Nachteile hat die Finanzierung aus einbehaltenen Gewinnen?

Aufgabe 3-17: *Cashflow und Innenfinanzierung*

Aus dem Jahresabschluss der CASH AG liegt die folgende finanzwirtschaftlich aufbereitete Bilanz zum 31.12.03 vor (alle Werte in Mio. Euro).

Aktiva	31.12.03	Passiva	
Sachanlagen	930	Gezeichnetes Kapital	500
Finanzanlagen	370	Kapitalrücklagen	180
Vorräte	390	Gewinnrücklagen	120
Forderungen	210	Pensionsrückstellungen	260
Kasse/Bank	100	Langfristige Darlehen	560
		Kurzfristiges Fremdkapital	380
	2.000		2.000

Zum Jahresabschluss 31.12.04 zeigt die vereinfachte Gewinn- und Verlustrechnung folgendes Bild (in Mio. Euro):

Umsatzerlöse	1.890
Aufwand für Roh-, Hilfs- und Betriebsstoffe	830
Löhne und Gehälter	440
Aufwand für Altersversorgung	90
Abschreibungen auf Sachanlagen	185
Sonstige betriebliche Aufwendungen	55
Zinsen und ähnliche Aufwendungen	90
Ergebnis der gewöhnlichen Geschäftstätigkeit	200
Außerordentliche Erträge	75
Außerordentliche Aufwendungen	125
Außerordentliches Ergebnis	-50
Steuern vom Einkommen und vom Ertrag	60
Sonstige Steuern	20
Jahresüberschuss	70

Die Altersversorgung führte in Höhe von 15 Mio. Euro zur Auszahlung an die im Ruhestand befindlichen Mitarbeiter; in diesem Umfang wurden Pensionsrückstellungen beansprucht. Andererseits wurden den Pensionsrückstellungen 90 Mio. Euro neu zugeführt.

a) Berechnen Sie den Cashflow des Jahres 04 nach der Netto- und nach der Bruttomethode.

b) Weisen Sie durch Berechnungen nach, welche Positionen der finanzwirtschaftlich aufbereiteten Bilanz zum 31.12.04 sich im Vergleich zum Vorjahr ändern. Ermitteln Sie die neuen Beträge und die Bilanz zum 31.12.04 unter folgenden Vorgaben:

- Der Jahresüberschuss soll im Umfang von 50 Mio. Euro einbehalten werden.

- Der übrige Jahresüberschuss soll als Liquidität vorgehalten und im Verlaufe des Jahres 05 aus dem Cashflow des Jahres 04 an die Aktionäre ausgeschüttet werden.

- Der restliche Cashflow wurde im abgelaufenen Geschäftsjahr wie folgt verwendet:

  – 70% wurden in Sachanlagen investiert.
  – 20% wurden zum Abbau von kurzfristigen Verbindlichkeiten verwendet.
  – 10% wurden zur temporären Aufstockung der Liquidität verwendet.

c) Stellen Sie zwei Vorteile der (Innen-) Finanzierung aus dem Cashflow gegenüber der externen Fremdfinanzierung aus der Sicht der CASH AG dar.

Aufgabe 3-18: *Finanzierung aus Abschreibungsgegenwerten*

Ein Unternehmen besitzt eine neue Anfangsausstattung von fünf Maschinen mit einem Anschaffungspreis von jeweils 38.200 Euro und einer Nutzungsdauer von jeweils 4 Jahren.

a) Demonstrieren Sie für diesen Fall anhand der folgenden Tabelle für den Zeitraum von 10 Jahren den Kapazitätserweiterungseffekt (Lohmann-Ruchti-Effekt).

Jahr	AB	davon ... Jahre alt				Abschr.-bungen	Reinvestitionen		Liquid.-rest
		0	1	2	3		Anz.	Betrag	
1	5	5				47.750	1	38.200	9.550
2									
3									
4									
5									
6									
7									
8									
9									
10									

b) Berechnen Sie mithilfe des Kapazitätsmultiplikators, über wie viele Maschinen das Unternehmen durch die Finanzierung aus Abschreibungsgegenwerten langfristig verfügt. Verproben Sie Ihr Ergebnis gegen die Berechnungen in der Tabelle.

c) Veranschaulichen Sie den Anstieg der Maschinenausstattung in einem Zeit-Maschinen-Diagramm und erläutern Sie die drei erkennbaren Phasen der Kapazitätserweiterung.

d) Erklären Sie, warum man im Zusammenhang mit dem Kapazitätserweiterungseffekt anstelle von „Finanzierung aus Abschreibungen" besser von „Finanzierung aus Abschreibungsgegenwerten" spricht.

e) Erläutern Sie an drei Voraussetzungen des Effektes jeweils ein Problem, das sich im Zusammenhang mit der praktischen Durchführung der Fuhrparkerweiterung ergeben kann.

f) Begründen Sie, warum die von Marx in einem Schriftwechsel mit Engels vertretene These, dass der Unternehmer aufgrund des beobachteten Effektes gleichsam „automatisch reich" wird, nicht richtig ist.

3.6. Kapitalbedarfsermittlung und Finanzplanung

Aufgabe 3-19: *Statische Kapitalbedarfsermittlung*

Der Pharmahersteller PILLE will in Görlitz/Sachsen ein Zweigwerk zur Bedienung der südosteuropäischen Staaten errichten. Folgende Sachinvestitionen werden geplant (alle Beträge in 1.000 Euro): Grundstücke 420, Gebäude 1.100, Maschinen und Anlagen 1.300, Betriebs- u. Geschäftsausstattung 300. Für sonstige Investitionsnebenkosten (Notar, Gericht etc.) werden 150 veranschlagt.

Im Durchschnitt fallen je Arbeitstag 15,5 Materialeinzelkosten und 4,5 Löhne an. Der Materialgemeinkostenzuschlagssatz beträgt 10%; nur 30% der gesamten Materialgemeinkosten sind zahlungswirksam. Der Fertigungsgemeinkostenzuschlagssatz liegt bei 270% (davon zwei Drittel zahlungswirksam). Der Verwaltungskostenzuschlagssatz beträgt 8% und der Vertriebskostenzuschlagssatz 12% der kalkulierten Herstellkosten (davon je zu drei Viertel zahlungswirksam).

Die Lagerdauer beträgt 15 Tage für das Fertigungsmaterial und 10 Tage für die fertigen Erzeugnisse. Die Produktion dauert einschließlich Zwischenlagerzeiten 5 Tage. Lieferantenrechnungen sollen nach durchschnittlich 20 Tagen beglichen werden, während die Kunden erst nach 30 Tagen zahlen. Die Kapitalbindungsdauer der Verwaltungs- und Vertriebskosten ist mit 30 Tagen anzusetzen.

Der Pharmahersteller PILLE verfügt über freie Liquidität in Höhe von 1.700. Um rechtzeitig Maßnahmen der Finanzierung einleiten zu können, soll eine statische Kapitalbedarfsermittlung durchgeführt werden.

a) Ermitteln Sie den Bruttokapitalbedarf des Anlagevermögens und des Umlaufvermögens sowie den Brutto- und Nettokapitalbedarf insgesamt.

b) Erläutern Sie, wie sich der Kapitalbedarf ändert, wenn das Fertigungsmaterial binnen 10 Tagen bezahlt werden soll. Beziffern Sie den veränderten Nettokapitalbedarf.

c) Nennen Sie vier Mängel der statischen Kapitalbedarfsermittlung.

Aufgabe 3-20: *Bilanzorientierte Finanzplanung*

Die HANNI Handelsgesellschaft stellt zum Bilanzstichtag 31.12.01 folgende stark verkürzte Bilanz auf (alle Beträge in 1.000 Euro).

Aktiva		Passiva	
Waren	240	Eigenkapital	390
Kundenforderungen	300	Bankverbindlichkeiten	200
Kasse/Bank	80	Sonstige Verbindlichkeiten	30
	620		620

Die Gewinn- und Verlustrechnung des Geschäftsjahres 01 zeigt in Kontenform folgendes Bild (in 1.000 Euro):

Aufwendungen		Erträge	
Wareneinsatz	400	Umsatz	600
Personalaufwand	150		
Sonstige Aufwendungen	40		
Zinsaufwand	10		
	600		600

Die Handelsgesellschaft verkauft ihre Waren zu 50% Aufschlag auf den Einstand. Sie plant für das Jahr 02 eine Umsatzsteigerung von 20% und für das Jahr 03 von 10%, jeweils bezogen auf das Vorjahr. Die Personalaufwendungen steigen im Vergleich zum Jahr 01 im Durchschnitt des Jahres 02 um 10%; sie werden jeweils sofort auszahlungswirksam. Die sonstigen Aufwendungen des Jahres 02 betreffen ausschließlich die Bildung einer Rückstellung in Höhe von 40. Die sonstigen Verbindlichkeiten zum 31.12.01 führen in 02 in vollem Umfang zu Auszahlungen. Die Bankverbindlichkeit zum 31.12.01 muß zum 30.06.02 vollständig getilgt werden; zugleich werden die Zinsen in Höhe von 10% p.a. für das erste Halbjahr 02 fällig. Aufgrund des Konkurses eines Kunden werden 5% des Forderungsbestandes am 31.12.01 ausfallen. Einkäufe werden nach Möglichkeit sofort bezahlt. Im Falle von Liquiditätsengpässen gewähren die Lieferanten ein Zahlungsziel von bis zu einem Jahr ohne Aufschlag. Für Verkäufe gewährt die Handelsgesellschaft ein Zahlungsziel von einem halben Jahr; dieses Zahlungsziel wird von allen Kunden vollständig ausgenutzt. Die Umsätze verteilen sich gleichmäßig über das Jahr. Am Jahresende 02 will die Gesellschaft wegen vermuteter Beschaffungsengpässe bereits die Hälfte des geplanten Umsatzes des Jahres 03 auf Lager haben. Die Gesellschafter leisten im Jahr 02 eine Bareinlage von 100. Der Posten Kasse/Bank soll zum 31.12.02 mindestens 40 aufweisen. Der Jahresüberschuss des Jahres

02 ist vollständig einzubehalten. Die Ertragsteuern werden pauschal mit 40% berücksichtigt und sind in der laufenden Periode zu zahlen.

a) Erstellen Sie für das Jahr 02 eine Planbilanz, eine Gewinn- und Verlustrechnung und einen Kassenplan.

b) Ermitteln Sie, in welcher Höhe im Jahr 02 Selbstfinanzierung, Vermögensumschichtung, Beteiligungsfinanzierung, Innenfinanzierung, Außenfinanzierung sowie Eigen- und Fremdfinanzierung vorliegt.

Aufgabe 3-21: *Optimale kurz- und langfristige Kreditfinanzierung*

Der Finanzleiter der OPTI AG ermittelt für das anstehende Planjahr einen Geldanfangsbestand von 20 (alle Beträge in Mio. Euro) sowie die monatlichen Ein- und Auszahlungen der folgenden Tabelle.

Monat	Anfangs-bestand *	Einzah-lungen	Auszah-lungen	End-bestand *	Dauer
Jan.	20	120	165	....	....
Feb.	....	140	145	....	....
Mär.	....	150	148	....	....
Apr.	....	160	153	....	....
Mai	....	160	147	....	....
Jun.	....	145	142	....	....
Jul.	....	150	135	....	....
Aug.	....	145	153	....	....
Sep.	....	145	161	....	....
Okt.	....	150	158	....	....
Nov.	....	160	154	....	....
Dez.	....	145	154	....	....

*) + = Überschuss, - = Fehlbetrag bzw. Kapitalbedarf

Die OPTI AG kann zusätzliche langfristige Bankkredite mit einer Laufzeit von mindestens einem Jahr zu einer Effektivbelastung von 8% p.a. (i_{Lang}) aufnehmen. Kurzfristige, monatlich ablösbare Kredite stehen dem Unternehmen zu effektiv 12% p.a. (i_{Kurz}) zur Verfügung. Vorhandene Liquiditätsüberschüsse werden zu 6% p.a. (i_{Haben}) verzinst.

a) Vervollständigen Sie die Finanzplanung, indem Sie den Geldbestand fortschreiben. Anschließend ist in die Spalte „Dauer" für jeden Monat die Anzahl der Monate des Jahres einzutragen, in denen der ausgewiesene Kreditbedarf (= Fehlbetrag) oder ein noch höherer Kreditbedarf besteht.

b) Der Finanzleiter will einen langfristigen Bankkredit in Höhe von 10 Mio. Euro aufnehmen; darüber hinaus gehende Fehlbeträge sollen kurzfristig finanziert werden. Berechnen Sie die gesamten Finanzierungskosten dieser Vorgehensweise; eventuelle Habenzinsen sind zu berücksichtigen. Gehen Sie davon aus, dass der im Endbestand eines Monats ausgewiesene Überschuss bzw. Fehlbetrag über den gesamten Monat besteht.

c) Ermitteln Sie die kritische Zeit (t_{krit}) der langfristigen Kreditfinanzierung in Monaten nach dem Ansatz von Polak und Goldschmidt. Sie ergibt sich nach folgender Formel:

$$t_{krit} = 12 \text{ Monate} * (i_{Lang} - i_{Haben}) / (i_{Kurz} - i_{Haben})$$

d) Ermitteln Sie, welcher langfristige Bankkredit nach dem Ansatz von Polak und Goldschmidt aufzunehmen ist. Berechnen Sie die gesamten Finanzierungskosten dieser Vorgehensweise; eventuelle Habenzinsen sind zu berücksichtigen. Vergleichen Sie die Finanzierungskosten mit denen bei der vom Finanzleiter vorgeschlagenen Vorgehensweise.

Aufgabe 3-22: *Finanzplanung*

Die Bilanz der JOLLY GmbH weist zum Stichtag 31.12. des Vorjahres u.a. folgende Werte aus (alle Beträge in 1.000 Euro): Lieferforderungen 900, sonstige Vermögensgegenstände 150, davon mit Restlaufzeit von mehr als einem Jahr 20, Besitzwechsel 140, Kassenbestand und Sichtguthaben bei Kreditinstituten 988, Rückstellungen 255, Bankverbindlichkeiten 2.700, davon mit Restlaufzeit bis zu einem Jahr 510, Lieferverbindlichkeiten 620, Wechselverbindlichkeiten 150, sonstige Verbindlichkeiten 200.

Die kurzfristigen sonstigen Vermögensgegenstände (Forderungen) sind im März fällig. Die Besitzwechsel werden im Januar diskontiert; Diskontzinsen sind nicht zu berücksichtigen. Die Rückstellungen werden im Januar zu 1/3 und im März zu 2/3 zahlungswirksam. Im Februar ist eine Darlehensannuität von 566 zu zahlen, davon Zinsen 56. Die Schuldwechsel sind im Februar fällig. Die sonstigen Verbindlichkeiten werden im Januar bezahlt. Die Kundenzahlungen aus dem Bestand der Lieferforderungen zum 31.12. Vorjahr werden zu 55% im Januar, zu 10% im Februar und zu 30% im März erwartet, der Rest erst später. Die Zahlungen an Lieferanten aus dem Bestand an Lieferverbindlichkeiten sollen zu 50% im Januar, zu 20% im Februar und zu 10% im März erfolgen, der Rest erst später.

Die monatlichen Umsatzerlöse betragen netto 1.250 zzgl. 16% Umsatzsteuer. Es wird erwartet, dass 50% der Umsätze noch im selben Monat als Zahlung zugehen, 30% im Folgemonat und 10% erst im jeweils übernächsten Monat; weitere 10% werden noch später gezahlt.

Folgende unmittelbar zahlungswirksame Sachaufwendungen pro Monat stehen an: Material 406, Betriebsaufwand 174, sonstiger Aufwand 116, Anschaffung GWG 29. In den Sachausgaben sind jeweils 16% Vorsteuer enthalten. Der monatliche zahlungswirksame Personalaufwand liegt bei 385. Die Umsatzsteuerzahllast ist jeweils am zehnten Kalendertag des Folgemonats fällig.

Erstellen Sie anhand der folgenden Tabelle den Finanzplan für die Monate Januar bis März. Leiten Sie aus dem Finanzplan Handlungsempfehlungen für die Finanzabteilung der JOLLY GmbH ab.

Finanzplan I. Quartal	Januar	Februar	März
Zahlungsmittel-Anfangsbestand			
Einzahlungen aus/für ...			
Ford. aus Lief. u. Lstg. (31.12.VJ)			
Sonstige Forderungen (31.12.VJ)			
Besitzwechsel (31.12.VJ)			
Umsatz, laufend			
Summe der Einzahlungen			
Auszahlungen für/aus ...			
Rückstellungen (31.12.VJ)			
Tilgung Darlehen (31.12.VJ)			
Verb. aus Lief. u. Lstg. (31.12.VJ)			
Wechselverbindlichk. (31.12.VJ)			
Sonstige Verbindlichk. (31.12.VJ)			
Materialbeschaffung			
Personalaufwand			
Betriebsaufwand			
Übertrag Auszahlungen			

Übertrag Auszahlungen	......	......	......
Sonstiger Aufwand	......	......	......
Anschaffung GWG	......	......	......
Darlehenszinsen	......	......	......
Umsatzsteuer	......	......	......
Summe der Auszahlungen	......	......	......
Zahlungsmittel-Endbestand	......	......	......

3.7. Optimierung der Finanzierungsstruktur

Aufgabe 3-23: *Finanzierungsregeln*

In einem Reiseunternehmen soll ein Reisebus beschafft werden. Der Kaufpreis beträgt netto (ohne USt.) 285.000 Euro. Die betriebliche Nutzungsdauer wird auf fünf Jahre geschätzt; das Fahrzeug soll kontinuierlich genutzt werden.

Zur Finanzierung dieser Investition stehen folgende Alternativen zur Verfügung:

- Ausschöpfung des Kontokorrentkredits, da die Kontokorrentlinie des Unternehmens in Höhe von 1.000.000 Euro derzeit nur zur Hälfte in Anspruch genommen wird.

- Aufnahme eines stillen Gesellschafters mit einem Vertrag über eine Laufzeit von acht Jahren. Der Gesellschafter bringt 300.000 Euro ein und wird am Gewinn beteiligt.

- Aufnahme eines Bankkredits mit fünf Jahren Laufzeit in Höhe von 285.000 Euro, der mit jährlich 57.000 Euro getilgt werden soll.

a) In der Praxis werden bei der Kreditvergabe der Banken an Unternehmen häufig auch Finanzierungsregeln zur Beurteilung der Kreditwürdigkeit der potentiellen Schuldner herangezogen. Erläutern Sie in diesem Zusammenhang die goldene Finanzierungsregel und die goldene Bilanzregel.

b) Beurteilen Sie separat für jede der angeführten Alternativen, jedoch ohne rechnerische Begründung, ob sie zur Finanzierung des LKW-Kaufs geeignet ist. Begründen Sie, ob diese Alternativen mit den Finanzierungsregeln unter a) in Einklang stehen.

c) Definieren Sie die offene Selbstfinanzierung und erläutern Sie, ob diese Finanzierungsform im vorliegenden Fall mit den horizontalen Finanzierungsregeln in Einklang stehen würde.

Aufgabe 3-24: *Leverage-Effekt und Leverage-Formel*

a) Erläutern Sie die Wirkungsweise des Leverage-Effektes und beurteilen Sie die Praxisrelevanz seiner Prämissen.

b) Erläutern Sie, welche Empfehlung bezüglich der Finanzierungsform tendenziell vom positiven Leverage-Effekt ausgeht.

c) Beurteilen Sie, ob aus dem Leverage-Effekt in jedem Fall die Handlungsempfehlung für eine bestimmte Finanzierungsform (vgl. b)) abgeleitet werden kann. Gehen Sie dabei konkret auf die Risiken ein, die aus einer entsprechenden Entscheidung resultieren können.

Aufgabe 3-25: *Leverage-Effekt und Eigenkapitalrentabilitäten*

Eine Unternehmung ist sich bezüglich der zu erwartenden Rendite ihrer Investitionen nicht sicher. Für möglich gehalten werden Bruttoinvestitionsrenditen in Höhe von $r_1 = 15\%$, $r_2 = 12\%$, $r_3 = 10\%$, $r_4 = 9\%$ und $r_5 = 5\%$. Der Fremdkapitalzins beträgt 8%.

Ermitteln Sie abhängig von der Kapitalstruktur und der erwarteten Investitionsrendite die Eigenkapitalrentabilität; die Kapitalstruktur wird durch das Verhältnis von Fremdkapital (FK) und Eigenkapital (EK) beschrieben. Tragen Sie Ihre Ergebnisse in die folgende Tabelle ein.

	$r_1 = 15\%$	$r_2 = 12\%$	$r_3 = 10\%$	$r_4 = 9\%$	$r_5 = 5\%$
FK/EK = 0					
FK/EK = 1					
FK/EK = 2					
FK/EK = 3					
FK/EK = 4					

Interpretieren Sie kurz Ihre Ergebnisse.

Aufgabe 3-26: *Leverage-Effekt und Finanzierungsstruktur*

Eine Kapitalgesellschaft will für das folgende Geschäftsjahr bzw. im Jahresdurchschnitt folgende Vorgaben erreichen (Beträge in Euro):

Eigenkapital (EK)	2.500.000
Eigenkapitalquote	25%
Zinsaufwand	600.000
Sonstiger Aufwand	13.400.000
Erträge	14.400.000

a) Berechnen Sie aus den vorliegenden Zahlen ...

- die Höhe des Gesamt- (GK) und des Fremdkapitals (FK),
- den durchschnittlichen Zinssatz für das Fremdkapital (i),
- den Jahresüberschuss (JÜ),
- die Gesamtkapitalrentabilität (r_{GK}).

b) Begründen Sie anhand der Ergebnisse unter a) und unter Bezug auf die Leverage-Formel ($r_{EK} = r_{GK} + (r_{GK} - i) * FK/EK$), ob die Eigenkapitalrentabilität (r_{EK}) unter oder über der Gesamtkapitalrentabilität (r_{GK}) liegt.

c) Berechnen Sie die Eigenkapitalrentabilität entsprechend ihrer Definition und mittels der Leverage-Formel.

d) Das Unternehmen hat die Möglichkeit, eine zu 8% vollständig fremdfinanzierte Investition in Höhe von 2.500.000 Euro zu tätigen, deren Kapitalrendite vor Fremdkapitalzinsen 10% beträgt.

Beurteilen Sie unter Bezug auf die Leverage-Formel, ob sich diese Investition aus der Sicht des Unternehmens bzw. der Gesellschafter lohnt.

e) Das Unternehmen will die zu 8% vollständig fremdfinanzierte Investition in Höhe von 2.500.000 Euro tätigen; allerdings sollen die Auswirkungen gezeigt werden, wenn die Kapitalrendite der Investition vor Fremdkapitalzinsen auf den negativen Wert -2% absinkt.

Berechnen Sie für diese Situation die Gesamtkapitalrentabilität und die Eigenkapitalrentabilität. Erläutern Sie anschließend anhand Ihrer Ergebnisse das sogenannte Leverage-Risiko.

Lösungen

1. Finanzmathematik

1.1. Zins- und Zinseszinsrechnung

Aufgabe 1-1: *Zins- und Endwertberechnung*

a) $K_n = K_0 * q^n = 12.000 * 1,03^5 = 13.911,29$ €

b) t = 180 Tage
$K_{n+t} = K_0 * q^n * (1 + i * t / 360)$
$= 12.000 * 1,03^5 * (1 + 0,03 * 180 / 360) = 14.119,96$ €

c) m = 4
$p_R = 0,75\%$
a) $K_n = K_0 * q^{n*m} = 12.000 * 1,0075^{5*4} = 13.934,21$ €
b) $K_n = \phantom{K_0 * q^{n*m} = } 12.000 * 1,0075^{5*4+2} = 14.144,01$ €

Aufgabe 1-2: *Anfangskapital*

$K_0 = K_n / q^n = 50.000 / 1,05^{10} = 30.695,66$ €

Aufgabe 1-3: *Unterjährige Verzinsung*

$K_0 = 10.000,00$ €
i = 0,01
t = 20 Tage
Zinsperiode = 90 Tage
$K_{n+t} = 10.000 * (1 + 0,01 * 20 / 90) = 10.022,22$ €

Aufgabe 1-4: *Grundbegriffe der Zinsrechnung*

a) Nachschüssige Verzinsung: Die Zinsen werden vom Anfangskapital K_0 berechnet.
Anfangskapital + Zinsen vom Anfangskapital = Endkapital
Die nachschüssige Verzinsung wird auch als dekursive oder postnumerando Verzinsung bezeichnet.

b) Vorschüssige Verzinsung: Die Zinsen werden vom Endkapital K_n berechnet.
Anfangskapital + Zinsen vom Endkapital = Endkapital
Die vorschüssige Verzinsung wird auch als antizipative oder pränumerando Verzinsung bezeichnet.

c) Nachschüssige Zahlung: Die Zahlung erfolgt am Zinsperiodenende.

d) Vorschüssige Zahlung: Die Zahlung erfolgt am Zinsperiodenanfang.

Aufgabe 1-5: *Einfache Verzinsung/Zinseszinsen*

a) $K_n = 5.000 * (1 + 0,05 * 3) = 5.750,00$ €

b) $K_n = 5.000 * 1,05^3 = 5.788,13$ €

Aufgabe 1-6: *Verzinsung des Sparkontos*

$K_0 = K_n / q^n = 18.000 / 1,05^{18} = 7.479,37$ €

Aufgabe 1-7: *Zinsberechnung für ein Sparkonto mit Einzahlungen*

Einfache unterjährige Verzinsung:

Datum	Zinsmonate	Zahlbetrag	Zinsen	Erläuterung
01.01.00	12	100,00	4,00	= 100 * 0,04 * 12 / 12
01.04.00	9	200,00	6,00	= 200 * 0,04 * 9 / 12
01.07.00	6	300,00	6,00	= 300 * 0,04 * 6 / 12
01.10.00	3	400,00	4,00	= 400 * 0,04 * 3 / 12
	Summen:	1.000,00	20,00	
31.12.00	Endwert:	1.020,00		

Aufgabe 1-8: *Zinskonditionen*

a) $K_n = 1.000 * 1,06^{10} =$ 1.790,85

b) $K_n = 1.000 * 1,03^{(10*2)} =$ 1.806,11

c) $K_n = 1.000 * (1 + 0,06 / 4)^{(10*4)} =$ 1.814,02

Die jährliche Verzinsung entspricht dem konformen Zinsfuß

a) $p = 6\%$ p.a.

b) $p_K = 100 * ((1 + 0,06 / 2)^2 - 1) = 6,09\%$ p.a.

c) $p_K = 100 * ((1 + 0,06 / 4)^4 - 1) = 6,14\%$ p.a.

Sie erhalten mit p_K abgesehen von Rundungsdifferenzen die gleichen Endwerte wie im ersten Lösungsweg, wenn Sie in der Endwertformel für K_n mit p_K und $n = 10$ Jahren rechnen.

Finanzmathematik - Lösungen

Aufgabe 1-9: *Zinsberechnung für einen Bundesschatzbrief*

$K_n = K_0 * q_1 * q_2 * q_3 * q_4 * q_5$
$= 10.000 * 1,04 * 1,045 * 1,05 * 1,055 * 1,06 = 12.761,37$ €

$p = 100 * ((K_n / K_0)^{(1/n)} - 1)$
$= 100 * ((1,04 * 1,045 * 1,05 * 1,055 * 1,06)^{(1/5)} - 1) = 5,00\%$

Aufgabe 1-10: *Nachschüssige/vorschüssige Verzinsung*

a) p = 10%

Jahr	Kapital Jahresanfang	Zinsen	Kapital Jahresende
1	500,00	50,00	550,00
2	550,00	55,00	605,00
3	605,00		

b) Nachschüssigen Ersatzzinsfuß p_E berechnen:

$p_A = 10\%$ $p_E = 100 * p_A / (100 - p_A) = 11,1111\%$

Jahr	Kapital Jahresanfang	Zinsen	Kapital Jahresende
1	500,00	55,56	555,56
2	555,56	61,73	617,28
3	617,28		

Aufgabe 1-11: *Antizipativer Zinssatz*

$p_A = 100 * p_E / (100 + p_E) = 100 * 100 / (100 + 100) = 50\%$

Aufgabe 1-12: *Zinssatzberechnung*

a) $K_n = 2 * K_0$

$$p = 100 * (\sqrt[n]{\frac{K_n}{K_0}} - 1)$$

$p = 100 * ((2 * K_0 / K_0)^{(1/n)} - 1) = 100 * (2^{(1/10)} - 1) = 7{,}177\%$

b) $p_A = 100 * (1 - \sqrt[n]{\frac{K_0}{K_n}})$

$p_A = 100 * (1 - 0{,}5^{(1/10)}) = 6{,}67\%$

Das gleiche Ergebnis erhalten Sie, wenn Sie den nachschüssigen in den vorschüssigen Zinssatz umrechnen:

$p_A = 100 * p_E / (100 + p_E) = 100 * 7{,}177 / (100 + 7{,}177) = 6{,}67\%$

Aufgabe 1-13: *Zahlungsablösung*

$K_0 = 5.000 / 1{,}05^3 + 15.000 / 1{,}05^5 + 15.000 / 1{,}05^6 = 27.265{,}31 \,€$

Aufgabe 1-14: *Kreditablösung*

$100.000 = x / 1{,}05^2 + x / 1{,}05^3 + x / 1{,}05^5$
$x = 100.000 / (1 / 1{,}05^2 + 1 / 1{,}05^3 + 1 / 1{,}05^5) = 39.148{,}24 \,€$

Aufgabe 1-15: *Zinssatzbestimmung*

a) Faustformel: $p = 2 * 360 / (30 - 10) = 36\%$ p.a.

b) Mit Berücksichtigung, dass die Skontoberechnung eine vorschüssige Zinsberechnung ist:
Umrechnen des Skontoprozentsatzes in eine nachschüssige Verzinsung
$p_E = 100 * 2 / (100 - 2) = 2{,}0408\%$ auf 20 Tage
$p = 2{,}0408 * 360 / (30 - 10) = 36{,}73\%$ p.a.

c) Mit Berücksichtigung der vorschüssigen Verzinsung und unter Annahme von unterjährigen Zinseszinsen:

$n = 360 / 20 = 18$ Zinsperioden
$p_K = 100 * ((1 + 2{,}0408 / 100)^{18} - 1) = 43{,}86\%$ p.a.

In der Praxis begnügt man sich in der Regel mit der Faustformel.

Aufgabe 1-16: *Jährliche/unterjährige Zinsberechnung*

a) $K_n = 10.000 * 1{,}08^4 = 13.604{,}89$ €

b) $p_R = 8 / 4 = 2\%$
$p_K = 100 * ((1 + 8 / (4 * 100))^4 - 1) = 8{,}2432\%$ p.a.
$K_n = 10.000 * ((1 + 8 / (4 * 100))^{(4*4)}) = 13.727{,}86$ €

c) Einfache unterjährige Zinsberechnung:

$K_{n+t} = 10.000 * 1{,}08^4 * (1 + 0{,}08 * (180 / 360)) = 14.149{,}09$ €

Vierteljährliche Zinsberechnung (4 * 4 + 2 Zinsperioden):

$K_n = 10.000 * ((1 + 8 / (4 * 100))^{((4*4)+2)}) = 14.282{,}46$ €

Aufgabe 1-17: *Verbraucherkreditberechnung*

a) Verbraucherkredite werden nach einem vereinfachten Verfahren berechnet (p_M = monatlicher Zinssatz).

Anzahlungsbetrag = 500,00 €

K_0 =		4.500,00 €
Zinsen =	$K_0 * p_M * n / 100$	
=	4.500 * 0,006 * 24 =	648,00 €
Gebühr =	4.500 * 0,02 =	90,00 €
Rückzahlungsbetrag =		5.238,00 €
Rate =	5.238,00 / 24 =	218,25 €

Die Kreditinstitute runden in der Regel die monatliche Rate auf volle €-Beträge, sodass folgende Raten vereinbart werden können:

1. Rate   224,00 €   (= 218 + 24 * 0,25)
2. - 24. Rate   218,00 €

b) Die effektive Verzinsung wird in der Regel mit Näherungsformeln berechnet, da durch die Rundung und unterschiedliche Wertstellungspraktiken die exakte Bestimmung sehr rechenaufwendig wird. Bei der einfachen Faustformel werden Zinsen und Bearbeitungsgebühr auf den mittleren Kreditbetrag bezogen und einfache Verzinsung während der gesamten Laufzeit unterstellt.

$p_{eff} = (n * p_M + b) * 24 / (n + 1)$
$= (24 * 0,6 + 2) * 24 / (24 + 1) = 15,74\%$ p.a.

Aufgabe 1-18: *Variable Zinssätze*

$K_0 = 37.711,88 / (1,03 * 1,035 * 1,04 * 1,045 * 1,05) = 31.000,00$ €

Aufgabe 1-19: *Wechselverzinsung*

a) $K_0 = K_n / (1 - i_A)^n$

$K_0 = 10.000 * (1 - 0,025)^4 = 9.036,88$ €

Die Wechseldiskontierung ist eine vorschüssige Verzinsung.

b) $p_E = 100 * 2,5 / (100 - 2,5) = 2,5641\%$ pro Quartal

$p_{eff} = p_K = 100 * ((1 + (2,5641 / 100))^4 - 1) = 10,66\%$ p.a.

c) 100 Tage = 1 Zinsperiode à 90 Tage + 10 Tage

$K_0 = 10.000 / (1,025641^1 * (1 + 0,025641 * 10 / 90))$
$= 9.722,30$ €

Aufgabe 1-20: *Variable Verzinsung*

a)

Zeitraum	Zinsen	Erläuterung
01.01.00 - 31.03.00	7,50	= 1.000 * 0,03 * 3 / 12
01.04.00 - 31.06.00	10,00	= 1.000 * 0,04 * 3 / 12
01.07.00 - 30.09.00	12,50	= 1.000 * 0,05 * 3 / 12
01.10.00 - 31.12.00	15,00	= 1.000 * 0,06 * 3 / 12
Summe:	45,00	
Zahlbetrag:	1.045,00	p = 4,50 % p.a.

b) m = 12 Zinsperioden pro Jahr

Zeitraum	K_n	Erläuterung
01.01.00 - 31.03.00	1.007,52	$= 1.000,00 * (1 + 0,03 / 12)^3$
01.04.00 - 31.06.00	1.017,63	$= 1.007,52 * (1 + 0,04 / 12)^3$
01.07.00 - 30.09.00	1.030,40	$= 1.017,63 * (1 + 0,05 / 12)^3$
01.10.00 - 31.12.00	1.045,93	$= 1.030,40 * (1 + 0,06 / 12)^3$
Summe Zinsen:	45,93	
Zahlbetrag:	1.045,93	p = 4,59% p.a.

c)

Zeitraum	K_n	Erläuterung
01.01.01 - 31.12.03	1.092,73	$= 1.000,00 * (1,03)^3$
01.01.04 - 31.12.06	1.229,17	$= 1.092,73 * (1,04)^3$
01.01.07 - 30.12.09	1.422,92	$= 1.229,17 * (1,05)^3$
01.01.10 - 31.12.12	1.694,72	$= 1.422,92 * (1,06)^3$
Zahlbetrag:	1.694,72	
p = 100 * ((1.694,72 / 1.000)$^{(1/12)}$ -1) = 4,494% p.a.		

Aufgabe 1-21: *Unterjährige Zinstermine*

a) $K_n = 10.000 * 1,02^{(4*4)} = 13.727,86$ €

b) $p_K = 100 * ((1 + 2 / 100)^4 - 1) = 8,243\%$

Aufgabe 1-22: *Zinsberechnung beim Ratensparen*

a) Einfache unterjährige Verzinsung:

Monat	Zahlung	Kontenstand	Zinsen	Erläuterung
01	100,00	100,00	0,83	= 100 * 0,1 / 12
02	100,00	200,00	1,67	= 200 * 0,1 / 12

Monat	Zahlung	Kontenstand	Zinsen	Erläuterung
03	100,00	300,00	2,50	= 300 * 0,1 / 12
04	100,00	400,00	3,33	usw.
05	100,00	500,00	4,17	
06	100,00	600,00	5,00	
07	100,00	700,00	5,83	
08	100,00	800,00	6,67	
09	100,00	900,00	7,50	
10	100,00	1.000,00	8,33	
11	100,00	1.100,00	9,17	
12	100,00	1.200,00	0,00	wegen nachsch. Zahlung
Jahresabschluss:		1.200,00	55,00	
		+ 55,00		
		1.255,00		

Das gleiche Ergebnis erhalten Sie mit der Ersatzrente bei einfacher unterjähriger Verzinsung.

$r_E = 100 * (12 + 0,1 / 2 * (12 - 1)) = 1.255,00$ €

b) Monatliche Zinsverrechnung:

Monat	Zahlung	Kontenstand	Zinsen	Erläuterung
01	100,00	100,00	0,83	= 100,00 * 0,1 / 12
02	100,00	200,83	1,67	= 200,83 * 0,1 / 12
03	100,00	302,51	2,52	usw.
04	100,00	405,03	3,38	
05	100,00	508,40	4,24	
06	100,00	612,64	5,11	
07	100,00	717,75	5,98	
08	100,00	823,73	6,86	
09	100,00	930,59	7,75	
10	100,00	1.038,35	8,65	

Monat	Zahlung	Kontenstand	Zinsen	Erläuterung
11	100,00	1.147,00	9,56	
12	100,00	1.256,56	0,00	Wegen nachsch. Zahlung
Jahresabschluss:		1.256,56	56,56	

Das gleiche Ergebnis erhalten Sie mit der Ersatzrente bei unterjährigen Zinseszinsen.

$p_R = 0{,}833\%$ $ENF^{0{,}833\%}_{12\,M.} = 12{,}565568$
$R_{Jahr} = R * ENF = 100 * ENF = 1.256{,}56\ €$

c) Vierteljährliche Zinsverrechnung

Monat	Zahlung	Kontenstand	Zinsen	Erläuterung
01	100,00	100,00	0,83	= 100,00 * 0,1 / 12
02	100,00	200,00	1,67	= 200,00 * 0,1 / 12
03	100,00	300,00		Summe Zinsen = 2,50
Quartalsabschluss/ Zinsverrechnung		302,50	2,52	= 302,50 * 0,1 / 12
04	100,00	402,50	3,35	= 402,50 * 0,1 / 12
05	100,00	502,50	4,19	usw.
06	100,00	602,50		Summe Zinsen = 10,06
Quartalsabschluss		612,56	5,10	
07	100,00	712,56	5,94	
08	100,00	812,56	6,77	
09	100,00	912,56		Summe Zinsen = 17,81
Quartalsabschluss		930,38	7,75	
10	100,00	1.030,38	8,59	
11	100,00	1.130,38	9,42	
12	100,00	1.230,38		Summe Zinsen = 25,76
Jahresabschluss		1.256,14	56,14	

Das gleiche Ergebnis erhalten Sie mit den entsprechenden Ersatzrenten.

$R_{E\ Quartal} = 100 * (3 + 0,1 / 12 * (2 + 1)) = 302,50$ €
$p_R = 2,5\%$ $ENF^{2,5\%}_{4Q.} = 4,1525156$
$R_{Jahr} = R_{E\ Quartal} * ENF = 302,50 * 4,1525156 = 1.256,14$ €

Aufgabe 1-23: *Kapitalwertvergleich*

Angebot I:
1. Barwert der monatlich vorschüssigen Rente:
   $R_E = 3.000 * (12 + (0,07 / 2) * 13 = 37.365,00$ €
   $K_0 = (37.365 / 1,07^6) * (1,07^3 - 1) / 0,07 = 80.044,18$ €

2. Barwert insgesamt:
   $K_0^I = 100.000 + 80.044,18 = 180.044,18$ €

Angebot II:
$K_0^{II} = (70.000 / 1,07) + (90.000 / 1,07^3) + 110.000 / 1,07^6$
$= 212.185$ €

Angebot II wird gewählt.

Aufgabe 1-24: *Jahreszinsberechnung*

$i = (4.000 / 2.000)^{1/6} - 1 = 0,1225$
$p = 12,25\%$

1.2. Rentenrechnung

Aufgabe 1-25: *Kapitalstockberechnung*

a) Kapitalstock K_0

$K_0 = R * BAF^{5\%}_{\text{5 Jahre}} = 10.000 * 4,329476671 = 43.294,77$ €

b)

Jahr (1)	Kapitalstock (2)	Zinsen (3) = (2) * 0,05	Kapitalverzehr (4) = (5) - (3)	Rente (5)
1	43.294,77	2.164,74	7.835,26	10.000,00
2	35.459,51	1.772,98	8.227,02	10.000,00
3	27.232,48	1.361,62	8.638,38	10.000,00
4	18.594,10	929,71	9.070,29	10.000,00
5	9.523,81	476,19	9.523,81	10.000,00
6	0,00			

c) $K_0 = R * q * BAF = 10.000 * 1,05 * 4,329476671 = 45.459,51$ €

Jahr (1)	Kapitalstock (2)	Zinsen (3) = [(2) - (4)] * 0,05	Kapitalverzehr (4)	Rente (5)
1	45.459,51	1.772,98	10.000,00	10.000,00
2	37.232,48	1.361,62	10.000,00	10.000,00
3	28.594,10	929,71	10.000,00	10.000,00
4	19.523,81	476,19	10.000,00	10.000,00
5	10.000,00	0,00	10.000,00	10.000,00

Finanzmathematik - Lösungen   133

Aufgabe 1-26: *Kapitalstock für veränderliche Rentenzahlungen I*

Hier ist eine Einzeldiskontierung der Zahlungen erforderlich, da die Zahlungsbeträge unterschiedlich sind.

Jahr	Zahlung	Barwert	Erläuterung
1	10.000,00	9.523,81	= 10.000 / $1,05^1$
2	11.000,00	9.977,32	= 11.000 / $1,05^2$
3	12.000,00	10.366,05	= 12.000 / $1,05^3$
4	13.000,00	10.695,13	= 13.000 / $1,05^4$
5	14.000,00	10.969,37	= 14.000 / $1,05^5$
Kapitalstock (Summe):		51.531,68	

Aufgabe 1-27: *Kapitalstock für veränderliche Rentenzahlungen II*

Jahr	Zahlung	Barwert	Erläuterung
1	10.000,00	9.523,81	= 10.000 / $1,05^1$
2	11.000,00	9.977,32	= 11.000 / $1,05^2$
3	12.100,00	10.452,43	= 12.100 / $1,05^3$
4	13.310,00	10.950,17	= 13.310 / $1,05^4$
5	14.641,00	11.471,61	= 14.641 / $1,05^5$
Kapitalstock (Summe):		52.375,35	

Anmerkung:
Für diese Aufgabenstellung kann ein modifizierter Rentenbarwertfaktor hergeleitet werden, da sich zwei geometrische Reihen überlagern. Die Formel ist allerdings unhandlich.

Aufgabe 1-28: *Ratenberechnung*

a) $R = K_0 / BAF^{5\%}_{4\,Jahre} = 50.000 / 3,5459505 = 14.100,59$ €

b) Lösung mit Hilfe der Kapitalrentenlaufzeit:

n = log(12000 / (12000 - 50000 * 0,05)) / log(1,05) = 4,79 Jahre

Anmerkung:
Das letzte Jahr muss gesondert betrachtet werden, da die Kapitalrentenlaufzeitformel nur für ganzzahlige Laufzeiten exakte Werte liefert.

c) Lösung mit der Kapitalrentenformel:

Rest = 50.000 * $1,05^4$ - 12.000 * ($1,05^4$ -1) / 0,05 = 9.053,81 €

Alternativ können Sie einen Tilgungsplan analog Aufgabe 1-25 erstellen.

Aufgabe 1-29: *Rentenberechnung I*

a) Kapitalstock:

K_0 = R * q * $BAF^{5\%}_{15\ Jahre}$ = 24.000 * 1,05 * 10,37965804
 = 261.567,38 €

b) Der Endwert der Einzahlungen muss den Kapitalstock beim Eintritt des Versorgungsfalles (60. Lebensjahr) ergeben.

R_{Ein} = K_n * i / (q^n - 1) = 261.567,38 * 0,05 / ($1,05^{35}$ - 1)
 = 2.896,00 € pro Jahr

Aufgabe 1-30: *Änderungen der Rentenraten*

Die Rentenerhöhung beträgt:

ΔR = 12.000,00 €

Der Kapitalstock muss sich entsprechend erhöhen:

$\Delta K_0 = \Delta R * q * BAF = 12.000 * 1,05 * 10,379658 = 130.783,69$ €

Die Erhöhung der Einzahlungbeträge ergibt sich:

$\Delta R_{Ein} = \Delta K_n * i / (q^n - 1) = 130.783,69 * 0,05 / (1,05^{35} - 1) = 1.448,00$

Der gesamte Einzahlungsbetrag beträgt:

$2.896,00 + 1.448,00 = 4.344,00$ € pro Jahr.

Ergänzung:
Es kann auch jeder andere Bezugszeitpunkt für die Lösung gewählt werden. Es müssen nur immer Zins- und Zinseszinsen berücksichtigt werden. Oft wird der Zeitpunkt 0 (Geburt des Versicherungsnehmers) als Bezugszeitpunkt gewählt. Die Ein- und Auszahlungsbeträge müssen dann auf diesen Zeitpunkt diskontiert werden. Dadurch braucht man nur mit Barwerten zu arbeiten.

Aufgabe 1-31: *Änderungen der Beitragsdauer*

Die Beitragsdauer verkürzt sich auf $n_{Ein} = 30$ Jahre, die Auszahlungsdauer auf $n_{Aus} = 20$ Jahre. Der Endwert der Einzahlung ergibt den neuen Kapitalstock K_0 für die Finanzierung der Rente.

$K_n = R * (q^n - 1) / (q - 1) = 2.896 * (1,05^{30} - 1) / 0,05) = 192.406,74$ €

$R_{Neu} = K_0 / (q * BAF) = 192.406,74 / (1,05 * 12,462210) = 14.704,01$

Aufgabe 1-32: *Monatliche Rentenzahlung*

a) $R_E = R * [m + i / 2 * (m + 1)]$ (Achtung, dies ist die nachschüssige Ersatzrente)

$R_E = 1.000 * (12 + 0,05 / 2 *13) = 12.325,00$
$K_0 = R * BAF^{5\%}{}_{5J.} = 12.325,00 * 4,32947667 = 53.360,80$ €

b) $p_R = 5 / 12 = 0,417\%$

$n = 5 * 12 = 60$
$K_0 = R * q * BAF^{0,417\%}{}_{60M.} = 1000 * 1,004167 * 52,990706$
$= 53.211,50$ €

Aufgabe 1-33: *Monatlich steigende Rentenzahlungen*

Da die Rentenbeträge unterschiedlich sind, muss eine Einzelberechnung durchgeführt werden.

Jahr	Ersatzrenten r_E (nachschüssig)		Barwert	Erläuterung
1	1000 * (12 + 0,05/2 * 13)	12.325,00	11.738,10	$= 12325,00/1,05^1$
2	1100 * 12,325	13.557,50	12.297,05	$= 13557,50/1,05^2$
3	1200 * 12,325	14.790,00	12.776,16	$= 14790,00/1,05^3$
4	1300 * 12,325	16.022,50	13.181,75	$= 16022,50/1,05^4$
5	1400 * 12,325	17.255,00	13.519,74	$= 17255,00/1,05^5$

Kapitalstock K_0 (Summe): 63.512,80

Aufgabe 1-34: *Bausparvertrag*

a) Mindestguthaben: 20.000,00 €
   Monatliche Rate: 300,00 €
   Jährliche Rate: 3.600,00 €

Der Endwert der Sparbeiträge muss das Mindestguthaben ergeben. Die Umstellung der Rentenendwertformel nach n ergibt die Anspardauer:

n = log((20.000 * 0,03) / 3.600 + 1) / log(1,03) = 5,22 Jahre

b) Bausparkredit = 50.000 - 20.000 = 30.000,00 €

Die Tilgungsdauer errechnet sich über die Kapitalrentenlaufzeit:

n_{Tilg} = log (3600 / (3600 - 30000 * 0,05)) / log(1,05) = 11,05 Jahre

Aufgabe 1-35: *Endwertberechnung von Zahlungsreihen*

a) Die Beträge sind einzeln aufzuzinsen, da die Zeitabstände der Zahlungen unterschiedlich sind.

Datum	Betrag	Zinsen
01.01.00	100,00	4,00
01.02.00	100,00	3,67
01.06.00	100,00	2,33
01.12.00	100,00	0,33
Summen:	400,00	10,33
31.12.00	410,33	

b) Der Endwert kann mit der Rentenformel berechnet werden, da die Zahlbeträge und Zeitabstände konstant sind (m = 4, vorschüssige Zahlung).

R_E = 100 * (4 + 0,04 / 2 * (4 + 1)) = 410,00 €

Aufgabe 1-36: *Ratensparverträge und Zinsberechnungsverfahren*

a) R_E = 100 * (12 + 0,03 / 2 * (12 + 1)) = 1.219,50 €
   K_n = 1.219,50 * ($1,03^5$ - 1) / 0,03 = 6.474,49 €

b) R_E = 100 * (6 + 0,015 / 2 * 7) = 605,25 €

$K_n = 605{,}25 * (1{,}015^{(5*2)} - 1) / 0{,}015 = 6.477{,}82$ €

c) $i_R = 0{,}03 / 12 = 0{,}0025$
$K_n = 100 * 1{,}0025 * (1{,}0025^{(5*12)} - 1) / 0{,}0025 = 6.480{,}83$ €

d) Das erste und das fünfte Jahr müssen gesondert betrachtet werden, da sie nicht über volle Zinsperioden laufen.

$R_{E1} = 100 * 6 + 100 * 0{,}03 / 12 * (6+5+4+3+2+1) =$ 605,25
$R_{E2} = 2. - 4.$ Jahr volle Ersatzrente $\Rightarrow$ 1.219,50
$R_{E5} =$ wie erstes Jahr $\Rightarrow$ 605,25
$K_{n+t} = (605{,}25 * 1{,}03^4 + (1219{,}5 * (1{,}03^4 - 1) / 0{,}03))$
     $* (1 + 0{,}03 * 180 / 360) + 605{,}25 =$ 6.475,14

e) Generell gilt $K_0 = K_n / q^n$

  a) $K_0 = 6.474{,}49 / 1{,}03^5 =$ 5.584,95
  b) $K_0 = 6.477{,}92 / 1{,}015^{(5*2)} =$ 5.581,73
  c) $K_0 = 6.480{,}83 / ((1 + 0{,}03/12)^{((5*12)+6)}) =$ 5.496,19
  d) $K_0 = 6.475{,}14 / (1{,}03^5 * (1 + 0{,}03 * 180 / 360)) =$ 5.502,97

Aufgabe 1-37: *Raucherauszahlungen*

a) $K_0 = R * BAF^{6\%}{}_{40J.} = 2.000 * 15{,}046297 = 30.092{,}59$ €

b) $K_n = K_0 * q^n = 30.092{,}59 * 1{,}06^{40} = 309.523{,}93$ €
oder
$K_n = R * (q^n - 1) / i = 2.000 * (1{,}06^{40} - 1) / 0{,}06 = 309.523{,}93$ €

Aufgabe 1-38: *Barabfindung für eine Rentenzahlung*

$K_0 = R * BAF^{5\%}{}_{20J.} = 6.000 * 12{,}462210 = 74.773{,}26$ €

Aufgabe 1-39: *Geschäftsübergabe auf Rentenbasis*

a) Der Barwert der Zahlungsreihe muss den Verkaufswert abzüglich der Teilzahlung ergeben. Dazu müssen hilfsweise die jährlichen Ersatzrenten R_E berechnet werden.

$R_{E1} = 5.000 * (12 + 0,05 / 2 * 13) = 61.625,00$ €
$R_{E2} = 5.500 * (12 + 0,05 / 2 * 13) = 67.787,50$ €
$R_{E3} = 6.000 * (12 + 0,05 / 2 * 13) = 73.950,00$ €
$R_{E4} = 6.500 * (12 + 0,05 / 2 * 13) = 80.112,50$ €
$R_{E5} = 7.000 * (12 + 0,05 / 2 * 13) = 86.275,00$ €

Restzahlung von x:

$400.000 = 61.625 / 1,05^1 + 67.787,50 / 1,05^2 + 73.950 / 1,05^3$
$\quad\quad\quad + 80.112,50 / 1,05^4 + 86.275 / 1,05^5 + x / 1,05^5$

$x = (400.000 - 317.564) * 1,05^5 = 105.211,55$ €

b) Sofortzahlung = Barwert der ausstehenden Zahlungen

$K_{0A} = 73.950 / 1,05^1 + 80.112,50 / 1,05^2 + 86.275 / 1,05^3$
$\quad\quad\quad + 105.211,55 / 1,05^3$
$K_{0A} = 308.506,25$ €

c) Zwei nachschüssige unterjährige Rentenzahlungen bei einfacher unterjähriger Verzinsung.

Rest = 308.506,25 - 50.000 = 258.506,25 €

Umrechnen in eine nachschüssige Zahlung (Ersatzrente):

$R_E = 258.506,25 * 1,05 = 271.431,56$ €
$R = 271.431,56 / (2 + 0,05 / 2 * 1) = 134.040,28$ €

Kontrolle:

Termin	Restschuld	Zahlung	Zinsen
01.01.02	258.506,25		12.925,31
30.06.02		134.040,28	-3.351,01
31.12.02		134.040,28	0,00
	0,00		

Wenn sofortige Zins- und Tilgungsverrechnung bei den unterjährigen Raten vereinbart wird, ergibt sich eine andere Lösung:

$p_R = 2{,}5\%$
$258.506{,}25 = x / 1{,}025 + x / 1{,}025^2$
$x = 134.120{,}06$ €

Kontrolle:

Termin	Restschuld	Tilgung	Zinsen	Zahlung
01.01.02	258.506,25			
30.06.02	258.506,25	127.657,40	6.462,66	134.120,06
31.12.02	130.848,84	130.848,84	3.271,22	134.120,06
	0,00			

Aufgabe 1-40: *Sparvertrag mit unterjährigen Zahlungen*

Die Zahlungen im Jahr 2000 sind gesondert zu behandeln, da sie nicht über die volle Zinsperiode (1 Jahr) laufen.

$R_{E1} = 100 * 6 + 100 * 0{,}04 / 12 * (5+4+3+2+1) = \quad 605{,}00$ €
$R_{E2} = 100 * (12 + 0{,}04 / 2 * (12 - 1)) = \quad 1.222{,}00$ €
$K_n = 605 * 1{,}04^2 + 1.222 * (1{,}04^2 - 1) / 0{,}04 = \quad 3.147{,}25$ €

Aufgabe 1-41: *Rentenvergleich*

a) $R_{Aus} = 12.000,00\ €$
$n_{Aus} = 18$
Dauer der Einzahlung: $n_{Ein} = 30$
Kapitalstock für die Rentenauszahlung:
$K_{0Aus} = R_{Aus} * BAF^{5\%}{}_{18J.} = 12.000 * 11,689587 = 140.275,04\ €$

Der Barwert der Einzahlungen muss gleich dem auf den gleichen Zeitpunkt (30. Lebensjahr) abgezinsten Kapitalstock sein. Dieser Rechenweg hat den Vorteil, dass nur mit den tabellierten Rentenbarwertfaktoren gearbeitet werden muss.

$R_{Ein} * BAF^{5\%}{}_{30J.} = K_{0Aus} / q^{30}$
$R_{Ein} = 140.275,04 / (1,1^{30} * 15,372451) = 2.111,34\ €$ pro Jahr
$R_{Monat} = 2.111,34 / 12 = 175,95\ €$

b) Leistung (Einzahlung) und Gegenleistung (Auszahlung) sind im Gleichgewicht. Der Endwert der Einzahlung ist gleich dem auf den gleichen Zeitpunkt bezogenen Barwert der Auszahlung.

c) Es sind wieder Leistung und Gegenleistung zu vergleichen.
$R_{Neu} = 14.400,00\ €$ pro Jahr
$n_{Aus} = 13$
Kapitalstock für die Rentenzahlung:
$K_{0Aus} = R_{Neu} * BAF^{5\%}{}_{13J.} = 14.400 * 9,393573 = 135.267,45\ €$
Endwert der Einzahlungen bezogen auf das 65. Lebensjahr:
$K_{nEin} = (2.111,34 * (1,05^{30} -1) / 0,05) * 1,05^5 = 179.030,45\ €$

Die Leistung der Beitragszahlerin ist mit 179.030,45 € wesentlich größer als die auf den gleichen Zeitpunkt bezogene Gegenleistung der Versicherung. Die Geschäftsfrau sollte den Vorschlag ablehnen.

d) Leistung und Gegenleistung sind zu vergleichen.

$R_{Neu} = 12.000 * 2 = 24.000{,}00$ € pro Jahr

Kapitalstock:

$K_{0Aus} = 24.000 * 9{,}393573 = 225.445{,}75$ €

Endwert der Einzahlung bezogen auf das 65. Lebensjahr:

$K_{nEin} = (2.111{,}34 * (1{,}05^{35} - 1) / 0{,}05) = 190.696{,}94$ €

Die Leistung der Beitragszahlerin ist mit 190.696,94 € kleiner als die auf den gleichen Zeitpunkt bezogene Gegenleistung der Versicherung (225.445,75 €). Die Geschäftsfrau sollte den Vorschlag annehmen.

Aufgabe 1-42: *Investitionsbeurteilung I*

a) $C_0 = ü_1 / q^1 + ü_2 / q^2 + ... + ü_n / q^n - I_0$

oder bei konstanten jährlichen Überschüssen:

$C_0 = ü_i * BAF^{10\%}{}_{5\,Jahre} + VK / q^5 - I_0$
$C_0 = 7.000 * 3{,}790787 + 110.000 / 1{,}1^5 - 100.000 = -5.163{,}15$

Der Kapitalwert ist kleiner als null. Die Investition ist daher bei einem Kalkulationszinssatz von 10% nicht vorteilhaft.

b) $100.000 = 7.000 / q^1 + 7.000 / q^2 + 7.000 / q^3 + 7.000 / q^4 + 7.000 / q^5 + 110.000 / q^5$

oder

$100.000 = 7.000 * BAF + 110.000 / q^5$

Näherungslösung mit der Regula falsi:
Zielwert: 100.000
1. Näherung: $p_1 = 10\%$

$C_{01} = 7.000 * 3,790787 + 110.000 / 1,1^5 =$ 94.836,85

2. Näherung: $p_2 = 6\%$

$C_{02} = 7.000 * 4,212364 + 110.000 / 1,06^5 =$ 111.684,95

$\Delta C = 111.684,95 - 94.836,85 =$ 16.848,09

$\Delta p = 10 - 6 = 4\%$

$\Delta C_{Ziel} = 111.684,95 - 100.000 =$ 11.684,95

$p_{int} = 6 + 4 * 11.684,95 / 16.848,09 = 8,77\%$

Probe: $BAF^{8,77\%}{}_{5J.} = 3,912975$

$7.000 * 3,912975 + 110.000 / 1,0877^5 =$ 99.642,35

Der Fehler beträgt 100.000 - 99.642,35 = 357,65 €.

Der Wert für den internen Zinsfuß kann in weiteren Iterationsschritten verbessert werden. Angesichts der Unsicherheiten der Ausgangsdaten lohnen sich aber weitere Berechnungen nicht.

c) Die durchschnittlichen jährlichen Überschüsse (Annuitäten) können durch Verrentung des o.a. Kapitalwertes berechnet werden, da der Kapitalwert mit einem Kalkulationszinssatz von 10% ermittelt wurde.

$ü_t = -5.163,15 / 3,79078 = -1.362,03$ € pro Jahr

Da die durchschnittlichen jährlichen Überschüsse negativ sind, ist die Investition bei einem Zinssatz von 10% nicht rentabel.

d) Die mit dem gewünschten Prozentsatz diskontierten Überschüsse ergeben die Obergrenze des Kaufpreises

Preis $= 7.000 * 3,790787 + 110.000 / 1,1^5 = 94.836,85$ €

Liegt der Kaufpreis unter diesem Wert, erreicht der Investor mindestens die gewünschte Verzinsung von 10%. Liegt der Kaufpreis über diesem Wert, wird die gewünschte Verzinsung nicht erreicht.

e) $K_0 = 100.000 / 0,96 = 104.166,67$ €

$R = 104.166,67 / 4,2212364 = 24.676,82$ € pro Jahr

Anmerkung:
Bei dieser Art der Finanzierung droht dem Investor die Illiquidität, auch wenn die Investitionsrechnung die Vorteilhaftigkeit der Kapitalanlage ergeben hätte. In den ersten vier Jahren stehen den jährlichen Überschüssen von 7.000 € Auszahlungen von 24.676,82 € für den Kapitaldienst des Kredits gegenüber. Ergänzend zur Investitionsrechnung muss immer ein Finanzplan erstellt werden.

Aufgabe 1-43: *Investitionsbeurteilung II*

Nebenkosten (12%):	240.000,00
Investitionsbetrag I_0:	2.240.000,00
Überschuss Jahre 1 - 5:	200.000,00
Überschuss Jahre 6 - 10:	220.000,00
Verkaufspreis:	1.800.000,00

a) *Hinweis*: Die Überschüsse in den Jahren 6 bis 10 können als aufgeschobene Rente behandelt werden.

$BAF^{10\%}_{5\ Jahre} = 3,790787$

$C_0 = 200.000 * 3,790787 + 220.000 * 3,790787 / 1,1^5$
$\quad + 1.800.000 / 1,1^{10} - 2.240.000$

$C_0 = -270.033,05$ €

b) Der Kapitalwert muss bei dem Preis P null werden:

$0 = 200000 * 3,79.. + 220000 * 3,79.. / 1,1^5 + 1800000 / 1,1^{10} - P$

$P = 200.000 * 3,790787 + 220.000 * 3,790787 / 1,1^5$
$\quad + 1.800.000 / 1,1^{10}$

$P = 1.969.967,03$ €

$P_{Netto} = 1.969.967,03 / 1,12 = 1.758.899,13$ €

c) Der mathematische Ansatz lautet für den neuen Preis P_1:

$0 = 200000 * 3,79... + 220000 * 3,79... / 1,1^5 + 0,9 * P_1 / 1,1^{10} - P_1$
$P_1 = (200000 * 3,790787 + 220000 * 3,790787 / 1,1^5) / (1 - 0,9 / 1,1^{10})$
$P_1 = 1.954.008,48$ €

$P_{1\,Netto} = 1.954.008,48 / 1,12 = 1.744.650,42$ €

Aufgabe 1-44: *Bewertung einer Pensionsverpflichtung*

Zukünftige Zahlungsverpflichtungen sind mit ihrem Gegenwarts- oder Barwert in der Bilanz auszuweisen. Es handelt sich um eine um 20 Jahre aufgeschobene vorschüssige Rente.

$BAF^{5,5\%}_{15\,Jahre} = 10,037581$
$K_0 = 20.000 * 1,055 * 10,037581 / 1,055^{20} = 72.587,58$ €

Aufgabe 1-45: *Annuitätenberechnung*

Die jährlichen Einsparungen e_t müssen den Investitionsbetrag I_0 inklusive Verzinsung erbringen.

$e_t = I_0 / BAF^{12\%}_{6J.} = 100.000 / 4,111407 = 24.322,57$ €

Die Einsparungen müssen größer als 24.322,57 € pro Jahr sein, damit sich die Investition in sechs Jahren rentiert.

Aufgabe 1-46: *Investitionsvergleich*

a) Die jährlichen Auszahlungen a_t betragen:
VAMP = 10.000 + (3 + 1 + 0,5) * 200 * 220 = 208.000 €
DRACULINO = 20.000 + (0,5 + 1,5 + 1) * 200 * 220 = 152.000 €

Die jährlichen Einzahlungen betragen für beide Geräte:
e_t = 10 * 200 * 220 = 440.000,00 €

	VAMP-2000	DRACULINO
Investitionsbetrag I_0	300.000,00	500.000,00
Jährl. Auszahlungen a_t	208.000,00	152.000,00
Jährl. Einzahlungen e_t	440.000,00	440.000,00
Überschuss $ü_t$	232.000,00	288.000,00
$BAF^{10\%}_{5 J.}$	3,790787	
	VAMP-2000	DRACULINO
C_0	$ü_t$ * BAF - I_0	
C_0	579.462,53	591.746,59

b) Der Laborgemeinschaft ist die Anschaffung des vollautomatischen Gerätes DRACULINO zu empfehlen, da der Kapitalwert größer ist als der des Halbautomaten VAMP-2000.

c) Zur Bestimmung der Mindestzahl der Analysen muss der Kapitalwert auf den Grenzwert null gesetzt werden. Die Anzahl der jährlichen Analysen sei x. Es ergibt sich:

$ü_t$ * BAF - I_0 = 0
(x * (10 - (0,50 + 1,50 + 1)) - 20.000)) * 3,7908 - 500.000 = 0
x = 21.699,8 pro Jahr

Pro Tag müssen x / 220 = 98,6 d.h. mindestens 99 Analysen angefertigt werden, damit sich der Kauf des Gerätes rentiert.

Aufgabe 1-47: *Vorfälligkeitsentschädigung*

Restkredit nach fünf Jahren = 100.000,00 € (endfälliges Darlehen).
Ausstehende bzw. ausfallende Zahlungen in den Jahren 6 bis 10:

Jahr	Betrag	
6	8.000,00	nur Zinsen (am Jahresanfang)
7	8.000,00	
8	8.000,00	
9	8.000,00	
10	8.000 + 100.000,00	Zinsen + Tilgung (am Jahresende)

Barwert der ausstehenden Zahlungen, diskontiert mit dem Zinssatz für die Wiederanlage des Geldes aus der vorzeitigen Tilgung:

$BAF^{4\%}_{5 J.} = 4,451822$
$C_0 = 8.000 * 4,451822 * 1,04 + 100.000 / 1,04^5 = 119.231,87$ €
Vorfälligkeitsentschädigung = 119.231,87 − 100.000 = 19.231,87 €

D.h. der Darlehensnehmer muss für die vorzeitige Tilgung des Kredits 119.231,87 € an die Bank zahlen, obwohl die Restschuld nur 100.000 € beträgt. Wenn die Bank diesen Betrag zu 4% auf dem Kapitalmarkt anlegt, erwirtschaftet sie rechnerisch den gleichen Ertrag wie aus dem vorzeitig aufgelösten Kreditgeschäft.

Aufgabe 1-48: *Pensionsrente I*

a) $R_E = 3.000 * (12 + (0,06 / 2) * 13) = 37.170,00$ €

$K = R_E * BAF = (37.170 * 1,06^{15}) * (1,06^{15} − 1) / 0,06$
$= 361.004,29$ €

b) $K_0 = 361.004,29 / 1,06^{20} = 112.562,84$ €

c) $R_E = (112.562,84 * 1,06^{20} * 0,06) / (1,06^{20} - 1)$
   $= 9.813,74$ € pro Jahr
   $R \ = 795,92$ € pro Monat

d) Einmalzahlung = 361.004,29 €

Aufgabe 1-49: *Jährliche Renten*

a) $R = 16.018,87 * (1,04 - 1) / (1,04^{15} - 1) = 800$ €

b) $N = \log((8382,99 * 0.06) / (600 * 1,06) + 1) / \log 1,06 = 10$

Aufgabe 1-50: *Barwert bei unterjährigen Rentenzahlungen*

Barwerte der Zahlungsverpflichtungen:
$K_0 = (45.000 / 1,08^9) * (1,08^{10} - 1) / 0,08 = 326.109,96$ €

$R_E = 3.200 * (4 + 0,04 * 5) = 13.440$ €
$K_0 = (13.440 / 1,08^{10}) * (1,08^6 - 1) / 0,08 = 62.131,50$ €

1. Barwert der halbjährigen Rente:
$R_E = 9.000 * (2 + 0,04 * 1) = 18.360$ €
$K_0 = (18.360 / 1,08^5) * (1,08^5 - 1) / 0,08 = 73.306,16$ €

2. Barwert der Einmalzahlung:
$K_0 = 32.416,13$ €

3. Barwert der Zahlungen an den Sohn insgesamt: 105.722,29 €

$R_E = 3.000 * (4 + 0,04 * 5) = 12.600$ €
$K_0 = (12.600 / 1,08^{20}) * (1,08^{20} - 1) / 0,08 = 123.708,66$ €

Verbleibender Teil des Unternehmenswertes für die Tochter nach Abzug der Zahlungsverpflichtungen: 193.790,59 €

Die Tochter sollte das Angebot annehmen, da ihr Anteil bei Verkauf nur 132.500 € beträgt.

Aufgabe 1-51: *Pensionsrente II*

a) 1. Berechnung der Einzahlung:

$R_E = 300 * (12 + 0,035 * 13) = 3.736,50$ €
$K_{25} = 3.736,50 * (1,07^{25} - 1) / 0,07 = 236.330,03$ €
$K_{28} = K_{25} * 1,07^3 = 289.514,45$ €

2. Berechnung der Auszahlungen:

$R_E = 289.514,45 * 1,07^{15} * 0,07 / (1,07^{15} - 1)$
$= 31.787,13$ € pro Jahr
$R = 2.566,58$ € pro Monat

b) Einmalzahlung: 289.514,45 €

c) $R_E = 28.023,75$ €
$n = \log(28023,75 / (28023,75 - 289514,45 * 0,07)) / \log(1,07)$
$n \approx 19$ Jahre

Aufgabe 1-52: *Monatlich vorschüssige Rentenzahlungen/Lebensversicherung*

a) $R_E = 500 * (12 + 0,025 * 13) = 6.162,50$ €
$K_{19} = 6.162,50 * (1,05^{19} - 1) / (1,05 - 1) = 188.196,61$ €

Nach 19 Jahren entsteht der Lebensversicherung ein Verlust von 11.803,39 €.

K_{32} = 464.029,04 €

Nach 32 Jahren entsteht der Lebensversicherung ein Gewinn von 264.029,04 €.

b) n = 20 Jahre (Vgl. Aufgabe 1-52)

Aufgabe 1-53: *Unterjährige Rente*

a) 1. Ansparbetrag für die 3.000 € Unterstützung
K_0 = 3.000 * (1,04^5 – 1) / (1,04^5 * 0,04) = 13.355,47 €

2. Ansparbetrag für die 2.500 € Unterstützung
K_0 = 5.150 * (1,04^7 - 1) / (1,04^{12} * 0,04) = 25.406,24 €
Es müssen insgesamt 38.761,71 € bei der Bank eingezahlt werden.

b) K_{15} = 38.761,71 * 1,04^{15} = 69.807,17 €
5% des Rentenwertes = 3.490,36 €

Aufgabe 1-54: *Barkauf oder Ratenzahlung*

a) R_E = 450 * (12 + 0,025 * 13)
= 5.546,25 €
K_0 = 12.600 + 5.546,25 * 1 / 1,05^4 * (1,05^4-1) / 0,05
= 32.266,73 €

b) Bei Barzahlung:
Kaufpreis   32.600 €
- Skonto   326 €
Barzahlung   32.274 €

Die Zahlung mit Skontoabzug lohnt sich nicht, da der Barwert aller Zahlungen bei Ratenzahlung unter dem Barzahlungspreis liegt.

1.3. Tilgungsrechnung

Aufgabe 1-55: *Kreditratenberechnung I*

a) $R = K_0 / BAF^{10\%}_{5\ Jahre} = 10.000 / 3{,}7907868 = 2.637{,}97\ €$

b)

Jahr	Restkredit	Zinsen	Tilgung	Zahlbetrag
(1)	(2)	(3) = (2) * 0,1	(4) = (5) - (3)	(5)
1	10.000,00	1.000,00	1.637,97	2.637,97
2	8.362,03	836,20	1.801,77	2.637,97
3	6.560,25	656,03	1.981,95	2.637,97
4	4.578,30	457,83	2.180,14	2.637,97
5	2.398,16	239,82	2.398,16	2.637,97
6	0,00			

Aufgabe 1-56: *Kreditberechnung*

a) Auszahlung = 50.000 * 0,98 - 50.000 * 0,02 = 48.000,00 €

b) Jahre 1 und 2: 50.000 * 0,06 = 3.000,00 € (nur Zinsen)
Jahre 3 bis n:
Tilgung 5%: 50.000 * 0,05 = 2.500,00 €

Gesamtrate (Zinsen und Tilgung): 2.500 + 3.000 = 5.500,00 €

c) Die Tilgungsdauer kann mit der Kapitalrentenlaufzeitformel errechnet werden.

n = log(5.500 / (5.500 - 50.000 * 0,06)) / log(1,06) = 13,53 Jahre

Im letzten Jahr wird nicht mehr die volle Annuität gezahlt, sondern die Resttilgung erfolgt in einer Abschlusszahlung.

d) Die Restschuld wird mit der Kapitalrentenformel ermittelt.

RK_n = 50.000 * $1,06^{13}$ - 5.500 * ($1,06^{13}$ - 1) / 0,06 = 2.794,66 €

Alternativ kann der komplette Tilgungsplan erstellt werden. Dies ist angesichts der langen Laufzeit sehr rechenaufwendig.

e) K_0 = 50.000 / 0,96 =   52.083,33 €
Probe:
Disagio 2%:   -1.041,67 €
Bearbeitungsgebühr 2%:   -1.041,67 €
Auszahlung: 50.000,00 €

Zinsen: 52.083,33 * 0,06 = 3.125,00 €
Tilgung 5%: 52.083,33 * 0,05 = 2.604,17 €
Gesamtrate: 5.729,17 €

Aufgabe 1-57: *Wohnungsbaukredit/Zinsverrechnungsverfahren*

a) Jahr 1 und 2 (nur Zinsen): K_0 * i = 10.000,00 €

Jahr 3 bis 8: K_0 / $BAF^{10\%}_{5J.}$ = 100.000 / 3,790787 = 26.379,75 €
(Zins und Tilgung)

b)

Jahr	Restkredit	Tilgung	Zinsen	Zahlbetrag
1	100.000,00		10.000,00	10.000,00
2	100.000,00		10.000,00	10.000,00
3	100.000,00	16.379,75	10.000,00	26.379,75
4	83.620,25	18.017,72	8.362,03	26.379,75
5	65.602,53			

c) R = 100.000 / 15,589162 = 6.414,71 € pro Quartal

Termin	Restkredit	Tilgung	Zinsen	Zahlbetrag
01.01.03	100.000,00			
30.03.03	100.000,00	3.914,71	2.500,00	6.414,71
30.06.03	96.085,29	4.012,58	2.402,13	6.414,71
30.09.03	92.072,71	4.112,90	2.301,82	6.414,71
30.12.03	87.959,81	4.215,72	2.199,00	6.414,71
01.01.04	83.744,09			

d) R = 26.379,75 / (4 + (0,1 / 2) * 3) = 6.356,57

Die Zinsen im Tilgungsplan werden anteilig berechnet, die Kreditzinsen positiv, die Zinsen auf die geleisteten Zahlungen negativ. Am Jahresende erfolgt die Saldierung.

Termin	Restkredit	Tilgung	Zinsen	Zahlbetrag
01.01.03	100.000,00		10.000,00	
30.03.03			-476,74	6.356,57
30.06.03			-317,83	6.356,57
30.09.03			-158,91	6.356,57
30.12.03			0,00	6.356,57
Summen:		16.379,75	9.046,52	25.426,26
01.01.04	83.620,25			

Das gleiche Ergebnis erhalten Sie, wenn Sie das sog. taggenaue Tilgungsverrechnungsverfahren verwenden. Hierbei vermindern die Zahlbeträge sofort den Restkreditbetrag. Die Zinsen werden anteilig vom Restkreditbetrag berechnet. Am Jahresende erfolgt die Verrechnung des Restkredits mit den Zinsen. Sie erhöhen wieder den Kreditbetrag.

Termin	Restkredit	Zinsen	Zahlbetrag
01.01.03	100.000,00	2.500,00	
30.03.03	93.643,43	2.341,09	6.356,57
30.06.03	87.286,87	2.182,17	6.356,57
30.09.03	80.930,30	2.023,26	6.356,57
30.12.03	74.573,74		6.356,57
Zinsverrechnung:		+ 9.046,52	
01.01.04	83.620,25		

Aufgabe 1-58: *Kreditvergleich I*

a) $K_{01} =$ 100.000,00 €
$K_{02} = 100.000 / 0{,}9 =$ 111.111,11 €

b) Die jährlichen Raten können als Maßstab gewählt werden.

$R_1 = K_{01} / BAF^{8\%}_{10J.} = 100.000{,}00 / 6{,}710081 =$ 14.902,95 €
$R_2 = K_{02} / BAF^{6\%}_{10J.} = 111.111{,}11 / 7{,}360087 =$ 15.096,44 €

Hypothek 1 ist günstiger.

c) Hypothek 1 wird effektiv mit $p_{eff} = 8\%$ p.a. verzinst.
Die effektive Verzinsung der Hypothek 2 kann mit der Regula falsi berechnet werden:

Zielwert = 100.000,00 €
1. Schätzwert $p_1 = 6\%$ ergibt (gemäß Teil b):

$K_{01} = 111.111,11$

2. Schätzwert $p_2 = 10\%$ ergibt:
$K_{02} = 15.096,44 * 6,1445671 = 92.761,09$
$\Delta K = 111.111,11 - 92.761,09 = 18.350,02$
$\Delta p = 10 - 6 = 4\%$
$\Delta K_{Ziel} = 111.111,11 - 100.000 = 11.111,11$
$p_{eff} = 6 + 4 * (11.111,11 / 18.350,02) = 8,42\%$

Dieser Wert für p_{eff} ist infolge der groben Näherung ungenau und kann durch weitere Iterationsschritte verbessert werden. Bei Annuitätenkrediten kann ein alternativer Lösungsweg gewählt werden, wenn die Tabelle mit den Rentenbarwertfaktoren (BAF) zur Verfügung steht.

Ziel-BAF = $100.000 / 15.096,44 = 6,6240783$
$BAF^{8\%}_{10\ Jahre} = 6,7100814$
$BAF^{9\%}_{10\ Jahre} = 6,4176577$
$\Delta BAF = 6,7100814 - 6,4176577 = 0,2924237$
$\Delta p = 9 - 8 = 1\%$
$\Delta Ziel = 6,7100814 - 6,6240783 = 0,086003$
$p_{eff} = 8 + 1 * (0,086003 / 0,292424) = 8,29\%$

Dieser Wert ist erheblich genauer.

d) Die Rate für das Hypothekendarlehen 1 beträgt:
$R_1 = 100.000,00 * (0,08 + 0,02) = 10.000,00 €$ / Jahr
Für Hypothek 2:
$R_2 = 111.111,11 * (0,06 + 0,03) = 10.000,00 €$ / Jahr

Die Höhe der jährlichen Raten ist in diesem Fall kein Maßstab für die Vorteilhaftigkeit eines Kredits, da sich durch die unterschiedlichen Konditionen unterschiedliche Laufzeiten und effektive Zinssätze für die Hypothekendarlehen ergeben. Zur Bestimmung der effektiven Verzinsung muss die Restschuld (RS) nach Ablauf der Zinsbindung ermittelt werden. Die Restschuld kann mit Hilfe der Kapitalrentenformel errechnet werden.

$RS_1 = 100.000 * 1,08^5 - 10.000 * (1,08^5 - 1) / 0,08 = \quad 88.266,80$
$RS_2 = 111.111,11 * 1,06^5 - 10.000*(1,06^5 - 1) / 0,06 = \quad 92.320,80$

Der Restkredit kann auch mit Hilfe des Tilgungsplans ermittelt werden, den Sie zur Kontrolle erstellen können.

Für die Bestimmung der effektiven Verzinsung geht man davon aus, dass die Restschuld nach Ablauf der Zinsbindung sofort getilgt wird oder die jeweiligen Anschlussdarlehen gleiche Konditionen haben, da die Konditionen der Anschlussdarlehen zum Berechnungszeitpunkt unbekannt sind und von der Kapitalmarktlage abhängen. Die so berechnete Effektivverzinsung ist also immer mit einer Ungenauigkeit behaftet.

Für das Hypothekendarlehen 1 ergibt sich folgende Zahlungsreihe:

Jahr	Zahlbetrag
0	100.000,00
1	-10.000,00
2	-10.000,00
3	-10.000,00
4	-10.000,00
5	- (10.000,00 + 88.266,80)

p_{eff} beträgt genau 8%, da der Auszahlungskurs 100% beträgt und keine weiteren Kosten und Gebühren zu berücksichtigen sind.

Für das Hypothekendarlehen 2 ergibt sich folgende Zahlungsreihe:

Jahr	Zahlbetrag
0	100.000,00
1	-10.000,00
2	-10.000,00
3	-10.000,00
4	-10.000,00
5	- (10.000,00 + 92.320,80)

Die effektive Verzinsung kann mit der Regula falsi bestimmt werden. Der Ansatz lautet:

$$100.000 = 10.000 / q^1 + 10.000 / q^2 + 10.000 / q^4 + 10.000 / q^5 + 92.320,80 / q^5$$

oder

$$100.000 = 10.000 * BAF + 92.320,80 / q^5$$

mit $q = 1 + p_{eff} / 100$

Näherungslösung:
$p_1 = 8\%$
$BAF^{8\%}{}_{5\,Jahre} = 3,992710037$
$K_{01} = 102.759,09$
$p_2 = 9\%$
$BAF^{9\%}{}_{5\,Jahre} = 3,889651263$
$K_{02} = 98.898,70$
Interpolieren:
$p_{eff} = 8,71\%$

Hypothek 1 ist günstiger, da die Effektivverzinsung niedriger ist. Dies ist allerdings auch aus der Höhe der Restschuld nach Ablauf der Zinsbindung ersichtlich. Die tatsächliche Effektivverzinsung der Darlehen lässt sich erst ermitteln, wenn alle geleisteten Zahlungsbeträge bis zur Tilgung des Darlehens bekannt sind.

Aufgabe 1-59: *Kreditablösung*

Der Barwert der fünf Zahlungen muss 200.000 € ergeben. Die vier gleich großen Zahlungen können als aufgeschobene Rente behandelt werden.

$$200.000 = 100.000 / q^2 + R * BAF^{6\%}_{4J.} / q^4$$

Auflösen nach R gibt:

$$R = (200.000 - 100.000 / 1{,}06^2) * 1{,}06^4 / 3{,}4651056 = 40.441{,}88 \text{ €}$$

Aufgabe 1-60: *Kreditratenberechnung II*

a) $R_2 = 2 * R_1$
   $50.000 = R_1 / q^1 + 2 * R_1 / q^3$
   $R_1 = 50.000 / (1 / 1{,}1^1 + 2 / 1{,}1^3) = \quad 20.732{,}09$
   $R_2 = 2 * R_1 = \quad\quad\quad\quad\quad\quad\quad\quad\quad 41.464{,}18$

b) Berechnen mit der Regula falsi:
   Zielwert: 49.000,00
   1. Schätzwert $p_1 = 10\%$ ergibt:
   $K_{01} = \quad\quad\quad\quad\quad\quad\quad\quad\quad\quad\quad\quad\quad\quad 50.000{,}00$
   2. Schätzwert $p_2 = 12\%$ ergibt:
   $K_{02} = \quad 20.732{,}09 / 1{,}12^1 + 41.464{,}17 / 1{,}12^3 = \quad 48.024{,}17$
   $\Delta K = \quad 50.000 - 48.024{,}17 = \quad\quad\quad\quad\quad\quad\quad 1.975{,}83$
   $\Delta p = \quad 12 - 10 = 2\%$
   $\Delta K_{Ziel} = \quad 50.000 - 49.000 = \quad\quad\quad\quad\quad\quad\quad 1.000{,}00$
   $p_{eff} = \quad 10 + 2 * (1.000 / 1.975{,}83) = \quad\quad\quad\quad 11{,}01\%$

Finanzmathematik - Lösungen

Aufgabe 1-61: *Kreditfinanzierung*

a) $R = K_0 / BAF^{6\%}_{4J.} = 200.000 / 3,465106 = 57.718,30$ €

b) Kapitalrentenformel:
$RK_2 = 200.000 * 1,06^2 - 57.718,3 * (1,06^2 - 1) / 0,06 = 105.820,30$

c) Kapitalrentenlaufzeit:
$n = \log(36000 / (36000 - 105829,30 * 0,1)) / \log(1,1) = 3,65$
Gesamtdauer der Zahlung = 2 + 1 + 3,65 = 6,65 Jahre

Das letzte Jahr wird in der Regel gesondert betrachtet, da nicht mehr der volle Betrag gezahlt werden muss.

d)

Jahr	Restschuld	Tilgung	Zins	Zahlbetrag
1	200.000,00	45.718,30	12.000,00	57.718,30
2	154.281,70	48.461,40	9.256,90	57.718,30
3	105.820,31	0,00	10.582,03	10.582,03
4	105.820,31	25.417,97	10.582,03	36.000,00
5	80.402,34			

Aufgabe 1-62: *Verbraucherkreditberechnung*

a) K_0 =   3.000,00
Zinsen = 3.000 * 0,005 * 24 =   360,00
Gebühr = 3.000 * 0,02 =   60,00
Rückzahlungsbetrag =   3.420,00
Mon. Rate = 3.420,00 / 24 =   142,50

b) Mit einfacher Verzinsung während der gesamten Laufzeit (Faustformel):

$p_{eff} = (24 * 0,5 + 2) * 24 / (24 + 1) = 13,44\%$ p.a.

Mit monatlicher Zins- und Tilgungsverrechnung:

Regula falsi:
Ziel-BAF = 3.000 / 142,50 = 21,052632
$BAF^{1\%}_{24\ Monate}$ = 21,243387
$BAF^{2\%}_{24\ Monate}$ = 18,913926
ΔBAF = 2,329461
$\Delta p = 1\%$
$\Delta Ziel = 21,243387 - 21,052632 = 0,190756$
$p_{eff\ Monat} = 1 + (1 / 2,329462 * 0,190756) = 1,08\%$ pro Monat
$p_{eff\ Jahr} = 12 * 1,08 = 12,98\%$ p.a.

Geht man davon aus, dass monatlich Zinseszinsen mit 1,08% berechnet werden, muss der Jahreszinssatz mit Hilfe des konformen Zinssatzes berechnet werden.

$p_K = p_{eff\ Jahr} = 100 * ((1 + 0,0108)^{12} - 1) = 13,76\%$ p.a.

Diese Berechnung ist mathematisch zu vertreten, nach dem Urteil des Bundesgerichtshofes aber nicht korrekt, da die Kreditinstitute bei Sparguthaben einfache unterjährige Zinsen berechnen und deswegen bei Verbraucherkrediten eine analoge Berechnung gefordert wird. Innerhalb eines Jahres sollen einfache Zinsen berechnet, Zinseszinsen am Jahresende berechnet werden. Die Lösung wird dadurch erheblich rechenaufwendiger und lässt sich nur mit Näherungsverfahren bestimmen, da Gleichungen n-ter Ordnung auftreten.

Ansatz:
Die mit dem effektiven Zinssatz diskontierten Raten (142,50 €) müssen den Kreditbetrag (3.000,00 €) ergeben. Die einfache un-

terjährige Verzinsung wird über die jährliche Ersatzrente R_E berücksichtigt.

Näherungsverfahren mit Regula falsi:
Zielwert: 3.000,00
1. Näherung
$p_1 = 12\%$
$R_E = 142{,}50 * (12 + 0{,}12 / 2 * 11) =$ 1.804,05
$BAF^{12\%}{}_{2\,Jahre} =$ 1,690051
$K_{01} = 1.804{,}05 * 1{,}690051 =$ 3.048,94
2. Näherung
$p_2 = 14\%$
$R_E = 142{,}50 * (12 + 0{,}14 / 2 * 11) =$ 1.819,73
$BAF^{14\%}{}_{2\,Jahre} = 1{,}646661$
$K_{02} = 1.819{,}73 * 1{,}646661 =$ 2.996,47
$\Delta K = 3.048{,}94 - 2.996{,}47 =$ 52,47
$\Delta p = 14 - 12 = 2\%$
$\Delta K_{Ziel} = 3.048{,}94 - 3.000 = 48{,}94$
$p_{eff} = 12 + (2 * 48{,}94 / 52{,}47) = 13{,}87\%$ p.a.

Wenn Sie mit diesen unterschiedlichen Zinssätzen die Tilgungspläne erstellen und die entsprechenden Zinsverrechnungsmethoden einsetzen, ergibt sich, abgesehen von Rundungsdifferenzen, jedesmal ein Restkredit von null Euro am Ende der Laufzeit.

Aufgabe 1-63: *Effektivverzinsung eines endfälligen Darlehens*

Die vorschüssigen Zinszahlungen müssen in eine gleichwertige nachschüssige Zinszahlung am Jahresende umgerechnet werden, da dies den Vorschriften für den Ausweis des effektiven Zinssatzes entspricht.

a) $p_{eff} = p * q = 10\% * 1,1 = 11\%$

Alternativ kann man auch von einer vorschüssigen Verzinsung von $p_A = 10\%$ ausgehen, wenn die Zinsen gleich vom Kreditbetrag abgezogen werden bzw. wenn die Zinsen wieder mit einem Kredit gezahlt werden, der mit den gleichen Konditionen wie der Originalkredit ausgestattet ist. Bei dieser Betrachtungsweise errechnet sich der nachschüssige Ersatzzinsfuß:

$p_E = 100 * p_A / (100 - p_A) = 100 * 10 / (100 - 10) = 11,11\%$

Die Kreditinstitute bevorzugen die erste Art der Berechnung der effektiven Verzinsung.

b) Die vier vorschüssigen Zinsteilzahlungen von je 2,5% des Kreditbetrages können mit Hilfe der Ersatzrentenformel in eine gleichwertige jährliche Zinszahlung am Jahresende umgerechnet werden. Dividiert man diese Ersatzzinszahlung durch K_0 ergibt sich:

$i_{eff} = 0,1 / 4 * (4 + 0,1 / 2 * 5) = 0,10625 \quad p_{eff} = 10,625\%$

Bei dieser Berechnung wird einfache unterjährige Verzinsung angenommen. Unter Annahme von vierteljährlichen Zinseszinsen ergibt sich mit der Formel für vorschüssige Renten:

$p_{eff} = 10 / 4 * 1,025 * (1,025^4 - 1) / 0,025 = 10,64\%$

Die Banken bevorzugen bei der Berechnung der effektiven Verzinsung von Krediten die Verfahren, die einen niedrigen Wert ergeben, bei Kapitalanlagen die Verfahren, die einen hohen Wert ergeben.

Aufgabe 1-64: *Tilgungsplan und Effektivverzinsung einer Ratenschuld*

a) Tilgung T = 1.000.000 / 4 = 250.000 €

Jahr	Restschuld	Tilgung	Zins	Zahlbetrag
1	1.000	250	50,00	300,00
2	750	250	37,50	287,50
3	500	250	25,00	275,00
4	250	250	12,50	262,50

(Alle Beträge in Tausend €)

b) Der Barwert der Zahlungen muss den Investitionsbetrag ergeben.

$$990000 = 300000 / q^1 + 287500 / q^2 + 275000 / q^3 + 262500 / q^4$$

Mit $q = 1 + p_{eff} / 100$

Die Gleichung kann mit der Regula falsi näherungsweise gelöst werden.

$p_{eff} = 5,44\%$ ($p_1 = 5\% \Rightarrow C_{01} = 1.000$ Tsd €,

$p_2 = 6\% \Rightarrow C_{02} = 978$ Tsd €; dann interpolieren).

Dies ist die Effektivverzinsung aus der Sicht des Schuldners oder wenn ein Anleger die gesamte Anleihe erwirbt.

c) Hierzu muss der individuelle Zahlungsplan für den Käufer einer Teilschuldverschreibung erstellt und daraus die Effektivverzinsung näherungsweise berechnet werden.

Jahr	Zahlbetrag	Erläuterung
0	-99	Kauf des Wertpapiers à 100 €
1	105	Zinsen + Rückzahlung = 5 + 100

$99 = 105 / q$ $q = 1,0606$

$p_{eff} = 6,06\%$

د) Zahlungsplan:

Jahr	Zahlbetrag	Erläuterung
0	-99	Kauf des Wertpapiers à 100 €
1	5	Zinszahlung
2	5	Zinszahlung
3	5	Zinszahlung
4	105	Zinsen + Rückzahlung = 5 + 100

$99 = 5 * BAF + 100 / q^5$
$p_{eff} = 5,28\%$ ($p_1 = 5,0\% \Rightarrow C_{01} = 100$
                     $p_2 = 5,5\% \Rightarrow C_{02} = 98,25$, dann interpolieren)

Aufgabe 1-65: *Annuitätentilgung I*

a) $K_0 = (48.000 / 1,08^5) * (1,08^5 - 1) / 0,08 = 191.650,08$ €

b) $R_E = (600.000 * 1,08^{15} * 0.08) / (1,08^{15} - 1) = 70.097,72$ €
Monatsrate $R = 5.634,86$ €

c) $K_0 = 600.000 * 1,08^5 = 881.596,85$ €
$R_E = (881.596,85 * 1,08^{15} * 0.08) / (1,08^{15} - 1)$
     $= 102.996,56$ €
$R = 8.279,47$ € pro Monat

Aufgabe 1-66: *Annuitätentilgung II*

a) $R_E = 1.500 * (12 + (0,11 / 2) * 11) = 18.907,50$
$K_0 = (18.907,50 / 1,11^8) * (1,11^8 - 1) / 0,11 = 97.300,32$ €
Er kann die Maschine anschaffen.

b) $R_E = (90.000 * 0,11 * 1,11^8) / (1,11^8 - 1) = 17.488,90$ €
   $R = 1.387,46$ € pro Monat

c) Restbuchwert nach 6 Jahren:
   $RBW = 90.000 * (1 - 20 / 100)^6 = 23.593$ €

d) optimaler Übergangszeitpunkt: Im 4. Jahr

Aufgabe 1-67: *Kredit mit Jahresrate*

a) $R = (60.000 * 1,075^4 * 0,075) / (1,075^4 - 1) = 17.914,05$ €

Tilgungsplan:

Jahr	Restschuld zu Beginn	Zinsen	Tilgung	Annuität
1	60.000,00	4.500,00	13.414,05	17.914,05
2	46.585,95	3.493,95	14.420,10	17.914,05
3	32.165,85	2.412,44	15.501,61	17.914,05
4	16.624,24	1.249,81	16.664,24	17.914,05

b) $T = 60.606,06 / 6 = 10.101,01$

Jahr	Restschuld zu Beginn	Zinsen	Tilgung	Zahlbetrag
1	60.606,06	4.242,42	10.101,01	14.343,43
2	50.505,05	3.535,35	10.101,01	13.636,36
3	40.404,04	2.828,28	10.101,01	12.929,29
4	30.303,03	2.121,21	10.101,01	12.222,22
5	20.202,01	1.414,14	10.101,01	11.515,15
6	10.101,01	1.249,81	10.101,01	10.808,08

c) Entscheidung aufgrund Barwertvergleich (Effektivverzinsung); Barwertvergleich bei 7,5% ergibt:

$K_0^I = 60.000$ (Kreditbetrag)
$K_0^{II} = 14.343,43 / 1,075 + 13.636,36 / 1,075^2$
$+ 12.929,29 / 1,075^3 + 12.222,22 / 1,075^4$
$+ 11515,15 / 1,075^5 + 10.808.08 / 1,075^6$
$= 59.726,49$ €

Da der Barwert von Alternative II unter 60.000 € liegt, liegt die Effektivverzinsung von Alternative II unter der von Alternative I. Alternative II ist zu wählen.

Aufgabe 1-68: *Annuitätentilgung III*

a) $R_E = (15.000 * 1,07^5 * 0,07) / (1,07^5 - 1) = 3.658,38$ € pro Jahr

b) $R = 3.658,38 / (12 + 0,035 * 11) = 295,39$ € pro Monat

Aufgabe 1-69: *Kreditvergleich II*

a) $R_E = 736.842,11 * 1,07^{20} * 0,07 / (1,07^{20} - 1) = 69.552,68$ €
$R = 5.615,88$ € pro Monat

b) 1. Barwert der Zinszahlung:
$K_0 = 51.578,95 * (1,07^5 - 1) / (1,07^5 * 0,07) = 211.483,90$ €

2. Barwert der Annuitäten:
$K_0 = 69.552,68 * (1.07^{20} - 1) / (1,07^{25} * 0,07) = 525.358,21$ €

3. Barwert insgesamt: 736.842,11 €

c) Zinszahlungen: 57.142,86 €

d) $K_0 = 714.285,71$ €

e) Barwertvergleich bei 7%:
$K_0^I = 736.842,11$ €
$K_0^{II} = 802.921,74$ €
Angebot I ist zu wählen, da die Effektivverzinsung geringer ist.

Aufgabe 1-70: *Unterjähriger Annuitätenkredit*

a) $R_E = 3.000 * (4 + 0,04 * 3) = 12.360$ €
$K_0 = 12.360 * (1,08^{10} - 1) / (1,08^{10} * 0,08) = 82.931,61$ €
Er kann die Maschine nicht anschaffen.

b) $R_E = 8.000 * (4 + 0,07 / 2 * 5) = 33.400$ €
n = 8 Jahre

c) Restbuchwert nach 6 Jahren = $200.000 * (1 - 20/100)^6 \approx 52.429$ €

d) Optimaler Übergangszeitpunkt: im 6. Jahr

Aufgabe 1-71: *Annuitätentilgung IV*

a) $R_E = (400.000 * 1,09^{12} * 1,09) / (1,09^{12} - 1) = 55.860,26$ €
$R = 55.860,26 / (12 + 0,045 * 11) = 4.470,61$ € pro Monat

b) 1. Barwert der Annuität:
$K_0 = 400.000 / 1,09^5 = 259.972,56$ €
2. Barwert der Zinsen:
$K_0 = 36.000 * (1,09^5 - 1) / (1,09^5 * 0,09) = 140.027,44$ €

Barwert aller Zahlungen: 400.000 €

c) Restschuld nach 10 Jahren:
$RK_{10} = 400.000 * 1,09^5 - 55.860,26 * (1,09^5 - 1) / 0,09$
$RK_{10} = 281.142,09$ €

d1) $RK_{12} = 281.142,09 * 1,09^2 = 334.024,92$ €
d2) $R_E = 334.024,92 * 1,09^5 * 0,09 / (1,09^5 - 1) = 85.879,29$ €
 $R = 6.872,77$ € pro Monat

Aufgabe 1-72: *Annuitätentilgung V*

a) Alternative I:
$R_E = 120.000 * 1,075^{20} * 0,075 / (1,075^{20} - 1) = 11.771,06$ €
R= 948,32 € pro Monat

Alternative II:
$R_E = 122.448,98 * 1,068^{20} * 0,068 / (1,068^{20} - 1) = 11.379,27$ €
R = 919,61 € pro Monat

b) Alternative II ist zu wählen. Bei gleicher Laufzeit sind die Raten kleiner. Deshalb ist auch die Effektivverzinsung der Alternative II geringer.

c) Tilgungsbetrag Alternative I: 2.771,06 €
 Tilgungsbetrag Alternative II: 3.052,74 €

Aufgabe 1-73: *Tigungsdauer*

a) n = 8,86

b) Berechnung der Restschuld nach 9 Jahren:
R_E = 3.000 * (4 + 0,075 * 3) = 12.675 € pro Jahr
RK_9 = 60.000 * $1,15^9$ − 12.675 * ($1,15^9$ − 1) / 0,15
   = − 1.687,97 €

letzte Rate = 3.000 − 1.687,97 = 1.312,03 €

1.4. Kursrechnung

Aufgabe 1-74: *Kurs- und Effektivzinsberechnung*

Der Kapitalanlagebetrag von 10.000 € ist für die Bestimmung des internen Zinsfußes und des Kurses ohne Bedeutung. Die mit dem internen Zinsfuß r_{int} bzw. p_{eff} diskontierten zukünftigen Zahlungen müssen den Ausgabekurs ergeben. Da die Zinszahlungen während der gesamten Laufzeit konstant sind, kann die Rentenbarwertformel eingesetzt werden.

a) 98 = 6 * BAF + 102 / q^{10}

Die Näherungslösung kann mit der Regula falsi bestimmt werden.
Zielwert: 98
1. Näherung: p_1 = 6%
$BAF^{6\%}{}_{10\ Jahre}$ = 7,360087
C_1 = 6 * 7,360087 + 102 / $1,06^{10}$ = 101,12
2. Näherung: p_2 = 7%
$BAF^{7\%}{}_{10\ Jahre}$ = 7,023582
C_2 = 6 * 7,023582 + 102 / $1,07^{10}$ = 93,99

Die Interpolation führt zu einem internen Zinsfuß von 6,426%. Da der Rechenaufwand bei der Regula falsi und anderen Nähe-

170 Finanzmathematik - Lösungen

rungsverfahren sehr hoch ist, begnügt man sich oft mit der Faustformel.

Lösung mit Faustformel für Zinsschulden:
$p_{int} = 100 * (6 / 98 + (102 - 98) / (10 * 98)) = 6,531\%$

Hinweis:
Beim Einsatz von Microsoft EXCEL kann der interne Zinsfuß sehr einfach und genau mit der Funktion IKV (= Interne Kapitalverzinsung) bestimmt werden.

b) $BAF^{8\%}_{10\,Jahre} = 6,710081$

$C_0 = 6 * 6,710081 + 102 / 1,08^{10} = 87,51$

Der Ausgabekurs muss auf 87,51% sinken. Liegt der Ausgabekurs darunter, wird eine höhere Verzinsung als 8% erreicht, was einem Kapitalanleger immer willkommen ist. Liegt der Kurs darüber, wird die Mindestverzinsung von 8% nicht erreicht.

Aufgabe 1-75: *Kurs und Effektivverzinsung von Kapitalanlagen*

a) Investionsauszahlung: 10.000 + 50 = 10.050,00
Dividendenberechtigter Kapitalanteil: 10.000 * 5 / 50 = 1.000,00
Einzahlungen (Dividende 10%) Jahr 1: 100,00
Jahr 2: 100,00
Transaktionskosten (Verkauf): 50,00
Verkaufserlös: x

Ansatz:
Die mit dem gewünschten Zinssatz diskontierten zukünftigen Einzahlungen müssen den Investitionsbetrag ergeben. Wenn der

Verkauf nach der Dividendenausschüttung erfolgt, dann ergibt sich:

$10.050 = 100 / q^1 + 100 / q^2 + (x - 50) / q^2$

$x = (10050 - (100 / 1,08^1 + 100 / 1,08^2)) * 1,08^2 + 50 = 11.564,32$

Kurs $>= 11.564,32 * 5 / 1000 = 57,8$

D. h. der Verkaufskurs muss größer gleich 58 sein, damit eine Verzinsung von 8% erreicht wird.

b) Die mit dem effektiven Zinssatz diskontierten zukünftigen Zahlungen müssen die Investitionsausgabe ergeben. Bei einem Kurs von 55 ergibt sich ein Verkaufserlös (VK) von

VK = 11.000,00 €

Mit Berücksichtigung der Transaktionskosten lautete der Lösungsansatz:

$10.050 = 100 / q^1 + 100 / q^2 + (11.000 - 50) / q^2$

Mit der Regula falsi (Näherungswerte 5% und 6%) errechnet sich eine effektive Verzinsung von 5,36%.

Alternativ kann in diesem Fall die quadratische Gleichung gelöst werden.

$10.050 * q^2 - 100 * q - 11.050 = 0$
$q_1 = 1,0536$ $\Rightarrow$ $p_1 = 5,36\%$
$q_2 = -1,0436$ $\Rightarrow$ $p_2 = -204,36\%$

Der zweite Wert ist betriebswirtschaftlich unsinnig, da im Kreditgewerbe keine negativen Zinssätze gewährt werden.

Aufgabe 1-76: *Kurs einer Anleihe I*

a) Tilgung = K_0 / n = 1.000.000 / 4 = 250.000 €

Tilgungsplan für jährliche Zinszahlung:

Jahr	Restschuld	Zinsen	Tilgung	Zahlung
1	1.000.000,00	50.000,00	250.000,00	300.000,00
2	750.000,00	37.500,00	250.000,00	287.500,00
3	500.000,00	25.000,00	250.000,00	275.000,00
4	250.000,00	12.500,00	250.000,00	262.500,00

Barwert der Zahlungen mit dem Marktzinssatz 6%

K_0 = 300.000 / $1,06^1$ + 287.500 / $1,06^2$ + 275.000 / $1,06^3$
       + 262.500 / $1,06^4$
K_0 = 977.712,73 €

Kurs C_0 = 97.7712,73 / 1.000.000 * 100 = 97,77

b) Es ergibt sich für den Kapitalanleger folgende Zahlungsreihe:

Jahr	0	1	2	3	4
	-990.000	300.000	287.500	275.000	262.500

Die mit dem effektiven Zinssatz diskontierten Zahlungen müssen den Kapitalanlagebetrag von 990.000 € ergeben. Die Berechnung von p_{eff} kann mit der Regula falsi erfolgen:

990.000 = 300.000 / q^1 + 287.500 / q^2 + 275.000 / q^3 + 262.500 / q^4

mit q = 1 + p_{eff} / 100

Finanzmathematik - Lösungen 173

1. Näherung	2. Näherung
$p_1 = 5\%$	$p_2 = 6\%$
Barwert	Barwert
1.000.000,00	977.712,73

Zielwert: 990.000,00
$\Delta p = \quad 1\%$
$\Delta K = \quad 1.000.000,00 - 977.712,73 = 22.287,27$
$\Delta Ziel = 10.000,00$
$p_{eff} = \quad 5 + 1 * 10.000 / 22.287,27 = 5,45\%$

Aufgabe 1-77: *Kurswert von Anleihen*

a) Kurswert $= 8 * (1,09^{20} - 1) / (1,09^{20} * 0,09) + 100/1,09^{20}$
$= 90,87$

b) Anzahl der Anleihen $= 1.000.000 / 90,87 = 11.004,7$
11.005 Anleihen sind nötig.

c) $K_0 = 1.000.000 \,€$

Aufgabe 1-78: *Kurs einer Anleihe II*

a) Kurs $= 7 * (1.08^{12} - 1) / (0,08 * 1.08^{12}) + 100 / 1,08^{12} = 92,46$

b) $p_{eff} = [7 / 96 + (100 - 96) / (12 * 96)] * 100 \approx 7,64\%$

Aufgabe 1-79: *Kurs einer Annuitätenschuld*

a) $R = 2.400.000 * 1.085^{24} * 0.085 / (1,085^{24} - 1) = 237.527,41 \,€$

b) 1. Barwert der Annuitäten:

$K_0 = 237.527{,}41 * (1{,}09^{24} - 1) / (1{,}09^{34} * 0{,}09) = 973.904{,}59$ €

2. Barwert der Zinsen:

$K_0 = 204.000 * (1{,}09^{10} - 1) / (1{,}09^{10} * 0{,}09) = 1.309.202{,}20$ €

3. Barwert aller Zahlungen: 2.283.106,79 €

c) Kurs = 2.283.106,79 / 2.400.000 * 100 = 95,13%

Aufgabe 1-80: *Kurs einer Zinsschuld mit unterjährlichen Zahlungen*

a) Die vierteljährlichen Zinszahlungen sind in eine gleichwertige jährliche Zinszahlung umzurechnen, wobei einfache unterjährige Verzinsung der Zahlungen mit dem gewünschten Effektivzinssatz von 9% unterstellt wird.

$p_E = 8 / 4 * (4 + 0{,}09 / 2 * (4 - 1)) = 8{,}27\%$ p.a.

$C_0 = p_E * BAF^{9\%}_{5J.} + C_n / q^n$
$= 8{,}27 * 3{,}889651 + 103 / 1{,}09^5 = 99{,}11\%$

Liegt der Kurs unter diesem Wert, wird die gewünschte Verzinsung auf jeden Fall erreicht, bei einem niedrigeren Kurs sogar überschritten.

b) Als grobe Näherung kann die effektive Verzinsung mit der Faustformel für Zinsschulden berechnet werden. Dabei wird die Verzinsung der unterjährlichen Zinszahlungen vernachlässigt.

$p_{eff} = (8 / 101 + (103 - 101) / (5 * 101)) * 100 = 8{,}32\%$ p.a.

Finanzmathematik - Lösungen 175

Bei Berücksichtigung der unterjährigen Verzinsung kann die effektive Verzinsung mit der Regula falsi näherungsweise berechnet werden. Dabei wird unterstellt, dass die vierteljährlichen Zinszahlungen wieder mit p_{eff} angelegt werden können.

Zielwert: 101

1. Näherung $p_1 = 8{,}3\%$, da a) etwa diesen Wert ergeben hat.

$p_{E1} = 8 / 4 * (4 + 0{,}083 / 2 * (4 - 1)) = 8{,}25\%$
$C_{01} = p_{E1} * BAF^{8{,}3\%}{}_{5J.} + C_n / q^n$
$C_{01} = 8{,}25 * 3{,}961338 + 103 / 1{,}083^5 = 101{,}82$

2. Näherung $p_2 = 9\%$

$C_{02} = 99{,}11$ (siehe a)

$\Delta C = 101{,}82 - 99{,}11 = 2{,}71$
$\Delta p = 0{,}7$
$\Delta Ziel = 101{,}82 - 101 = 0{,}82$
$p_{eff} = 8{,}3 + 0{,}7 * 0{,}82 / 2{,}71 = 8{,}51\%$ p.a.

2. Betriebliche Investitionswirtschaft

2.1. Grundlagen

Aufgabe 2-1: *Aussagen zur betrieblichen Investitionswirtschaft*

	richtig	falsch
a) Bei statischen Investitionsrechnungsverfahren		
– sind Zahlungen die Rechnungselemente		X
– fehlt die finanzmathematische Basis	X	
– berechnet man die Effektivverzinsung		X
– geht man von einer repräsentativen Durchschnittsperiode aus	X	
– werden kalkulatorische Abschreibungen und/oder kalkulatorische Zinsen berücksichtigt	X	
– werden alle anfallenden Zahlungen während der Nutzungsdauer berücksichtigt		X
– wird ein Kapitalwert ausgerechnet		X
– wird der zeitliche Anfall der einzelnen Rechnungselemente berücksichtigt		X
b) Die klassischen dynamischen Investitionsrechnungsverfahren		
– beruhen auf einem vollständigen Kapitalmarkt	X	
– unterstellen einen einheitlichen Kalkulationszinsfuß	X	
– berücksichtigen keine Abschreibungen und kalkulatorischen Zinsen	X	
– haben keine finanzmathematische Basis		X
– unterscheiden bei der Finanzierung in Eigen- und Fremdkapital		X
– unterstellen die jederzeitige Geldaufnahme oder -anlage zum Kalkulationszinsfuß	X	

	richtig	falsch
c) Bei der Kapitalwertmethode		
– ist eine Investition unvorteilhaft, wenn der Kapitalwert kleiner null ist	X	
– wird der Endwert am Ende der Nutzungsdauer bestimmt		X
– werden alle Zahlungen auf den Zeitpunkt null abgezinst	X	
– werden Abschreibungen berücksichtigt		X
– gibt der Kapitalwert den Vermögensvorteil am Ende des Planungszeitraums an		X
– ist eine Investition vorteilhafter als eine andere, wenn ihr Kapitalwert niedriger ist		X
– berechnet man die innere Verzinsung einer Investition		X
d) Die interne Zinsfußmethode		
– ist eine statische Methode		X
– berechnet den Zinssatz, bei dem der Kapitalwert gleich null ist	X	
– wird zur Ermittlung der Effektivverzinsung benötigt	X	
– geht von der Prämisse aus, dass zwischenzeitliche Geldanlagen oder -aufnahmen zum Kalkulationszinsfuß erfolgen		X
– führt bzgl. der Auswahl einer von mehreren Investitionen immer zum gleichen Ergebnis wie die Kapitalwertmethode		X
e) Die Annuitätenmethode		
– ist ein dynamisches Investitionsrechnungsverfahren	X	
– berechnet aus dem Kapitalwert mit Hilfe des Endwertfaktors die Annuität		X
– und die Kapitalwertmethode führen bzgl. der Vorteilhaftigkeit einer (Einzel-) Investition immer zum gleichen Ergebnis	X	
– beruht auf einem vollkommenen Kapitalmarkt		X

	richtig	falsch
f) Der vollständige Finanzplan (Vofi)		
– ist auch ein Instrument zur Berechnung der Vorteilhaftigkeit einzelner Finanzierungsmöglichkeiten	X	
– arbeitet mit einem einheitlichen Kalkulationszinsfuß		X
– berechnet einen Endwert	X	
– beruht auf Zahlungen als Rechnungselemente	X	
– berücksichtigt explizit die Finanzierung einer Investition	X	
– beruht auf den Annahmen eines vollkommenen Kapitalmarktes		X
– ist den klassischen dynamischen Investitionsrechnungsverfahren überlegen	X	

2.2. Statische Investitionsrechnung

Aufgabe 2-2: *Gewinn-, Rentabilitäts- und Amortisationsvergleich*

a) Rechnung bezogen auf ein Durchschnittsjahr

Durchschnittliche Absatzmenge = (2 * 750.000 + 3 * 640.000) / 5
= 684.000 Stück/Jahr

	Berechnung	Euro/Jahr
Erlös	684.000 * 4,30	2.941.200
- Fixkosten		
Kalk. Abschreib.	(2.700.000 - 300.000) / 5	480.000
Kalk. Zinsen	(2.700.000 + 300.000) / 2 * 10%	150.000
Sonstige Fixk.		533.200
- Variable Kosten	684.000 * 2,25	1.539.000
= Gewinn		239.000

Da der durchschnittliche Gewinn pro Jahr in Höhe von 239.000 Euro über dem erwarteten Mindestgewinn von 100.000 Euro liegt, erscheint die Investition vorteilhaft.

b) Rentabilität = (Gewinn + Kalk. Zinsen) / ∅-licher Kapitaleinsatz

Gewinn	239.000 Euro/Jahr
+ Kalkulatorische Zinsen	150.000 Euro/Jahr
Kapitalverzinsung	389.000 Euro/Jahr
/ ∅-licher Kapitaleinsatz	1.500.000 Euro
= Rentabilität	25,93% p.a.

Die Kapitalrentabilität beträgt 25,93%.

c) Amortisationszeit = Kapitaleinsatz / ∅-licher Kapitalrückfluss

Gewinn	239.000 Euro/Jahr
+ Kalk. Abschreibungen	480.000 Euro/Jahr
= ∅-licher Kapitalrückfluss	719.000 Euro/Jahr

Kapitaleinsatz	2.700.000 Euro
/ ∅-licher Kapitalrückfluss	719.000 Euro/Jahr
= Statische Amortisationszeit	3,76 Jahre

Die statische Amortisationszeit nach der Durchschnittsrechnung liegt bei 3,76 Jahren.

d) Die statische Amortisationszeit wird aufgrund der prognostizierten Absatzentwicklung unter 3,76 Jahren liegen, da die Absatzmenge in den ersten beiden Jahren deutlich über dem durchschnittlichen Absatz im Gesamtzeitraum liegt.

e) Der Gewinn der Investition pro Jahr wird im Durchschnitt voraussichtlich um 139.000 Euro über dem geforderten Mindestgewinn von 100.000 Euro liegen. Daraus resultiert eine Kapitalrentabilität von knapp 26%, die deutlich über der im Kalkulationszinssatz von 10% zum Ausdruck gebrachten Mindestverzinsung liegt. Außerdem liegt die Amortisationszeit bei 3,76 Jahren bzw. unter Berücksichtigung der Absatzentwicklung etwas darunter, sodass im Hinblick auf die Gesamtnutzungszeit noch eine Reserve besteht. Insgesamt empfiehlt sich damit die Investition für den Konsumgüterhersteller.

Aufgabe 2-3: *Kosten- und Gewinnvergleichsrechnung*

a) Kostenvergleich der beiden Maschinen

	Maschine A (Euro/Jahr)	Maschine B (Euro/Jahr)
Abschreibungen	82.500	75.000
Kalkulatorische Zinsen	29.600	26.400
Sonstige fixe Kosten	7.900	8.600
Summe der Fixkosten	120.000	110.000
Materialkosten bei 2.400 Stück	63.600	67.920
Fertigungslöhne bei 2.400 Stück	55.920	82.080
Sonstige variable Kosten bei 2.400 Stück	53.280	34.800
Summe der variablen Kosten	172.800	184.800
Kosten gesamt	292.800	294.800

Zur Information und zur Lösung von b):

Variable Stückkosten	72,00	77,00

Bei einer jährlichen Auslastung von 2.400 Stück ist Maschine A kostengünstiger als Maschine B.

b) Für die kritische Ausbringungsmenge (x) gilt:

$$\begin{aligned}
K_A &= K_B \\
120.000 + 72\,x &= 110.000 + 77\,x \\
(77 - 72)\,x &= 120.000 - 110.000 \\
x &= 10.000 / 5 \\
x &= 2.000 \text{ Stück}
\end{aligned}$$

Bei einer Menge bis 2.000 Stück pro Jahr ist Maschine B vorteilhaft, deren geringere Fixkosten zunächst den Ausschlag geben. Ab einer Produktion von 2.000 Stück pro Jahr empfiehlt sich der Einsatz der Maschine A, da nun deren geringere variable Kosten den Fixkostennachteil gegenüber Maschine B überkompensieren.

c) Die Gewinnschwelle (Break-Even-Menge x_{BE}) liegt bei der Ausbringungsmenge, bei der die Erlöse gerade die Kosten decken. Nach Umstellung dieser Beziehung erhält man die sogenannte Break-Even-Formel für die Gewinnschwelle:

$$x_{BE} = K_{fix} / (p - k_{var})$$

Für Maschine A: $x_{BE,A} = 120.000 / (140 - 72) = 1.764{,}71$ Stück
Für Maschine B: $x_{BE,B} = 110.000 / (140 - 77) = 1.746{,}03$ Stück

Maschine A arbeitet ab einer jährlichen Menge von 1.765 Stück mit Gewinn, Maschine B ab einer Jahresmenge von 1.747 Stück.

Da der Erlös für jede beliebige Menge unabhängig von der gewählten Maschine ist, muss der Gewinn bei der kritischen Ausbringungsmenge von 2.000 Stück pro Jahr gemäß Kostenvergleichsrechnung aus Aufgabe b) gleich hoch sein, wie auch folgende Rechnung nachweist:

$G_A = G_B$

$140\,x - (120.000 + 72\,x) = 140\,x - (110.000 + 77\,x)$
$68\,x - 120.000 = 63\,x - 110.000$
$(68 - 63)\,x = 120.000 - 110.000$
$x = 10.000 / 5$
$x = 2.000\text{ Stück}$

d) Da die voraussichtliche Produktion bei 2.400 Stück/Jahr liegt, empfiehlt sich unter Kosten-/Gewinngesichtspunkten die Maschine A. Bei dieser Menge erzielt die GmbH einen Jahresgewinn von 43.200 Euro im Vergleich zu 41.200 Euro auf Maschine B.

Das Ausmaß der Sicherheit gegen Verluste wird durch den Sicherheitskoeffizienten (S) beschrieben. Für Maschine A gilt:

$S = (x - x_{BE}) / x * 100\%$
$= (2.400 - 1.765) / 2.400 * 100\%$
$= 26{,}46\%$

Die künftige Jahresmenge darf unter sonst gleichen Voraussetzungen um rund 26% zurückgehen, ohne dass das Unternehmen mit Maschine A in die Verlustzone gerät.

Aufgabe 2-4: *Gewinnvergleichs- und Amortisationsrechnung*

a) Berechnung des jährlichen Gewinns (Beträge in Euro):

Deckungsbeitrag (85.000 * 0,34)	28.900
- Abschreibungen ((60.000 - 15.000) / 5)	9.000
- Kalkulatorische Zinsen ((60.000 + 15.000) / 2 * 8%)	3.000
- Kosten für Steuern, Versicherungen, Reinigung etc.	8.000
= Gewinn	8.900

Durch den Kauf des zusätzlichen Fahrzeugs kann der Taxiunternehmer seinen jährlichen Gewinn um 8.900 Euro verbessern.

b) Die statische Amortisationszeit erhalten wir, indem wir die Investitionssumme durch den Zahlungsüberschuss pro Jahr teilen (Beträge in Euro):

Deckungsbeitrag (85.000 * 0,34)	28.900
- Kosten für Steuern, Versicherungen, Reinigung etc.	8.000
= Zahlungsüberschuss pro Jahr	20.900
Investitionssumme	60.000
/ Zahlungsüberschuss pro Jahr	20.900
= Amortisationszeit in Jahren	2,87

Nach knapp drei Jahren hat der Taxiunternehmer das investierte Kapital zurückgewonnen.

2.3. Dynamische Investitionsrechnung

Aufgabe 2-5: *Rechnungselemente bei Investitionsrechnungen*

Die Investitionsrechnung knüpft an die mit einer Investition verbundenen Zahlungen an, weil nur vom Zeitpunkt des Zahlungsanfalls an Zinswirkungen entstehen. Zinswirkungen müssen berücksichtigt werden, weil es ein Unterschied ist, ob ein Geldbetrag heute oder z. B. in 10 Jahren anfällt.

Die Kosten- und Leistungsrechnung bezieht sich auf die betriebliche Tätigkeit, sodass alle betriebsfremden, außerordentlichen und periodenfremden Vorgänge ausgegrenzt werden, obwohl sie mit Zahlungen verbunden sein können, die einer Investition zuzurechnen sind.

Außerdem gehen in die Kosten- und Leistungsrechnung kalkulatorische Größen ein, die nicht mit Zahlungen verbunden sind.

Einnahmen und Ausgaben können, müssen aber nicht mit Zahlungen verbunden sein, z.B. ein Kauf oder Verkauf auf Ziel. In diesem Fall hängen Zinswirkungen nicht vom Zeitpunkt der Einnahmen- oder Ausgabenentstehung ab, sondern vom Zeitpunkt des Zahlungsanfalls.

Aufgabe 2-6: *Kapitalwertmethode/Einzelinvestition I*

a) $C_0 = -125.000 + 32.000 * 1,09^{-1} + 50.000 * 1,09^{-2} + 52.000 * 1,09^{-3}$
   $+ 60.000 * 1,09^{-4}$
   $= 29.100,85$ €

Die Investition ist vorteilhaft.

b) $C_0 = -125.000 + 32.000 * 1,09^{-1} + 50.000 * 1,09^{-2}$
   $+ 60.000 * 1,09^{-4} - 2.000 * 1,15 * 1,09^{-4}$
   $= -12.682,07$ €

Die Investition ist nicht vorteilhaft.

Aufgabe 2-7: *Kapitalwertmethode/Einzelinvestition II*

a) Die Investitionsauszahlung umfasst insgesamt 5.200 Tsd. Euro. Wegen der konstanten Mietbeträge kann die Kapitalwertberechnung mithilfe des Barwertfaktors erfolgen. Zu beachten ist, dass die Bauzeit zunächst ein Jahr beträgt und die Miete vorschüssig gezahlt wird (Beträge in Tsd. Euro).

$C_0 = -5.200 + 377 * BAF^{9\%}_{12\ Jahre} + 4.200 * ABF^{9\%}_{13\ Jahre}$
   $= -5.200 + 377 * 7,160725 + 4.200 * 0,326179$
   $= -1.130$ Tsd. Euro

Da der Kapitalwert negativ ist, wird die gewünschte Mindestverzinsung in Höhe des Kalkulationszinssatzes nicht erreicht. Das Vorhaben lohnt sich aus Sicht des Investors nicht.

b) Der Kapitalwert entspricht rechnerisch dem Barwert der zum Kalkulationszinssatz abgezinsten Zahlungsüberschüsse. Ist der Kapitalwert gleich null, gewinnt der Investor die eingesetzten Mittel vollständig zurück, und die jeweils noch gebundenen Mittel werden genau zum Kalkulationszinsfuß verzinst. Liegt der Kapitalwert über null, erzielt der Investor neben der Verzinsung ausstehender Mittel zum Kalkulationszinsfuß rechnerisch einen barwertigen („sofortigen") Überschuss in Höhe des Kapitalwertes. Ist der Kapitalwert negativ, so fehlt der ermittelte Betrag an der gewünschten Mindestverzinsung.

Aufgabe 2-8: *Kapitalwertmethode/Alternativenvergleich I*

a) Berechnung der Kapitalwerte mithilfe der Barwertfaktoren, da die laufenden Zahlungsüberschüsse konstant sind:

$C_{0A} = -730.500 + 220.000 * BAF^{8\%}_{5\ Jahre} + 30.000 * ABF^{8\%}_{5\ Jahre}$
   $= -730.500 + 220.000 * 3,992710 + 30.000 * 0,680583$
   $= 168.313,69$ Euro

$C_{0B} = -630.500 + 180.000 * BAF^{8\%}_{5\ Jahre} + 30.000 * ABF^{8\%}_{5\ Jahre}$
   $= -630.500 + 180.000 * 3,992710 + 30.000 * 0,680583$
   $= 108.605,29$ Euro

Da die Maschine A den höheren Kapitalwert aufweist, ist sie der Maschine B wirtschaftlich vorzuziehen.

b) Die Maschine B weist um 100.000 Euro geringere Anschaffungsauszahlungen auf als Maschine A. Da laut Situationsbeschreibung für diesen Betrag keine günstigere Anlage als zum Kalkulationszinssatz besteht, führt die Berücksichtigung der Differenzinvestition nicht zu einem anderen Kapitalwert der Maschine B. Insofern bleibt die Auswahl gemäß a) bestehen.

Aufgabe 2-9: *Kapitalwertmethode/Alternativenvergleich II*

a) $C_{0A} = 20.000 / 1{,}07 + 15.000 / 1{,}07^2 + 19.500 / 1{,}07^3$
$+ 48.000 / 1{,}07^4 - 80.000$
$= 4.329{,}95 \ €$

$C_{0B} = 28.000 / 1{,}07 + 35.000 / 1{,}07^2 + 5.000 / 1{,}07^3$
$+ 51.000 / 1{,}07^4 - 91.000$
$= 8.727{,}23 \ €$

Der Investor entscheidet sich für Alternative B.

b) $C_{0B} = 28.000 / 1{,}07 + 35.000 / 1{,}07^2 + 51.000 / 1{,}07^4$
$- 2000 * 1{,}15 / 1{,}07^4 - 91.000 = 2.891{,}57 \ €$

Alternative A ist nun vorteilhaft.

Aufgabe 2-10: *Kapitalwertmethode und Interne Zinsfußmethode*

a) Die Investition sollte dann durchgeführt werden, wenn ihr Kapitalwert positiv ist.

Betriebliche Investitionswirtschaft - Lösungen

Jahr	Ein-/Auszahlung	ABF bei 7%	Barwert
0	-19.700.000	1,000000	-19.700.000
1	6.000.000	0,934579	5.607.474
2	6.800.000	0,873439	5.939.385
3	10.200.000 (einschl. Resterlös)	0,816298	8.326.240
		Kapitalwert =	173.099

Da der Kapitalwert positiv ist, lohnt sich die Investition.

b)

Jahr	Ein-/Auszahlung	ABF bei 8%	Barwert
0	-19.700.000	1,000000	-19.700.000
1	6.000.000	0,925926	5.555.556
2	6.800.000	0,857339	5.829.905
3	10.200.000 (einschl. Resterlös)	0,793832	8.097.086
		Kapitalwert =	-217.453

Da der Kapitalwert negativ ist, lohnt sich die Investition nicht.

c) Interner Zinsfuß = 7% + (173.099 / (173.099 - (-217.453))) * 1%
   = 8% - (217.453 / (173.099 - (-217.453))) * 1%
   = 7,44%

Der interne Zinsfuß liegt bei 7,44%.

d) Investitionszwecke neben Kapazitätserweiterung sind

- Ersatz,
- Rationalisierung und
- Umweltschutz.

Aufgabe 2-11: *Kapitalwertmethode/Steuerzahlungen I*

a) Jährliche Abschreibung = 40.000 €

b) Jährlicher Überschuss vor Steuern = 56.000 - 7.500 = 48.500 €
Gewinn vor Steuern = 48.500 - 40.000 = 8.500 €
Steuern = 8.500 * 25% = 2.125 €

$C_0 = (46.375 / 1,08^{10}) * (1,08^{10} - 1) / 0,08 - 400.000$
$= - 88.819,98$ €

Die Investition ist nicht vorteilhaft.

c) $C_0 = (36.375 / 1,08^{20}) * (1,08^{10} - 1) / 0,08 - 88.819,98$
$= 24.235,92$ €

Die Investition ist vorteilhaft.

Aufgabe 2-12: *Kapitalwertmethode/Steuerzahlungen II*

a) Abscheibungsprozentsatz = 23,52756%

b)

Jahr	Abschreibung	Restbuchwert
1	47.055	152.945
2	35.984	116.961
3	27.518	89.443
4	21.044	68.399
5	16.093	52.306
6	12.306	40.000

c) $C_0 = 49.000 / 1,08 + 49.000 / 1.08^2 + 35.000 / 1.08^3$
$+ 35.000 / 1,08^4 + 18.000 / 1.08^5 + 58.000 / 1.08^6$
$- 582 / 1,08 - 3.903,90 / 1.08^2 - 2.244,30 / 1.08^3$
$- 4.187,10 / 1.08^4 - 572,40 / 1.08^5 - 1.710,30 / 1.08^6$
$- 200.000 = - 20.521,95$ Euro

Die Investition ist nicht vorteilhaft.

2.4. Statische und dynamische Investitionsrechnung

Aufgabe 2-13: *Statische und dynamische Investitionsrechnung/ Grundlagen*

a) *Statische Investitionsrechnungsverfahren* beruhen auf den Werten einer Periode, z.B. einem typischen Jahr oder einer Durchschnittsperiode. Sie arbeiten - mit Ausnahme der statischen Amortisationsrechnung - auf der Basis von Erfolgsgrößen. Alle statischen Verfahren vernachlässigen die unterschiedliche Wertigkeit von Geldströmen im Zeitablauf.

Dynamische Verfahren beziehen stets den gesamten Nutzungszeitraum mit den individuellen Perioden in die Berechnung ein. Sie basieren grundsätzlich auf Zahlungsgrößen und berücksichtigen den zeitlich unterschiedlichen Anfall durch Ab- bzw. Aufzinsungen im Sinne einer Zeitpräferenz.

b) Die *Kapitalwertmethode* zinst die jährlichen Zahlungsüberschüsse im Laufe der Nutzung der Investition auf den Entscheidungszeitpunkt bzw. auf den Investitionszeitpunkt ab. Die Summe der Barwerte abzüglich der Investitionsauszahlungen ergibt den Kapitalwert. Ist der Kapitalwert positiv, so lohnt sich die Investition; denn über die Mindestverzinsung ausstehender Kapitaleinsätze zum Kalkulationszinssatz hinaus wird noch ein barwertiger Überschuss in Höhe des Kapitalwertes erzielt. Im Investitionsvergleich schneidet diejenige Investition mit dem höchsten Kapitalwert am Besten ab; allerdings ist hierbei die Problematik unterschiedlicher Investitionsbeträge und unterschiedlicher Nutzungsdauern zu beachten.

Die *Annuitätenmethode* transformiert den Kapitalwert in gleich hohe jährliche Raten (Annuitäten) über den Zeitraum der Investitionsnutzung. Eine positive Annuität führt - wie ein positiver Kapitalwert - zu einer günstigen Einschätzung der Investition. Aufgrund unterschiedlicher Nutzungsdauern kann im Investitionsvergleich jedoch die Vorteilhaftigkeit gegenüber der Kapitalwertmethode wechseln.

Die *interne Zinsfußmethode* ermittelt denjenigen Zinssatz einer Investition, für den der Kapitalwert gerade null wird. Liegt dieser Zinssatz über dem Kalkulationszinsfuß im Sinne der erwarteten Mindestverzinsung, ist die Investition vorteilhaft. Im Investitionsvergleich kann auch die Zinsfußmethode zu anderen Handlungsempfehlungen führen als die Kapitalwertmethode. Problematisch an dieser Methode ist die Wiederanlageprämisse, nach der zurückfließende Mittel zum ermittelten internen Zinsfuß wieder zu investieren sind; Kapitalwert- und Annuitätenmethode nehmen hingegen eine Wiederanlage zum Kalkulationszinssatz an, was bei sinnvoller Festlegung in Anlehnung an die Kapitalmarktbedingungen wenig problematisch erscheint. Wird diese Wiederanlageprämisse auch der internen Zinsfußmethode zu Grunde gelegt, heißt sie modifizierte interne Zinsfußmethode.

Die *dynamische Amortisationsrechnung* ermittelt ausgehend von der Investitionsauszahlung den Zeitraum, in dem dieser Betrag durch die laufenden Zahlungsüberschüsse wieder erwirtschaftet wird; dabei werden zukünftige Zahlungen mithilfe der Finanzmathematik zum Kalkulationszinssatz auf den Investitionszeitpunkt abgezinst. Eine kurze dynamische Amortisationszeit wird dabei als geringes Investitionsrisiko interpretiert.

Aufgabe 2-14: *Statische und dynamische Investitionsrechnung für eine Einzelinvestition*

a) Damit sich nach der statischen Investitionsrechnung ein Gewinn ergibt, muss die Gewinngleichung gleich null gesetzt und nach der Menge x aufgelöst werden.

$G = (150 - 30) x - 3.750.000 - 1.200.000 - 450.000 = 0$
$120 x - 5.400.000 = 0$
$x = 45.000$ ME

Damit sich ein positiver Kapitalwert ergibt, muss die Kapitalwertgleichung gleich null gesetzt und nach der Menge x aufgelöst werden.

$C_0 = - 30.000.000 + (120 x - 450.000) * BAF^{8\%}_{8J.} = 0$
$(120 x - 450.000) * 5,746639 = 30.000.000$
$120 x * 5,746639 = 32.585.987,55$
$x = 47.253,68973 \cong 47.254$ ME

b) Bei 55.000 verkauften Stücken ergibt sich der interne Zinsfuß zu

$C_0 = - 30.000.000 + (6.600.000 - 450.000) * BAF^r_{8J.} = 0$
$BAF^r_{8J.} = 4,87804878$

Interpolation zwischen 12% und 13% ergibt einen internen Zinsfuß von $r = 0,1253 = 12,53\%$.

Die Annuität errechnet sich bei 55.000 verkauften Stücken zu

$A = C_0 * ANF^{8\%}_{8J.}$
$C_0 = -30.000.000 + (120 * 55.000 - 450.000) * BAF^{8\%}_{8J.}$
$ = -30.000.000 + 6.150.000 * 5,746639$
$ = 5.341.829,85 \text{ €}$

$A = 5.341.829,85 * 0,174015$
$ = 929.558,52 \text{ €}$

Die dynamische Amortisationszeit ergibt sich bei 55.000 verkauften Stücken zu

$a_0 = 30.000.000 = 6.150.000 * BAF^{8\%}_n$
$4,87804878 = BAF^{8\%}_n$

Interpolation zwischen 6 und 7 Jahren ergibt eine dynamische Amortisationszeit von n = 6,437 Jahren.

Aufgabe 2-15: *Statische und dynamische Investitionsrechnung/ Alternativenvergleich I*

a) Die kritische Menge, bei der beide Alternativen gleichwertig sind, errechnet sich, indem man beide Kostenfunktionen in Abhängigkeit von der Menge x formuliert und dann gleichsetzt.

$K_I = 150 x + 100.000 + 20.000 + 270.000$
$K_I = 150 x + 390.000$

$K_{II} = 140 x + 112.500 + 22.500 + 310.000$
$K_{II} = 140 x + 445.000$

$K_I = K_{II}$

$150 x + 390.000 = 140 x + 445.000$
$10 x = 55.000$
$x = 5.500$ ME

b) Wird die statische Gewinnvergleichsrechnung eingesetzt, so ergeben sich die folgenden statischen Gewinne:

$G_I = 220 x - 150 x - 390.000 = 434.000 - 390.000$
$\quad = 44.000$ €
$G_{II} = 220 x - 140 x - 445.000 = 490.000 - 445.000$
$\quad = 51.000$ €

Es ist also Alternative II zu wählen.

Wird die statische Rentabilitätsrechnung gewählt, so errechnen sich die folgenden statischen Rentabilitäten:

$R = (\text{Gewinn} + \text{Zinsen})/\varnothing \text{ Kapital}$

$R_I = (44.000 + 20.000)/400.000 = 0{,}16 = 16\%$

$R_{II} = (51.000 + 22.500)/450.000 = 0{,}16333 = 16{,}33\%$

Auch hier ist die Alternative II zu wählen.

Wird die Kapitalwertmethode angewandt, so ergeben sich die folgenden Kapitalwerte:

$C_{0I} = - 800.000 + (434.000 - 270.000) * BAF^{5\%}{}_{8J.}$
$\quad = - 800.000 + 164.000 * 6{,}463213$
$\quad = 259.966{,}93$ €

$C_{0II} = -900.000 + (496.000 - 310.000) * 6,463213$
$= 302.157,62$ €

Nach der Kapitalwertmethode ist die Alternative II zu wählen.

Wählt man die interne Zinsfußmethode, so muss die Kapitalwertfunktion gleich null gesetzt und nach dem Zinsfuß aufgelöst werden. Es errechnen sich folgende interne Zinsfüße:

$C_{0I} = -800.000 + 164.000 * BAF^r{}_{8J.} = 0$
$BAF^r{}_{8J.} = 4,87804878$

Interpolation zwischen 12% und 13% ergibt einen internen Zinsfuß von $r_I = 0,1253 = 12,53\%$.

$C_{0II} = -900.000 + 186.000 * BAF^r{}_{8J.} = 0$
$BAF^r{}_{8J.} = 4,838709677$

Interpolation zwischen 12% und 13% ergibt einen internen Zinsfuß von $r_{II} = 0,1276 = 12,76\%$.

Wählt man die interne Zinsfußmethode, so ist Alternative II vorteilhafter als Alternative I.

c) Werden weiterhin 6.200 ME abgesetzt und ist eine jährliche Lizenzgebühr von 50.000 € zu entrichten, errechnen sich die Kapitalwerte der beiden Alternativen zu:

$C_{0I} = -800.000 + 114.000 * BAF^{5\%}{}_{8J.}$
$= -800.000 + 114.000 * 6,463213$
$= -63.193,72$ €

$C_{0II} = -900.000 + 136.000 * 6,463213$
$= -21.003,03$ €

Beide Kapitalwerte sind negativ. Die Investition ist also bei beiden Alternativen nicht vorteilhaft.

d) Damit sich jeweils eine positive Annuität errechnet, muss die Menge gesucht werden, bei der der Kapitalwert jeweils positiv wird. Also muss die Kapitalwertfunktion jeweils gleich null gesetzt und nach der Menge x aufgelöst werden.

$C_{0I} = -800.000 + (70 x - 320.000) * BAF^{5\%}{}_{8J.} = 0$
$C_{0I} = -800.000 + (70 x - 320.000) * 6,463213 = 0$
$x = 6.339,677 \cong 6.340$ ME

$C_{0II} = -900.000 + (80 x - 360.000) * 6,463213 = 0$
$x = 6.240,62 \cong 6.241$ ME

Aufgabe 2-16: *Statische und dynamische Investitionsrechnung Alternativenvergleich II*

a) Um zu berechnen, bei welcher Menge beide Alternativen nach der Kostenvergleichsrechnung gleichwertig sind, müssen die Kostenfunktionen beider Alternativen gleichgesetzt und nach der Menge x aufgelöst werden.

$K_A = 200.000 + 64.000 + 550.000 + 300\ x_A$
$K_A = 814.000 + 300\ x_A$

$K_B = 225.000 + 72.000 + 620.000 + 280\ x_B$
$K_B = 917.000 + 280\ x_B$

$K_A = K_B$
$814.000 + 300\,x = 917.000 + 280\,x$
$20\,x = 103.000$
$x = 5.150$ ME

b) Wird die statische Gewinnvergleichsrechnung als investitionsrechnerische Methode gewählt, so ergeben sich folgende Gewinne:

$G_A = 440 * 6.000 - 814.000 - 300 * 6.000$
$G_A = 26.000$ €

$G_B = 440 * 6.000 - 917.000 - 280 * 6.000$
$G_B = 43.000$ €

Es ist also Altenative B zu wählen.

Die statischen Rentabilitäten berechnen sich zu:

$R = $ (Gewinn + Zinsen)$/\varnothing$ Kapital

$R_A = (26.000 + 64.000)/800.000 = 0,1125 = 11,25\%$

$R_B = (43.000 + 72.000)/900.000 = 0,12777 = 12,78\%$

Auch hier ist die Alternative B zu wählen.

Nach der Kapitalwertmethode ergibt sich:

$C_{0A} = -1.600.000 + (840.000 - 550.000) * BAF^{8\%}_{8J.}$
$C_{0A} = -1.600.000 + 290.000 * 5,746639$
$C_{0A} = 66.525,31$ €

$C_{0B} = -1.800.000 + (960.000 - 620.000) * 5,746639$
$C_{0B} = 153.857,26$ €

Nach der Kapitalwertmethode ist Alternative B vorzuziehen.

Der interne Zinsfuß errechnet sich, indem die Kapitalwertfunktion gleich null gesetzt und nach dem Zinssatz aufgelöst wird.

$C_{0A} = -1.600.000 + 290.000 * BAF^r{}_{8J.} = 0$
$BAF^r{}_{8J.} = 5,517241379$

Interpolation zwischen 9% und 10% ergibt einen internen Zinsfuß $r_A = 0,090879 = 9,09\%$.

$C_{0B} = -1.800.000 + 340.000 * BAF^r{}_{8J.} = 0$
$BAF^r{}_{8J.} = 5,294117647$

Interpolation zwischen 10% und 11% ergibt einen internen Zinsfuß von $r_B = 0,10216 = 10,22\%$.

Nach der internen Zinsfußmethode ist Alternative B vorteilhafter als Alternative A.

c) Wenn für Investition B am Ende der Nutzungsdauer Abbruch- und Entsorgungskosten in Höhe von 200.000 € zu zahlen sind, errechnet sich der Kapitalwert wie folgt:

$C_{0B} = -1.800.000 + 340.000 * 5,746639 - 200.000 * 1,08^{-8}$
$C_{0B} = 153.857,26 - 108.053,78$
$C_{0B} = 45.803,48$ €

Unter diesen Bedingungen ist die Alternative A vorteilhafter.

d) Wenn die Alternative B nach dem Kapitalwertkriterium vorteilhaft sein soll, müssen die Abbruch- und Entsorgungskosten E der Alternative A so hoch sein, dass der Kapitalwert der Alternative A einschließlich Abbruch- und Entsorgungskosten dem Kapitalwert der Alternative B einschließlich Abbruch- und Entsorgungskosten entspricht. Es muss also gelten:

$C_{0A} = 66.525{,}31 - E * 1{,}08^{-8} = 45.803{,}48 = C_{0B}$
$E = (66.525{,}31 - 45.803{,}48)/1{,}08^{-8}$
$E = 38.354{,}66\ €$

Die Abbruch- und Entsorgungskosten der Alternative A müssen mindestens 38.354,66 € betragen, damit Alternative B vorteilhaft ist.

Aufgabe 2-17: *Statische und dynamische Investitionsrechnung/ Alternativenvergleich III*

a) Bezeichnet man mit x die Menge, so ergibt sich

$K_A = 300\ x + 150.000 + 22.500 + 500.000$
$= 300\ x + 672.500$

$K_B = 340\ x + 100.000 + 15.000 + 400.000$
$= 340\ x + 515.000$

$K_A = K_B$

$300\ x + 672.500 = 340\ x + 515.000$
$x = 3.937{,}5$

Die kritische Menge liegt also bei etwa 3.938 ME.

b) Die statische Gewinnvergleichsrechnung führt zu folgendem Ergebnis:

$G_A = 175 \text{ x} - 672.500$ $\quad G_B = 135 \text{ x} - 515.000$
$G_A = 700.000 - 672.500$ $\quad G_B = 540.000 - 515.000$
$G_A = 27.500 \text{ €}$ $\quad\quad\quad\quad\quad G_B = 25.000 \text{ €}$

Bei Anwendung der statischen Gewinnvergleichsrechnung ist die Investition A vorteilhafter als Investition B.

Die statische Rentabilitätsrechnung führt zu folgendem Ergebnis:

Rentabilität = (Gewinn + Zinsen)/$\varnothing$ Kapital

$R_A = (27.500 + 22.500)/450.000$
$R_A = 0,1111 = 11,11\%$

$R_B = (25.000 + 15.000)/300.000$
$R_B = 0,1333 = 13,33\%$

Bei Anwendung der statischen Rentabilitätsrechnung ist die Investition B vorteilhafter als die Investition A.

c) Die Kapitalwertmethode führt zu folgendem Ergebnis:

$C_{0A} = -900.000 + (700.000 - 500.000) * \text{BAF}^{5\%}{}_{6J.}$
$\quad\quad = -900.000 + 200.000 * 5,075692$
$\quad\quad = 115.138,40 \text{ €}$

$C_{0B} = -600.000 + (540.000 - 400.000) * \text{BAF}^{5\%}{}_{6J.}$
$\quad\quad = -600.000 + 140.000 * 5,075692$
$\quad\quad = 110.596,88 \text{ €}$

Nach der Kapitalwertmethode ist die Investition A vorteilhafter.

Die interne Zinsfußmethode führt zu folgendem Ergebnis:

$C_{0A} = -900.000 + 200.000 * BAF^r_{6J.} = 0$
$BAF^r_{6J.} = 4,5$

Interpolation zwischen 8% und 9% ergibt einen internen Zinsfuß von $r_A = 0,088971 = 8,9\%$.

$C_{0B} = -600.000 + 140.000 * BAF^r_{6J.} = 0$
$BAF^r_{6J.} = 4,285714$

Interpolation zwischen 10% und 11% ergibt einen internen Zinsfuß von $r_B = 0,1055761 = 10,56\%$.

Somit ist nach der internen Zinsfußmethode die Investition B vorteilhafter.

d) Die unterschiedlichen Ergebnisse der Kapitalwertmethode und der internen Zinsfußmethode beruhen auf den unterschiedlichen Prämissen der beiden Methoden.

Die Kapitalwertmethode unterstellt, dass zwischenzeitliche Geldaufnahmen und -anlagen zum Kalkulationszins erfolgen, hier also zu 5%. Die interne Zinsfußmethode geht davon aus, dass zwischenzeitliche Geldaufnahmen und -anlagen zum jeweiligen internen Zins erfolgen, hier also einmal zu 8,9% und zum anderen zu 10,56%. Es liegen damit unterschiedliche Voraussetzungen vor, die zu unterschiedlichen Ergebnissen führen können.

e) Es handelt sich um die Endwertmethode auf der Basis vollständiger Finanzpläne.

Betriebliche Investitionswirtschaft - Lösungen 201

Aufgabe 2-18: *Investitionsanalyse einschließlich Finanzierung*

a) Die erforderliche Erdgaseinsparung bei statischer Betrachtung ergibt sich aus der Gewinnvergleichsrechnung bei einem Gewinn von null bzw. wenn gilt:

Jährlicher Erlös = jährliche Kosten.

Der Erlös ergibt sich hier indirekt in Form der gesuchten Erdgaseinsparung pro Jahr (x) in cbm, bewertet mit dem Erdgaspreis von 0,40 Euro/cbm. Die Kosten umfassen die Abschreibungen (1.200.000 / 12), die kalkulatorischen Zinsen (1.200.000/2 * 10%) und die fixen Wartungskosten (150.000).

0,4 x = 1.200.000 / 12 + 1.200.000 / 2 * 10% + 150.000
0,4 x = 100.000 + 60.000 + 150.000
0,4 x = 310.000
x   = 775.000 cbm/Jahr

Die erforderliche Erdgaseinsparung bei statischer Betrachtung beläuft sich auf 775.000 cbm/Jahr.

b) Bei dynamischer Betrachtung muss der Kapitalwert null erreichen, d.h. die Investitionsauszahlung entspricht dem Barwert der künftigen jährlichen Zahlungsüberschüsse; letztere ergeben sich als Saldo aus den ersparten Auszahlungen für Erdgas und den zahlungswirksamen Wartungskosten.

$1.200.000 = (0{,}4\,x - 150.000) * BAF^{10\%}_{12\,\text{Jahre}}$
$0{,}4\,x = 1.200.000 / BAF^{10\%}_{12\,\text{Jahre}} + 150.000$
$0{,}4\,x = 1.200.000 / 6{,}813692 + 150.000$
$0{,}4\,x = 326.115{,}97$
x   = 815.290 cbm/Jahr

Wegen des Zinseszinseffektes steigt bei dynamischer Betrachtung die erforderliche Erdgaseinsparung auf 815.290 cbm/Jahr.

c) Der Investitionszuschuss des Landes muss den Barwert der fehlenden jährlichen Einsparungen (815.290 cbm - 500.000 cbm), bewertet in Euro, ersetzen. Es muss gelten:

$$\text{Investitionszuschuss} = (815.290 - 500.000) * 0{,}4 * \text{BAF}^{10\%}{}_{12\,\text{Jahre}}$$
$$= 126.116 * 6{,}813692$$
$$= 859.316 \text{ Euro}$$

Sofern das Land einen nicht rückzahlbaren Investitionszuschuss von 859.316 Euro leistet, erreicht das Vorhaben gerade den mindestens erforderlichen Kapitalwert von null.

d) Es ist zu prüfen, ob der direkte Investitionszuschuss oder der Barwert der Zuschüsse zu den Zinsaufwendungen (= Zinsauszahlungen) für acht Jahre größer ist.

Investitionszuschuss $= 1.200.000 * 15\% = 180.000$ Euro

$$\text{Barwert der Zinszuschüsse} = 500.000 * 10\% * 60\% * \text{BAF}^{10\%}{}_{8\,\text{Jahre}}$$
$$= 30.000 * 5{,}334926$$
$$= 160.048 \text{ Euro}$$

Der Investitionszuschuss hat im Vergleich zu den Zinszuschüssen einen barwertigen Vorteil von knapp 20.000 Euro und ist deshalb vorzuziehen.

e) Mit der Investition in eine Wärmerückgewinnungsanlage nimmt die Ziegelei am *technologischen Fortschritt* teil und entwickelt ihr diesbezügliches Know-how. Die Erdgaseinsparung trägt zur *Ressourcenschonung* bei, was angesichts weltweit begrenzter

Primärenergievorkommen lobenswert ist. Der eingeschränkte Energieverbrauch bewirkt geringere Luftbelastungen und ist unter *ökologischen Gesichtspunkten* von Vorteil. Außerdem kann die Ziegelei aus diesen Vorteilen unter Aspekten des *Marketing* ggf. zusätzlich ihr Erscheinungsbild am Markt verbessern („Grüner Engel"). Schließlich kommt die Ziegelei mit ihrer Investition ggf. behördlichen Auflagen und steigenden Erdgaspreisen zuvor.

2.5. Vollständige Finanz- und Investitionsplanung

Aufgabe 2-19: *Vollständiger Finanzplan/Grundlagen*

Die klassischen dynamischen Investitionsrechnungsverfahren sind für einen vollkommenen Kapitalmarkt entwickelt worden.

Ein vollkommener Kapitalmarkt ist durch Gleichheit von Soll- und Habenzins, unbeschränkte Kapitalaufnahme- und -anlagemöglichkeiten, keine Differenzierung zwischen Eigen- und Fremdkapital und vollkommene Markttransparenz gekennzeichnet. Unter diesen Bedingungen stellt die Finanzierung einer Investition für den Investor kein Problem dar. Es existiert also kein Liquiditätsproblem, und die Art der Finanzierung hat keine Wirkung auf die Vorteilhaftigkeit der Investition, sodass Investitionen unabhängig von Finanzierungsüberlegungen beurteilt werden können. Diese Voraussetzungen sind aber wirklichkeitsfremd. Real gibt es Finanzierungsschranken, Soll- und Habenzins unterscheiden sich und variieren in Abhängigkeit vom Kapitalvolumen, der Laufzeit, der Bonität usw. Damit treten jedoch für die Investitionsrechnung zusätzliche Probleme auf, da der Einfluss der Finanzierung auf die Vorteilhaftigkeit und die Liquiditätswirkung erfasst werden muss. Der vollständige Finanzplan kann die realitätsfremden Prämissen aufheben und mit unterschiedlichen Zinssätzen und Finanzierungsmöglichkeiten arbeiten.

Aufgabe 2-20: *Vollständiger Finanzplan/Berechnung*

Finanzierung mit dem Annuitätenkredit

Ermittlung der konstanten Kreditrate zu:

$40.000 * ANF^{7\%}_{4J.} = 40.000 * 0{,}295228 = 11.809{,}12$ €

	0	1	2	3	4
A_0	- 100.000,00				
EK	+ 60.000,00				
FK	+ 40.000,00				
$ü_t$		+ 40.000,00	+ 40.000,00	+ 30.000,00	+ 30.000,00
L_t					+ 10.000,00
Annuität		- 11.809,12	- 11.809,12	- 11.809,12	- 11.809,12
Geldanl.					
- Anlage		- 28.190,88	- 57.509,40	- 78.000,66	- 109.311,57
- Zinsen			+ 1.127,64	+ 2.300,38	+ 3.120,03
- Auflös.			+28.190,88	+ 57.509,40	+ 78.000,66
FS	0,00	0,00	0,00	0,00	0,00
Guthab.		28.190,88	57.509,40	78.000,66	109.311,57

Bei Finanzierung durch den Annuitätenkredit beträgt der Endwert aus dem vollständigen Finanzplan 109.311,57 €. Der Endwert der alternativen Geldanlage errechnet sich zu

$60.000 * 1{,}05^4 = 72.930{,}38$ €.

Die Differenz aus dem Endwert des vollständigen Finanzplans und dem Endwert der alternativen Geldanlage ist positiv, sie beträgt 36.381,19 €. Die Investition ist somit vorteilhaft.

Die Unternehmung könnte als weitere Möglichkeit die Investition aus laufenden Einzahlungsüberschüssen finanzieren, da sie jederzeit bei ihrer Hausbank Kapital zu 4% anlegen und zu 10% aufnehmen kann. Es ergibt sich dann der folgende vollständige Finanzplan:

	0	1	2	3	4
A_0	- 100.000,00				
EK	+ 60.000,00				
FK	+ 40.000,00				
ü$_t$		+ 40.000,00	+40.000,00	+ 30.000,00	+ 30.000,00
L_t					+ 10.000,00
Kredit					
- Tilgung		- 36.000,00	- 4.000,00		
- Zinsen		- 4.000,00	- 400,00		
Geldanl.					
- Anlage			- 35.600,00	- 67.024,00	- 109.704,96
- Zinsen				+ 1.424,00	+ 2.680,96
- Auflös.				+ 35.600,00	+ 67.024,00
FS	0,00	0,00	0,00	0,00	0,00
Kreditbe.	40.000,00	4.000,00			
Guthaben			35.600,00	67.024,00	109.704,96

Bei Finanzierung aus laufenden Einzahlungsüberschüssen beträgt der Endwert aus dem vollständigen Finanzplan 109.704,96 €. Der Endwert der alternativen Geldanlage errechnet sich - wie oben schon ermittelt - zu

60.000 * $1,05^4$ = 72.930,38 €.

Die Differenz aus dem Endwert des vollständigen Finanzplans und dem Endwert der alternativen Geldanlage ist positiv, sie beträgt 36.774,58 €. Die Investition ist somit auch bei Finanzierung aus laufenden Einzahlungsüberschüssen vorteilhaft.

Es ist sogar vorteilhafter, die Investition aus dem beliebig rückzahlbaren Kredit der Hausbank und laufenden Einzahlungsüberschüssen zu finanzieren als mit dem Annuitätenkredit, da die Endwertdifferenz in diesem Fall höher ist als bei Finanzierung mit dem Annuitätenkredit. Dieses Ergebnis ist nur auf den ersten Blick erstaunlich. Zwar hat der Annuitätenkredit mit 7% einen deutlich niedrigeren Zinssatz als der Kredit der Hausbank mit 10%. Aber beim Annuitätenkredit muss man sich an die vereinbarte Kreditrate halten und kann nicht so viel tilgen, wie man aus der Investition heraus erwirtschaftet, sodass man Kapital zu 7% fremdfinanziert und gleichzeitig eine Geldanlage zu 5% tätigt. Der Vorteil des niedrigeren Zinssatzes beim Annuitätenkredit ist hier nicht so groß wie der Nachteil, nur eine begrenzte Tilgung vornehmen zu können. Deshalb sollte hier die Investition mit dem 10%-igen Kredit der Hausbank finanziert werden.

Aufgabe 2-21: *Dynamische Investitionsrechnung und vollständiger Finanzplan*

a) Es errechnet sich ein Kapitalwert von

$$C_0 = -120.000 + 30.000 * 1{,}08^{-1} + 40.000 * 1{,}08^{-2}$$
$$+ 30.000 * 1{,}08^{-3} + 20.000 * 1{,}08^{-4} + 20.000 * 1{,}08^{-5}$$
$$= -5.801{,}44 \text{ €}.$$

Daraus ergibt sich eine Annuität von

$$A = C_0 * \text{ANF}^{8\%}_{5J.} = -5.801{,}44 * 0{,}250456 = -1.453{,}01 \text{ €}.$$

Nach der Kapitalwert- und der Annuitätenmethode ist die Investition unvorteilhaft.

b) Die Unternehmung hat zwei Finanzierungsmöglichkeiten, zum einen kann sie die Investition über das Abzahlungsdarlehn zu 7% und zum anderen über den Kredit bei der Hausbank zu 10% finanzieren.

Wird über das Abzahlungsdarlehn finanziert, ergibt sich der folgende vollständige Finanzplan (siehe Seite 208).

Bei Finanzierung durch das Abzahlungsdarlehn beträgt der Endwert aus dem vollständigen Finanzplan 74.336,67 €. Der Endwert der alternativen Geldanlage errechnet sich zu

$$60.000 * 1{,}04^5 = 72.999{,}17\ €$$

Damit ist die Endwerdifferenz positiv, sie beträgt 1.337,50 €. Die Investition ist also vorteilhaft, wenn sie mit dem Abzahlungsdarlehn finanziert wird.

Die Unternehmung hätte aber auch die Möglichkeit, die Investition über den Kredit von der Hausbank zu finanzieren, der zwar zu 10% zu verzinsen ist, aber jederzeit getilgt werden kann. Für diese Kreditform ergibt sich der vollständige Finanzplan auf der Seite 209.

Wird diese Art der Finanzierung gewählt, ergibt sich aus dem vollständigen Finanzplan ein Endwert von 73.697,95 €. Wie bereits ermittelt, hätte die alternative Geldanlage einen Endwert von 72.999,17 €, sodass die Endwertdifferenz auch bei dieser Finanzierungsvariante positiv ist. Sie ist aber kleiner als bei Finanzierung über das Abzahlungsdarlehn. Fazit: Die Investition ist vorteilhaft und sollte mit dem Abzahlungsdarlehn finanziert werden.

	0	1	2	3	4	5
Anschaffungsauszahlung	-120.000,00					
Eigene Mittel	+60.000,00					
Fremdkapital	+60.000,00					
Überschüsse		+30.000,00	+40.000,00	+30.000,00	+20.000,00	+10.000,00
Liquidationserlös						+10.000,00
Kredit						
- Tilgung		-12.000,00	-12.000,00	-12.000,00	-12.000,00	-12.000,00
- Zinsen		-4.200,00	-3.360,00	-2.520,00	-1.680,00	-840,00
Geldanlage						
- Anlage		-13.800,00	-38.992,00	-56.031,68	-64.592,95	-74.336,67
- Zinsen			+552,00	+1.559,68	+2.241,27	+2.583,72
- Auflösung		+13.800,00	+38.992,00	+56.031,68	+64.592,95
Finanzierungssaldo	0,00	0,00	0,00	0,00	0,00	0,00
Kreditbestand	60.000,00	48.000,00	36.000,00	24.000,00	12.000,00	0,00
Guthaben		13.800,00	38.992,00	56.031,68	64.592,95	74.336,67

Vollständiger Finanzplan bei Finanzierung über das Abzahlungsdarlehn zu 7%

	0	1	2	3	4	5
Anschaffungsauszahlung	− 120.000,00					
Eigene Mittel	+ 60.000,00					
Fremdkapital	+ 60.000,00					
Überschüsse		+ 30.000,00	+40.000,00	+30.000,00	+ 20.000,00	+ 10.000,00
Liquidationserlös						+ 10.000,00
Kredit						
− Tilgung		− 24.000,00	− 36.000,00			
− Zinsen		− 6.000,00	− 3.600,00			
Geldanlage						
− Anlage			− 400,00	− 30.416,00	− 51.632,64	− 73.697,95
− Zinsen				+ 16,00	+ 1.216,64	+ 2.065,31
− Auflösung				+ 400,00	+ 30.416,00	+ 51.632,64
Finanzierungssaldo	0,00	0,00	0,00	0,00	0,00	0,00
Kreditbestand	60.000,00	36.000,00	0,00	0,00	0,00	0,00
Guthaben			400,00	30.416,00	51.632,64	73.697,95

Vollständiger Finanzplan bei Finanzierung über den Kredit der Hausbank zu 10%

Aufgabe 2-22: *Statische und dynamische Investitionsrechnung/Vollständiger Finanzplan*

a) Damit sich nach der statischen Investitionsrechnung ein Gewinn ergibt, muss die Gewinngleichung gleich null gesetzt und nach der Menge x aufgelöst werden:

G = (600 - 300) x - 500.000 - 200.000 - 20.000 = 0
G = 300 x - 720.000 = 0
x = 2.400 ME

Damit sich ein positiver Kapitalwert ergibt, muss die Kapitalwertgleichung gleich null gesetzt und nach der Menge x aufgelöst werden:

C_0 = - 800.000 + (300 x - 500.000) * $BAF^{5\%}_{4J.}$ = 0
(300 x - 500.000) * 3,545951 = 800.000
1.063,7853 x = 2.572.975,5
x = 2.418,698 ME

b) Bei 2.500 ME ergibt sich folgender interner Zinsfuß:

C_0 = - 800.000 + (300 * 2.500 - 500.000) * $BAF^{r}_{4J.}$ = 0
- 800.000 + 250.000 * $BAF^{r}_{4J.}$ = 0
$BAF^{r}_{4J.}$ = 3,2

Interpolation zwischen 9% und 10% ergibt einen internen Zinsfuß von r = 0,095686 = 9,57%.

Die Annuität A errechnet sich zu:

A = C_0 * $ANF^{5\%}_{4J.}$

$C_0 = -800.000 + 250.000 * 3,545951 = 86.487,75$ €

$A = 86.487,75 * 0,282012$
$A = 24.390,58$ €

c) Die konstante Kreditrate des Annuitätenkredites errechnet sich zu:

$600.000 * ANF_{4J.}^{8\%} = 600.000 * 0,301921 = 181.152,60$ €.

Es ergibt sich dann der folgende vollständige Finanzplan:

	0	1	2	3	4
a_0	- 800.000,00				
EK	+ 200.000,00				
FK	+ 600.000,00				
ü$_t$		+ 250.000,00	+ 250.000,00	+ 250.000,00	+ 250.000,00
Kredit		- 181.152,60	- 181.152,60	- 181.152,60	- 181.152,60
Geld.					
- Anla.		- 68.847,40	- 141.137,17	- 217.041,43	- 296.740,90
- Zins			+ 3.442,37	+ 7.056,86	+ 10.852,07
- Aufl.			+ 68.847,40	+ 141.137,17	+ 217.041,43
FS	0,00	0,00	0,00	0,00	0,00
Guthab.	0,00	68.847,40	141.137,17	217.041,43	296.740,90

Der Endwert aus dem Finanzplan von 296.740,90 € muss dem Endwert der alternativen Geldanlage von

$200.000 * 1,05^4 = 243.101,25$ €

gegenüber gestellt werden. Die Investition ist vorteilhaft, denn die Endwertdifferenz beträgt 53.639,65 €.

Aufgabe 2-23: *Vollständiger Finanzplan mit Ertragsteuern*

Aus den Angaben der Aufgabe errechnet sich ein kombinierter ESt /KiSt-Satz s_{ET} von

$$s_{ET} = \frac{0,4 * (1+0,09)}{1+(0,4*0,09)} = 0,420849421$$

Der effektive Gewerbeertragsteuersatz ergibt sich zu

$$s_g = \frac{0,05 * 3,17}{1+(0,05*3,17)} = 0,136814847$$

sodass sich ein ertragsteuerlicher Multifaktor errechnet in Höhe von

$s = 0,420849421 + 0,136814847 - 0,420849421 * 0,136814847$
$s = 0,500085819 \cong 0,5$

Zunächst muss nun die konstante Kreditrate KR_t für den Annuitätenkredit berechnet werden.

$KR_t = 240.000 * ANF_{4J.}^{8\%} = 240.000 * 0,3019208 = 72.460,99$ €.

Diese konstante Kreditrate ist in Zins- und Tilgungsteile aufzuspalten:

t	Zinsen [€]	Tilgung [€]	Kreditbestand am Ende der Periode [€]
1	19.200,00	53.260,99	186.739,01
2	14.939,12	57.521,87	129.217,14
3	10.337,37	62.123,62	67.093,52
4	5.367,47	67.093,52	0,00

Für das Investitionsobjekt ergibt sich dann der folgende vollständige Finanzplan (siehe Seite 214). Dabei sind in der Endwertberechnung - also im unteren Teil des vollständigen Finanzplans - alle Auszahlungen durch ein negatives Vorzeichen und alle Einzahlungen durch ein positives Vorzeichen gekennzeichnet.

Es ergibt sich ein Endwert von 107.096,87 €. Um die Vorteilhaftigkeit des Investitionsobjektes beurteilen zu können, ist allerdings noch zu berücksichtigen, dass die vom Reiseveranstalter zur Verfügung gestellten eigenen liquiden Mittel auch alternativ als Geldanlage hätten verwandt werden können, denn der Reiseveranstalter hätte ja grundsätzlich die Möglichkeit, auf die Investition zu verzichten und die eigenen Mittel zinsbringend anzulegen, wobei natürlich zu berücksichtigen ist, dass die Zinserträge steuerpflichtig sind. Die Hausbank hätte ihm 4% Zinsen gezahlt. Für die alternative Geldanlage der eigenen Mittel würde sich ein Endwert in Höhe von

$$\text{Endwert}_{\text{Geldanlage}} = EK * (1 + i_{HZS})^5$$

mit $i_{HZS} = (1 - s) * i_{HZ} = (1 - 0,5) * 0,04 = 0,02$

$$\text{Endwert}_{\text{Geldanlage}} = 60.000 * 1,02^5 = 66.244,84 €$$

errechnen. Allein aufgrund der Endwerte ist deshalb das Investitionsobjekt der Geldanlage vorzuziehen, denn die Endvermögensdifferenz ist größer als null, sie beträgt 32.470,10 €.

Abschließend soll noch kurz die Frage beantwortet werden, ob der Reiseveranstalter nicht besser auf den Annuitätenkredit verzichtet hätte und statt dessen den 10%-igen Kredit mit jederzeitiger Tilgungsmöglichkeit von der Hausbank genommen hätte. Dann ergibt sich der vollständige Finanzplan auf der Seite 215.

	0	1	2	3	4	5
Überschüsse		70.000,00	110.000,00	100.000,00	90.000,00	60.000,00
./. Abschreibungen		60.000,00	60.000,00	60.000,00	60.000,00	60.000,00
./. Kreditzinsen		19.200,00	14.939,12	10.337,37	5.367,47	
+ Zinsertrag aus Geldanl.			85,56	887,61	1.413,67	1.650,86
./. (RBW ./. Restverk.erl.)						- 10.000,00
= Gewinn vor Steuern		- 9.200,00	35.146,44	30.550,24	26.046,20	11.650,86
Ertragsteuern		+ 4.600,00	- 17.573,22	- 15.275,12	- 13.023,10	- 5.825,43
Anschaffungsauszahlung	- 300.000,00					
Eigene Mittel	+ 60.000,00					
Kredit	+ 240.000,00					
Überschüsse		+ 70.000,00	+ 110.000,00	+ 100.000,00	+ 90.000,00	+ 60.000,00
Restverkaufserlös						+ 10.000,00
Kredittilgung		- 53.260,99	- 57.521,87	- 62.123,62	- 67.093,52	
Kreditzinsen		- 19.200,00	- 14.939,12	- 10.337,37	- 5.367,47	
Zwischenzeit. Geldanlage						
• Anlage		- 2.139,01	- 22.190,36	- 35.341,86	- 41.271,44	- 107.096,87
• Auflösung			+ 2.139,01	+ 22.190,36	+ 35.341,86	+ 41.271,44
• Zinsen			85,56	+ 887,61	+ 1.413,67	1.650,86
Ertragsteuern		+ 4.600,00	- 17.573,22	- 15.275,12	- 13.023,10	- 5.825,43
Finanzierungssaldo	0,00	0,00	0,00	0,00	0,00	0,00
Bestandsgröße Kredit	240.000,00	186.739,01	129.217,14	67.093,52	0,00	0,00
Bestandsgröße Guthaben	0,00	2.139,01	22.190,36	35.341,86	41.271,44	107.096,87

Vollständiger Finanzplan bei Finanzierung über den Annuitätenkredit zu 8%

Betriebliche Investitionswirtschaft - Lösungen

	0	1	2	3	4	5
Überschüsse		70.000,00	110.000,00	100.000,00	90.000,00	60.000,00
./. Abschreibungen		60.000,00	60.000,00	60.000,00	60.000,00	60.000,00
./. Kreditzinsen		24.000,00	18.700,00	11.135,00	3.691,75	
+ Zinsertrag aus Geldanl.						1.449,46
./. (RBW ./. Restverk.erl.)						- 10.000,00
= Gewinn vor Steuern		- 14.000,00	31.300,00	28.865,00	26.308,25	11.449,46
Ertragsteuern		+ 7.000,00	- 15.650,00	- 14.432,50	- 13.154,13	- 5.724,73
Anschaffungsauszahlung	- 300.000,00					
Eigene Mittel	+ 60.000,00					
Kredit	+ 240.000,00					
Überschüsse		+ 70.000,00	+ 110.000,00	+ 100.000,00	+ 90.000,00	+ 60.000,00
Restverkaufserlös						+ 10.000,00
Kredittilgung		- 53.000,00	- 75.650,00	- 74.432,50	- 36.917,50	
Kreditzinsen		- 24.000,00	- 18.700,00	- 11.135,00	- 3.691,75	
Zwischenzeit. Geldanlage						
• Anlage					- 36.236,62	- 101.961,35
• Auflösung						+ 36.236,62
• Zinsen						+ 1.449,46
Ertragsteuern		+ 7.000,00	- 15.650,00	- 14.432,50	- 13.154,13	- 5.724,73
Finanzierungssaldo	0,00	0,00	0,00	0,00	0,00	0,00
Bestandsgröße Kredit	240.000,00	187.000,00	111.350,00	36.917,50	0,00	0,00
Bestandsgröße Guthaben	0,00	0,00	0,00	0,00	36.236,62	101.961,35

Vollständiger Finanzplan bei Finanzierung über den Kredit der Hausbank zu 10%

Wie der vollständige Finanzplan zeigt, ergibt sich bei der Finanzierung mit einem 10%-igen Kredit mit jederzeitiger Tilgungsmöglichkeit nur ein Endwert von 101.961,36 € und damit eine Endvermögensdifferenz von 35.716,52 €. Die Finanzierung über den 10%-igen Kredit mit jederzeitiger Tilgungsmöglichkeit ist also weniger vorteilhaft. Beim Annuitätenkredit darf man zwar nicht so viel tilgen, wie man aus der Investition heraus könnte, dafür ist dieser Kredit 2 Prozentpunkte günstiger. Dieser Vorteil überwiegt in diesem Fall den oben genannten Nachteil, dass man sich an die vereinbarten Tilgungsraten halten muss. Das Investitionsobjekt des Reiseveranstalters ist also unter investitionsrechnerischen Gesichtspunkten vorteilhaft und sollte mit dem 8%-igen Annuitätenkredit finanziert werden.

Aufgabe 2-24: *Vollständige Finanz- und Investitionsplanung*

a) Ausgangssituation ohne Fremdfinanzierung und Ertragsteuern

Periode/Zeitpunkt	0	1	2	3
Menge		20.000	24.000	18.000
Preis		25,00	25,00	23,50
Variable Stückkosten		12,00	13,00	13,50
Stückdeckungsbeitrag		13,00	12,00	10,00
Gesamtdeckungsbeitrag		260.000	288.000	180.000
Fixe Auszahlungen		65.000	68.000	73.000
Betriebl. Zahlungsüberschuss		195.000	220.000	107.000
Investitionsauszahlung	300.000			
Zahlungssaldo gesamt	-300.000	195.000	220.000	107.000
Abzinsungsfaktor (15%)	1,000000	0,869565	0,756144	0,657516
Abgezinster Zahlungssaldo	-300.000	169.565	166.352	70.354
Kum. abgez. Zahlungssaldo	-300.000	-130.435	35.917	106.271

Der Kapitalwert des Vorhabens beträgt ohne Berücksichtigung der Fremdfinanzierung und der Ertragsteuern 106.271 Euro, d.h. die Investitionen zur Herstellung des neuen Spielzeugs lohnen sich.

b) Berücksichtigung der teilweisen Fremdfinanzierung

Periode/Zeitpunkt	0	1	2	3
Betriebl. Zahlungsüberschuss		195.000	220.000	107.000
Investitionsauszahlung	300.000			
Kreditaufnahme	160.000			
Kreditstand zum Ende der Periode (nachrichtlich)		*(112.584)*	*(59.478)*	*(0)*
Kreditzinssatz	12,00%			
Annuitätenfaktor		0,416349	0,416349	0,416349
Annuität		66.616	66.616	66.616
Kreditzinsen		19.200	13.510	*) 7.137
Kredittilgung		47.416	53.106	59.478
Zahlungssaldo gesamt	-140.000	128.384	153.384	40.384
Abzinsungsfaktor (15%)	1,000000	0,869565	0,756144	0,657516
Abgezinster Zahlungssaldo	-140.000	111.638	115.980	26.553
Kum. abgez. Zahlungssaldo	-140.000	-28.362	87.618	114.171

*) 1 Euro Rundungsdifferenz

Der Kapitalwert des Vorhabens beträgt mit Berücksichtigung der Fremdfinanzierung, jedoch ohne der Ertragsteuern, 114.171 Euro. Die Investition zur Herstellung des Spielzeugs lohnt sich.

Der Kapitalwert steigt gegenüber der Situation unter a) ohne Fremdfinanzierung sogar an, weil der fremdfinanzierte Teil der Investition mehr Mittel erwirtschaftet, als für die Aufbringung der Fremdkapitalzinsen erforderlich ist (positiver Leverage-Effekt).

c) Einbeziehung der Fremdfinanzierung und der Ertragsteuern

Es ist zu beachten, dass zum Abzinsen der Zahlungsüberschüsse nicht der Kalkulationszinssatz vor Steuern von 15%, sondern der um den Steueranteil von 40% reduzierte Kalkulationszinssatz nach Steuern in Höhe von 9% (= 15% * (1 - 0,4)) angewendet werden muss.

Periode/Zeitpunkt	0	1	2	3
Betriebl. Zahlungsüberschuss		195.000	220.000	107.000
Investitionsauszahlung	300.000			
Kreditaufnahme	160.000			
Kreditstand zum Ende der Periode (nachrichtlich)		(112.584)	(59.478)	(0)
Kreditzinssatz	12,00%			
Annuitätenfaktor		0,416349	0,416349	0,416349
Annuität		66.616	66.616	66.616
Kreditzinsen		19.200	13.510	7.137
Kredittilgung		47.416	53.106	59.478
Ertragsteuern (siehe unten)		30.320	42.596	-55
Zahlungssaldo gesamt	-140.000	98.064	110.788	40.439
Abzinsungsfaktor (9%)	1,000000	0,917431	0,841680	0,772183
Abgezinster Zahlungssaldo	-140.000	89.967	93.248	31.226
Kum. abgez. Zahlungssaldo	-140.000	-50.033	43.215	74.441

Nebenrechnung zur Ermittlung der Ertragsteuern:

Periode	1	2	3
Betriebl. Zahlungsüberschuss	195.000	220.000	107.000
Abschreibungen	100.000	100.000	100.000
Kreditzinsen (siehe oben)	19.200	13.510	7.137
Ertragsteuergrundlage	75.800	106.490	-137
Ertragsteuern (Steuersatz 40%)	30.320	42.596	-55

Der Kapitalwert ist in diesem Fall geringer als bei der Lösung gemäß b), weil der ungünstige Zahlungsmittelabfluss für die Ertragsteuern sich stärker auswirkt als der günstige Effekt aus dem reduzierten Kalkulationszinssatz nach Ertragsteuern.

d) Vollständiger Finanzplan

Periode/Zeitpunkt	0	1	2	3
Betriebl. Zahlungsüberschuss		195.000	220.000	107.000
Investitionsauszahlung	300.000			
Kreditaufnahme	160.000			
Kreditstand zum Ende der Periode (nachrichtlich)		*(112.584)*	*(59.478)*	*(0)*
Annuitätenfaktor		0,416349	0,416349	0,416349
Annuität		66.616	66.616	66.616
Kreditzinsen (12%)		19.200	13.510	7.137
Kredittilgung		47.416	53.106	59.478
Geldanlage		98.064	114.318	
Guthaben zum Ende der Periode (nachrichtlich)		*(98.064)*	*(212.382)*	*(0)*
Habenzinsen (6%)			5.884	12.743
Rückzahlung Geldanlage				212.382
Ertragsteuern		30.320	44.950	5.042
Zahlungssaldo gesamt*)	-140.000	0	0	260.467

*) aus Sicht der Gesellschafter

Nebenrechnung zur Ermittlung der Ertragsteuern:

Periode/Zeitpunkt	1	2	3
Betriebl. Zahlungsüberschuss	195.000	220.000	107.000
Abschreibungen	100.000	100.000	100.000
Kreditzinsen	19.200	13.510	7.137
Guthabenzinsen	0	5.884	12.743
Ertragsteuergrundlage	75.800	112.374	12.606
Ertragsteuern (Steuersatz 40%)	30.320	44.950	5.042

Die Gesellschafter geben zum Investitionszeitpunkt 140.000 Euro her. Sie erhalten dafür nach Ablauf von drei Jahren 260.467 Euro zurück.

e) Die Effektivverzinsung (r) für die von den Gesellschaftern eingebrachten Eigenmittel ergibt sich aus der Formel für zwei Zahlungszeitpunkte:

$$r = ((Z_n / Z_0)^{1/n} - 1) * 100\%$$
$$= ((260.467 / 140.000)^{1/3} - 1) * 100\%$$
$$= 22{,}99\%$$

Die effektive Verzinsung der Eigenmittel beträgt rund 23% und liegt damit deutlich über der geforderten Mindestverzinsung in Höhe von 15%.

Der *Effektivzinssatz gemäß Vofi* ist real durch die geplanten Maßnahmen zu erzielen; ihm liegen keine - ggf. unrealistischen - Annahmen bezüglich der Refinanzierung von Fehlbeträgen bzw. der Anlage von Überschüssen zugrunde. Der *interne Zinsfuß* traditioneller Art hingegen unterstellt, dass frei werdende Mittel zu diesem Zinssatz wieder angelegt werden können; eine solche Anlagemöglichkeit existiert jedoch meist nicht, insbesondere wenn hohe Renditen ausgewiesen werden.

2.6. Sonstige Modellerweiterungen

Aufgabe 2-25: *Investitionsentscheidungen bei Unsicherheit*

a) Die Entscheidung für eine Investitionsalternative kann anhand von Endvermögenswerten (EVW) fallen, wenn die zur Verfügung stehenden eigenen Mittel für alle drei Investitionsalternativen als gleich hoch angesehen werden.

b) Die *Wald-Regel* (auch Pessimismus-Kriterium genannt) geht davon aus, dass für jede Alternative jeweils die schlechteste Umweltsituation zutrifft, bei Alternative 1 also Situation 2 usw.. Gabi Zauder wählt dann die Alternative aus, die die höchste der minimalen Endvermögenswerte hat, also die Alternative A_1.

Die *Maximax-Regel* (auch Optimismus-Kriterium genannt) geht davon aus, dass für eine Alternative immer die beste Umweltsituation eintritt, bei Alternative 1 also die Situation 1. Gabi Zauder wählt also hier die Alternative A_3, die mit einem Endvermögenswert von 11 Mio. € den absolut höchsten Erfolgsbeitrag aufweist.

Die *Hurwicz-Regel* ist ein Kompromiss zwischen der Wald- und der Maximax-Regel; sie kombiniert diese beiden Regeln. Dabei spiegelt der so genannte Optimismusfaktor λ (zwischen 0 und 1) das Risikobewusstsein des Entscheidungsträgers wider. Die günstigste Konstellation wird mit dem Faktor für Optimismus λ und die ungünstigste Datensituation mit dem Faktor $\lambda-1$ für Pessimismus gewichtet. Der Hurwicz-Wert H_i einer Alternative i errechnet sich damit hier aus folgender Gleichung:

$$H_i = EVW_i^{min} * (1 - \lambda) + EVW_i^{max} * \lambda$$

Die Hurwicz-Regel führt hier dazu, dass Gabi Zauder die Altenative 3 mit dem höchsten Hurwicz-Wert von 5,4 wählt.

Die *Laplace-Regel* geht davon aus, dass aufgrund der Unsicherheit von keiner Datensituation anzunehmen ist, dass sie mit größerer Wahrscheinlichkeit als andere eintreten wird. Alle Situationen werden als gleich wahrscheinlich angesehen. Gewählt wird die Alternative, die die höchste Summe der Endvermögenswerte aufweist, also Alternative 2.

Auf völlig anderen Überlegungen beruht die *Savage-Niehans-Regel*, auch Regel des geringsten Bedauerns genannt. Nach dieser Regel wird aus der Erfolgsmatrix zunächst die Matrix des Bedauerns abgeleitet. Auf diese Matrix des Bedauerns ist dann die Minimax-Regel anzuwenden, d.h. es ist die Alternative auszuwählen, deren maximales Bedauern unter allen Alternativen am geringsten ist. Man minimiert also das maximale Bedauern.

Hier kommt es zu folgender Matrix des Bedauerns. Für Alternative 2 ist das maximale Bedauern am geringsten; sie ist optimal.

	S_1	S_2	S_3	S_4	max!
A_1	0	7	4	2	7
A_2	5	2	0	0	[5]
A_3	3	0	7	1	7

c) Der Erwartungswert μ_i der Endvermögenswerte errechnet sich für jede Alternative i allgemein wie folgt:

$$\mu_i = \sum_j EVW_{ij} \cdot w_j$$

Damit ergeben sich die folgenden Erwartungswerte der Endvermögenswerte:

Alternative	Erwartungswert
A_1	6,1
A_2	6,6
A_3	6,5

Gabi Zauder wählt die Alternative 2, weil diese Alternative den höchsten Erwartungswert hat.

d) Hier sind zunächst der Erwartungswert als Maß für den Erfolg und die Standardabweichung als Maß für das Risiko für jede Investitionsalternative zu ermitteln:

Alternative	μ	σ
A_1	6,1	1,7000
A_2	6,6	3,0397
A_3	6,5	3,0741

Die beiden Investitionsalternativen A_1 und A_2 sind effizient. A_1 hat einen niedrigeren Erwartungswert als A_2, aber auch ein niedrigeres Risiko. Die Alternative A_3 ist nicht effizient. Sie wird von der Alternative A_2 dominiert, denn Alternative A_2 hat einen höheren Erwartungswert und ein niedrigeres Risiko als Alternative A_3. Aufgrund dieses Ergebnisses kann Gabi Zauder noch keine optimale Investitionsalternative identifizieren, da einmal der höhere Erwartungswert mit dem höheren Risiko(A_2) und zum anderen der niedrigere Erwartungswert mit dem niedrigeren Risiko(A_1) verbunden ist.

e) Hier ist zunächst die individuelle Nutzenmatrix für Gabi Zauder zu ermitteln. Dazu sind die Endvermögenswerte mit Hilfe der ermittelten Risikonutzenfunktion in Nutzenwerte umzurechnen. Es ergibt sich folgende Nutzenmatrix:

Alternative	S_1	S_2	S_3	S_4
A_1	6,72	3,68	5,28	4,50
A_2	2,82	7,38	8,00	6,02
A_3	4,50	8,58	2,82	5,28

Diese Nutzenmatrix bildet nun die Grundlage zur Berechnung des Erwartungswertes des Nutzens für die einzelnen Investitionsalternativen. Es ergeben sich die folgenden Erwartungswerte des Nutzens:

Alternative	Erwartungswert des Nutzens
A_1	5,298
A_2	$\boxed{5,544}$
A_3	5,466

Gabi Zauder wählt nun die Alternative A_2, weil der Erwartungswert des Nutzens mit 5,544 am höchsten ist.

Aufgabe 2-26: *Bestimmung der optimalen Nutzungsdauer und des optimalen Ersatzzeitpunktes*

a) Berechnung der optimalen Nutzungsdauer

Jahr/Zeitpunkt (n)	0	1	2	3	4
Zahlungsübersch. (ZÜ)	-100.000	28.000	32.000	35.000	28.000
Resterlös bei Verkauf		80.000	65.000	38.000	12.000
$ABF^{12\%}_{n\text{ Jahre}}$	1,000000	0,892857	0,797194	0,711780	0,635518
Abgezinster ZÜ	-100.000	25.000	25.510	24.912	17.795
Abgezinster Resterlös		71.429	51.818	27.048	7.626
Kapitalwert für ND = n		-3.571	2.328	*2.470*	843

ND = Nutzungsdauer

Zum Beispiel erhalten wir den Kapitalwert für eine Nutzungsdauer von zwei Jahren, indem wir die abgezinsten Zahlungsüberschüsse bis zum zweiten Jahr und den abgezinsten Resterlös des zweiten Jahres addieren, wie folgende Detailberechnung zeigt:

$C_0(ND = 2 \text{ Jahre}) = -100.000 + 25.000 + 25.510 + 51.818 = 2.328$

Offensichtlich beträgt die optimale Nutzungsdauer drei Jahre, denn für diesen Nutzungszeitraum wird der maximale Kapitalwert in Höhe von 2.470 Euro erzielt.

b) Da der Kapitalwert der Ersatzinvestition sich zum Ersatzzeitpunkt genau gemäß a) ergibt, wird dieser Betrag umso stärker abgezinst, je später der Ersatzzeitpunkt liegt. Der optimale Ersatzzeitpunkt liegt daher in der Regel vor der optimalen Nutzungsdauer einer Einzelinvestition und erreicht diese nur in Grenzfällen, kann sie jedoch nicht überschreiten. Deshalb liegt im vorliegenden Fall nach den Ergebnissen aus a) der optimale Ersatzzeitpunkt innerhalb der ersten drei Jahre. Hier gilt:

Optimale Nutzungsdauer der Ersatzinvestition = 3 Jahre
Kapitalwert der Ersatzinvestition zum Ersatzzeitpunkt = 2.470

Der Kapitalwert der Erstinvestition für eine Nutzungsdauer von n Jahren kann der Tabelle unter a) entnommen werden. Dieser Kapitalwert bezieht sich unmittelbar auf den Zeitpunkt 0.

Die Tabelle unter a) beschreibt auch die Kapitalwerte der Ersatzinvestition, jedoch bezogen auf den jeweiligen Ersatzzeitpunkt. Um diese auf den Zeitpunkt 0 zu transformieren, muss der Kapitalwert der Ersatzinvestition zum Ersatzzeitpunkt je nach dem Zeitpunkt des Ersatzes um entsprechend viele Jahre abgezinst werden. Zum Beispiel erhalten wir bei Ersatz nach drei Jahren:

$C_0^{\text{Ersatzinvest.}} = 2.470 * ABF^{12\%}{}_{3 \text{ Jahre}} = 2.470 * 0{,}711780 = 1.758$

Der Kapitalwert der Investitionskette entspricht der Summe der Kapitalwerte der Erst- und der Ersatzinvestition.

Ersatzeitpunkt (n)	1	2	3
Kapitalwert der Erstinvestition bei ND = n	-3.571	2.328	2.470
Kapitalwert der Ersatzinvestition bei ND = n	2.205	1.969	1.758
Kapitalwert der Investitionskette bei ND = n	-1.366	*4.297*	4.228

Beachten Sie, dass sich die Nutzungsdauer (ND) in dieser Tabelle ausschließlich auf die Erstinvestition bezieht. Die Nutzungsdauer der Investitionskette entspricht der Nutzungsdauer der Erstinvestition zuzüglich der Nutzungsdauer der Ersatzinvestition von drei Jahren. Wegen des höchsten Kapitalwerts der Investitionskette empfiehlt sich der Ersatz nach zwei Jahren, sodass die optimale Nutzungsdauer der Investitionskette fünf Jahre beträgt.

2.7. Bestimmung des optimalen Investitionsvolumens

Aufgabe 2-27: *Kapitalbudget nach Dean/Grundlagen*

a) Beim Leverage-Effekt wird unterstellt, dass die Investitionsrendite und der Fremdkapitalzins konstant sind. Außerdem wird angenommen, dass die Investitionsrendite immer oberhalb des Fremdkapitalzinssatzes liegt. Diese Prämissen sind realitätsfern. Tatsächlich wird es bei zunehmendem Investitionsvolumen immer schwieriger, lohnende Investitionen zu finden, sodass die Investitionsrendite mit zunehmendem Investitionsvolumen sinkt. Umgekehrt steigt der Fremdkapitalzins mit zunehmender Verschuldung, weil das Risiko für den Fremdkapitalgeber immer höher wird. Dies bedeutet, dass bei steigender Verschuldung irgendwann die Investitionsrendite unterhalb des Fremdkapitalzinses liegt und somit die Eigenkapitalrendite sinkt oder sogar negativ wird.

b)

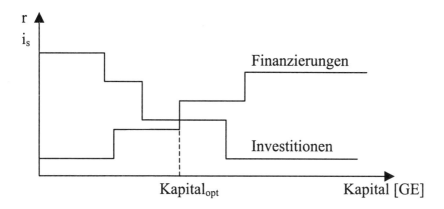

Beim Kapitalbudget werden die Investitionen nach sinkenden Renditen geordnet. Man beginnt mit der besten Investition. Die Finanzierungen werden nach steigenden Effektivbelastungen sortiert. Man beginnt hier mit der besten Finanzierung, also derjenigen, die die niedrigste Effektivbelastung aufweist. Dort, wo sich die beiden Kurven schneiden, liegt der optimale Kapitaleinsatz. Die Grafik zeigt, dass zusätzliche Fremdmittel nur bis zur Höhe Kapital$_{opt}$ aufgenommen werden sollten. Hier bringt die letzte eingesetzte Geldeinheit genau so viel, wie sie kostet.

Aufgabe 2-28: *Kapitalbudget nach Dean/Berechnung*

a)

Durchzuführende Investition Nr.	Betrag [€]	Aufzunehmender Kredit Nr.	Betrag [€]
1	100.000	1	150.000
2	80.000	2	100.000
3	70.000		
Summe	250.000	Summe	250.000

Das gewinnmaximale Investitions- und Finanzierungsprogramm erbringt einen Gewinn von

100.000 * 0,15 + 80.000 * 0,12 + 70.000 * 0,08 − 150.000 * 0,05
− 100.000 * 0,07 = 15.000 + 9.600 + 5.600 − 7.500 − 7.000
= 15.700 €.

b) Wird die Investition 3 ganz durchgeführt, schmälert sich der Gewinn aus Aufgabe c) um 1.800 €, denn man hat zwar höhere Erlöse von 90.000 * 0,08 = 7.200 €, aber die höheren Finanzierungskosten von 90.000 * 0,1 = 9.000 € übersteigen die zusätzlichen Erlöse um 1.800 €.

Verzichtet man dagegen auf die Investition 3, so schmälert sich der Gewinn nur um 700 €, da sich die Erlöse um 70.000 * 0,08 = 5.600 € mindern, aber gleichzeitig um 70.000 * 0,07 = 4.900 € niedrigere Finanzierungskosten anfallen.

In dieser Situation verzichtet man also besser auf die Investitionsmöglichkeit 3. Es ergibt sich dann ein Gewinn von 15.000 €.

Aufgabe 2-29: *Optimale Abstimmung des Investitions- und Finanzierungsprogramms*

a) Herrn Meiers Überlegung, die Investitionen nur mit den kostengünstigsten Möglichkeiten zu finanzieren, ist durchaus sinnvoll. Fraglich erscheint jedoch Meiers Idee einer hohen Mindestverzinsung der Investitionen. Herr Schulz hat mit seinem Hinweis, dass dadurch Chancen vertan werden, durchaus Recht.

Doch Schulzes Vorschlag, die Finanzierungsmöglichkeiten den Investitionen so zuzuordnen, dass die Effektivbelastung gerade noch kleiner als die Investitionsrendite ist, erscheint nicht sinnvoll. Dadurch kann er zwar das Investitionsvolumen, nicht aber den jährlichen Nettoüberschuss maximieren. Dies aber ist erforderlich, um bei gegebenem Einsatz an Eigenkapital die maximale Eigenkapitalrendite zu erzielen. Zu einer solchen Optimallösung gelangt man durch die Maxime des Kapitalbudgets, die unter Teil c) näher beschrieben wird.

b) Nach Herrn Meiers Vorschlag kommt nur Investition A in Frage, da nur diese die Mindestrendite erreicht. Die Finanzierung erfolgt mit Alternative f (Beträge und Überschüsse in 1.000 Euro).

Investitions- und Finanzierungsprogramm nach Meier					
Inv.-Nr.	Fin.-Nr.	Betrag	Rendite	Eff.zins	Saldo	Überschuss
A	f	100	16%	6%	10%	10,0

Herr Schulz wird zu folgendem Vorschlag gelangen und lediglich Investition C nicht durchführen, da sich hierfür keine hinreichend günstige Finanzierung bietet.

Investitions- und Finanzierungsprogramm nach Schulz					
Inv.-Nr.	Fin.-Nr.	Betrag	Rendite	Eff.zins	Saldo	Überschuss
A	c	100	16%	15%	1%	1,0
F	d	250	14%	12%	2%	5,0
B	a	150	12%	9%	3%	4,5
G	e	200	10%	8%	2%	4,0
D	b	100	8%	7%	1%	1,0
E	f	100	7%	6%	1%	1,0
Σ		900	---	---	---	16,5

Bei dieser Lösung liegt das Investitions- und Finanzierungsvolumen mit insgesamt 900.000 Euro um 800.000 Euro höher als bei Meiers Vorschlag, doch steigt der Überschuss nur geringfügig um

6.500 Euro auf 16.500 Euro. Dass diese Lösung nicht optimal ist, erkennen wir schon daran, dass gerade die günstigste Finanzierung f mit 6% Effektivverzinsung nur zur Hälfte beansprucht wird. Die andere Hälfte könnte anstelle der Finanzierungsmöglichkeit c für Investition A verwendet werden.

c) Nach der Maxime des Kapitalbudgets sind die Investitionen nach abnehmender Rendite, die Finanzierungsmöglichkeiten nach aufsteigender Effektivbelastung zu sortieren. Der Schnitt ist dort zu machen, wo die Rendite einer Investition gerade noch die Effektivbelastung aus der Finanzierung deckt.

Investitions- und Finanzierungsprogramm nach Kapitalbudget						
Inv.-Nr.	Fin.-Nr.	Betrag	Rendite	Eff.zins	Saldo	Überschuss
A	f	100	16%	6%	10%	10,0
F	f	100	14%	6%	8%	8,0
	b	100	14%	7%	7%	7,0
	e	50	14%	8%	6%	3,0
B	e	150	12%	8%	4%	6,0
G	a	150	10%	9%	1%	1,5
	d	50	10%	12%	-2%	-1,0
Σ		700	---	---	---	34,5

Die Investition G ist für das Unternehmen von Vorteil, da der Überschuss von 1.500 Euro aus der Teilfinanzierung a größer ist als die Unterdeckung aus der Teilfinanzierung d. Im Vergleich zu Meiers Lösung verbessert sich der Überschuss um 24.500 Euro, im Vergleich zu Schulzes Vorschlag immerhin noch um 18.000 Euro, also um mehr als 100%.

3. Betriebliche Finanzwirtschaft

3.1. Grundlagen

Aufgabe 3-1: *Aussagen zur betrieblichen Finanzwirtschaft*

	richtig	falsch
a) Als Fremdfinanzierung bezeichnet man		
– die Aufnahme eines Darlehns von einem Gesellschafter	X	
– den Erhalt von Anzahlungen	X	
– die Ausgabe von Aktien		X
– die Auflösung von Rücklagen		X
– die Aufnahme eines Kontokorrentkredites	X	
– die Bezahlung einer Lieferung mit einem Solawechsel	X	
b) Fremdfinanzierung liegt in der Regel vor bei		
– Mitwirkung des Kreditgebers an der Geschäftsführung		X
– Anspruch des Gläubigers auf Zins und Tilgung	X	
– Anspruch auf einen bestimmten Prozentsatz am Gewinn		X
c) Eigenfinanzierung liegt vor bei		
– Ausgabe junger Aktien gegen Einlage	X	
– Aufnahme eines Darlehns von einem Eigentümer		X
– Ausgabe von Gratisaktien*		X
– Ausgabe von Anleihen		X
– Gewinnthesaurierung	X	
– Gewährung eines Darlehns an Eigentümer		X

*) bewirkt keine effektive Finanzierung

	richtig	falsch
d) Das Bezugsrecht für Aktionäre bei einer Kapitalerhöhung ist notwendig, um		
– die Aktionäre vor finanziellen Nachteilen zu schützen	X	
– die goldene Bilanzregel einzuhalten		X
– eine Veränderung der Stimmrechtsverhältnisse zu verhindern	X	
e) Bei der ordentlichen Kapitalerhöhung		
– ist ein Beschluss der Hauptversammlung mit 1/4-Mehrheit erforderlich		X
– wird den Aktionären ein Bezugsrecht eingeräumt	X	
– ist keine Eintragung in das Handelsregister erforderlich		X
– wird der Nennwert der alten Aktien erhöht		X
f) Die genehmigte Kapitalerhöhung		
– ist nur erlaubt, wenn die Hauptversammlung bestimmte, genau bezeichnete Investitionen genehmigt		X
– erfordert die Zustimmung der Hauptversammlung mit 3/4-Mehrheit	X	
– erfordert die Zustimmung des Aufsichtsrats	X	
– erfordert eine Eintragung in das Handelsregister	X	
– räumt für längstens 10 Jahre das Recht ein, das Grundkapital zu erhöhen		X
– erlaubt eine unbegrenzte Erhöhung des Grundkapitals		X
– dient der flexiblen Gestaltung einer Erweiterung der Beteiligungsfinanzierung	X	

Betriebliche Finanzwirtschaft - Lösungen

	richtig	falsch
g) Der Ausgabekurs für junge (zusätzliche) Aktien		
– sollte unterhalb des Börsenkurses liegen	X	
– darf nur dann unterhalb des Nennwertes liegen, wenn die Hauptversammlung dies mit 3/4-Mehrheit beschlossen hat		X
– darf nur dann unter dem Nennwert liegen, wenn der Börsenkurs unter diesen gefallen ist		X
– ist ausschlaggebend für den Finanzmittelzufluss aus einer Kapitalerhöhung	X	
h) Für den Einheitskurs gilt, dass		
– auch der Begriff „Kassakurs" verwendet wird	X	
– er börsentäglich fortlaufend notiert wird		X
– bei ihm die maximale Anzahl von Aktien (Stücke) verkauft wird	X	
– alle unter ihm limitierten Kaufaufträge ausgeführt werden können		X
– alle Billigst- und Bestensaufträge ausgeführt werden können	X	
i) Stammaktien beinhalten das Recht auf		
– Beteiligung am Liquidationserlös eines Unternehmens	X	
– Dividendenzahlungen in Höhe eines Mindestzinssatzes		X
– Teilnahme an der Hauptversammlung	X	
– direkte Wahl des Vorstandes einer AG		X
– jederzeitige Rückzahlung des Kapitals durch die Gesellschaft		X
j) Lieferantenkredite werden im Regelfall		
– durch Grundpfandrechte gesichert		X
– ohne besondere Kreditwürdigkeitsprüfung gewährt	X	

	richtig	falsch
k) Als Referenzzinssätze bei variablen Zinsvereinbarungen eignen sich der		
– LIBOR	X	
– EURIBOR	X	
– Spareckzins		X
– Kalkulationszinsfuß		X
l) Ein Wechsel		
– wird übereignet nur durch Übergabe		X
– kann als Zahlungsmittel fungieren	X	
– kann bei der Landeszentralbank eingereicht werden, wenn es sich um einen „guten Handelswechsel" handelt		X
– unterliegt der Wechselsteuer		X
– heißt Akzept, wenn der Bezogene quer unterschreibt	X	
– unterliegt der Wechselstrenge	X	
m) Zu den Personalsicherheiten gehört		
– die Garantie	X	
– die Hypothek		X
– das Pfandrecht		X
– die Sicherungsabtretung		X
– die Negativklausel	X	
– die Bürgschaft	X	
n) Zu den Realsicherheiten gehört		
– die Patronatserklärung		X
– der derivative Firmenwert		X
– die Grundschuld	X	
– der Eigentumsvorbehalt	X	
– der Kreditauftrag		X
– die Sicherungsabtretung (Zession)	X	

	richtig	falsch
o) Die Zahlungsfähigkeit eines Unternehmens ist mit Sicherheit gegeben, wenn		
– die Liquidität 1. Grades zum Bilanzstichtag eingehalten wurde		X
– das ausgewiesene Eigenkapital mindestens so hoch ist wie das Fremdkapital		X
– alle Gesellschafter ihre Einlage geleistet haben		X
– die Eigenkapitalquote mindestens 30% beträgt		X
p) Zero-Bonds		
– werden an der Börse stets zum Nennwert notiert		X
– sind in Deutschland nicht zugelassen		X
– beinhalten für den Emittenten Kosten- und Liquiditätsvorteile während der Laufzeit	X	
q) Zu den langfristigen Fremdfinanzierungen gehört		
– das Schuldscheindarlehn	X	
– der Lieferantenkredit		X
– die Ausgabe junger Aktien gegen Einlage		X
– der Avalkredit		X
– der Diskontkredit		X
– die Schuldmitübernahme		X
– der Zero-Bond	X	
r) Das Schuldscheindarlehn		
– wird insbesondere von Sparkassen und Volksbanken ausgegeben		X
– soll keine längere Laufzeit als 15 Jahre haben	X	
– kann auf einem Schuldschein beruhen	X	
– wird insbesondere an Körperschaften des öffentlichen Rechts, Kreditinstitute mit Sonderaufgaben und Unternehmen erster Bonität vergeben	X	

	richtig	falsch
s) Bei Wandelschuldverschreibungen		
– gibt es das Recht auf Umtausch in Aktien	X	
– gilt die Degussaklausel		X
– ist eine 3-jährige Sperrfrist einzuhalten, bevor der Umtausch in Aktien erfolgen kann		X
– ist eine bedingte Kapitalerhöhung erforderlich	X	
– wird den Aktionären ein Bezugsrecht eingeräumt	X	
– können Kommanditgesellschaften die Emittenten sein		X
t) Bei Optionsanleihen		
– hat der Anleger das Recht, Wertpapiere zu einem im voraus festgesetzten Preis zu erwerben	X	
– liegt die Verzinsung meist unter dem Kapitalmarktzins	X	
– erlischt die Anleihe bei Ausübung der Option		X
– gibt das Bezugsverhältnis bei stock warrants an, wie viele Optionsscheine für den Bezug einer Aktie erforderlich sind	X	
– ergeben sich zwei Börsennotierungen		X
– orientiert sich der Börsenkurs des Optionsscheins am Kursniveau der entsprechenden Aktie	X	
u) Beim Lombardkredit		
– werden Grundstücke beliehen		X
– werden Wertpapiere beliehen	X	
– werden Edelmetalle beliehen	X	
– handelt es sich um einen langfristigen Kredit, den die Bundesbank gewährt		X

Betriebliche Finanzwirtschaft - Lösungen 237

	richtig	falsch
v) Beim Akzeptkredit		
– zieht ein Kreditinstitut auf einen Kunden einen Wechsel		X
– stellt das Kreditinstitut keine finanziellen Mittel bereit	X	
– wird das Kreditinstitut durch sein Akzept zum Hauptschuldner	X	
– muss der Kunde den Wechselbetrag vor Fälligkeit des Wechsels bereitstellen	X	
w) Beim Avalkredit		
– handelt es sich um einen Geldkredit		X
– haftet ein Kreditinstitut für einen Kunden in Form einer Patronatserklärung		X
– übernimmt ein Kreditinstitut z. B. eine Prozessbürgschaft	X	
– fällt die Avalprovision an	X	
x) Eine stille Selbstfinanzierung kann sich ergeben		
– durch überhöhte Bildung von Rücklagen		X
– durch überhöhte Abschreibungen	X	
– durch überhöhte Bildung von Rückstellungen	X	

3.2. Außenfinanzierung/Beteiligungsfinanzierung

Aufgabe 3-2: *Kapitalerhöhung der Aktiengesellschaft*

a)

	richtig	falsch
Kapitalerhöhung aus Gesellschaftsmitteln	O	⊗
Effektive Kapitalerhöhung	⊗	O
Kapitalerhöhung gegen Einlagen	⊗	O
Genehmigte Kapitalerhöhung	O	⊗
Nominelle Kapitalerhöhung	O	⊗

b) Das Bezugsverhältnis (BV) entspricht der Relation der Zahl der alten Aktien (a) zur Zahl der neuen Aktien (n) bzw. dem Verhältnis aus bisherigem zu neuem (zusätzlichem) gezeichneten Kapital; es gilt also:

BV = a : n
BV = altes gezeichnetes Kapital : neues gezeichnetes Kapital

Die Kapitalerhöhung der NABU AG beträgt 250.000 Euro. Deshalb ist das Bezugsverhältnis 500.000 : 250.000 = 2 : 1.

c) Die jungen Aktien sind nur für vier Monate (September bis Dezember) dividendenberechtigt. Ihr Dividendennachteil (DN_n) gegenüber den alten Aktien bezieht sich also auf 2/3 des Geschäftsjahres. Deshalb gilt bei der Kapitalerhöhung der NABU AG:

DN_n = 2/3 * 3,00 = 2,00 Euro

d) Der Mischkurs der alten Aktien (MK_a) ergibt sich als gewichteter Mittelwert aus dem bisherigem Kurs der alten Aktien (K_a) und dem um den Dividendennachteil (DN_n) korrigierten Emissionskurs der neuen Aktien (K_n); die Gewichtung entspricht der Relation aus alten Aktien (a) und neuen Aktien (n).

MK_a = [a * K_a + n * (K_n + DN_n)] / (a + n)

Im Fall der NABU AG gilt:

MK_a = [2 * 60,80 + 1 * (43,80 + 2,00)] / (2 + 1) = 55,80 Euro

e) Der rechnerische Bezugsrechtswert (BRW) entspricht der Differenz aus bisherigem Börsenkurs und rechnerischem Mischkurs der alten Aktien:

$BRW = K_a - MK_a$
$BRW = 60{,}80 - 55{,}80 = 5{,}00$ Euro

Sofern der Mischkurs der alten Aktien noch nicht vorliegt, kann der Bezugsrechtswert alternativ mit Hilfe der folgenden Formel berechnet werden:

$BRW = [K_a - (K_n + DN_n)] / (BV + 1)$
$BRW = [60{,}80 - (43{,}80 + 2{,}00)] / (2{:}1 + 1) = 5{,}00$ Euro

f) Die zahlungswirksamen Emissionskosten gehen zu Lasten der Aufstockung der Kapitalrücklage. Damit hat die Kapitalerhöhung auf die Bilanz der NABU AG folgende Auswirkungen:

Aktiva
Bank   (50.000 * 43,80 - 190.000)   +2.000.000 Euro
Passiva
Gezeichn. Kapital (750.000 - 500.000)   +250.000 Euro
Kapitalrücklage   (50.000 * 43,80 - 190.000 - 250.000)   +1.750.000 Euro

g)

	sinkt	steigt	unverändert
Jahresüberschuss	○	○	⊗
Anlagenintensität	⊗	○	○
Barliquidität	○	⊗	○
Verschuldungsgrad	⊗	○	○
Cashflow	○	○	⊗

h) (Werte in Euro)

Maximaler Erlös aus Bezugsrechten (1.290 * 5,00)	6.450,00
/ Benötigte Mittel je junge Aktie (43,80 + 2 * 5,00)	53,80
= Von Meier zu erwerbende junge Aktien	119
* Bezugsverhältnis	2
= Benötigte Bezugsrechte	238

Ablauf der „Operation Blanche":

Verkauf der freien Bezugsrechte (1.290 - 238)	1.052
* Bezugsrechtswert	5,00
= Verkaufserlös aus Bezugsrechtsverkauf	5.260,00
- Benötigte Mittel für junge Aktien (119 * 43,80)	5.212,20
= Liquiditätsüberschuss	47,20

Der Nachteil Meyers besteht darin, dass sein relativer Anteil am gezeichneten Kapital der NABU AG zurückgeht. Da er aber nur Minderheitsaktionär ist, geht für ihn weder eine Mehrheit noch die Sperrminorität verloren; insofern ist dieser Nachteil nicht gravierend.

i) (Werte in Euro)

Verkauf der freien Bezugsrechte (1.290 - 238)	1.052
* Erlös je Bezugsrecht	4,98
= Erlös aus Bezugsrechtsverkauf gesamt	5.238,96
- Benötigte Mittel für junge Aktien (119 * 43,80)	5.212,20
= Liquiditätsüberschuss	26,76

Der Liquiditätsüberschuss reduziert sich gegenüber dem zunächst berechneten Betrag auf 26,76 Euro.

Aufgabe 3-3: *Bilanzkurs, Ertragswertkurs, Bezugsrechtswert*

a) Der Bilanzkurs errechnet sich wie folgt:

$$\text{Bilanzkurs} = \frac{\text{Bilanziertes Eigenkapital}}{\text{Gezeichnetes Kapital}} * 100\%$$

$$\text{Bilanzkurs} = \frac{8.100.000}{5.000.000} * 100\% = 162\%$$

Der Ertragswertkurs ergibt sich zu:

$$\text{Ertragswertkurs} = \frac{\text{Ertragswert}}{\text{Gezeichnetes Kapital}} * 100\%$$

$$\text{Ertragswertkurs} = \frac{1.200.000 / 8\%}{5.000.000} * 100\% = 300\%$$

b) Das Bezugsverhältnis errechnet sich aus:

$$\text{Bezugsverhältnis} = \frac{\text{Gezeichnetes Kapital}}{\text{Kapitalerhöhung}}$$

$$\text{Bezugsverhältnis} = \frac{5.000.000}{1.000.000} = \frac{5}{1}$$

Das Bezugsverhältnis alte zu neue Aktien liegt bei 5:1.

c) Der rechnerische Wert des Bezugsrechts BRW liegt bei

$$\text{BRW} = \frac{K_a - K_n}{\frac{a}{n} + 1} = \frac{28 - 22}{5 + 1} = \frac{6}{6} = 1 \, €$$

d) Der rechnerische Wert des Bezugsrechts BRW liegt nun bei

$$BRW = \frac{K_a - K_n - DN}{\frac{a}{n}+1} = \frac{28 - 22 - 0{,}25}{5+1} = 0{,}95833 \ \text{€}$$

e) Der unterjährige Fünfmonatszins errechnet sich zu $r_u = 7{,}5 / 275 = 0{,}0272727$. Einsetzen in die Zinsumrechnungsformel ergibt den effektiven Jahreszins von

$$r = (1+0{,}0272727)^{(12/5)} - 1 = 0{,}066708 = 6{,}67\%.$$

Der Kauf der Aktien hat sich nicht gelohnt, da die Hausbank sogar eine Effektivverzinsung von 7% bietet.

Aufgabe 3-4: *Mittelkurs, Stück- und Prozentnotierung*

a)

50 Mio. €	410%	205 Mio. €
10 Mio. €	350%	35 Mio. €
60 Mio. €	400%	240 Mio. €

Der neue Mittelkurs müsste sich rein rechnerisch unter sonst gleichen Umständen zu 400% ergeben. Dies entspricht einer Stücknotierung von 200 € je 50 €-Aktie.

b) Der rechnerische Wert des Bezugsrechts ergibt sich zu:

$$BRW = \frac{K_a - K_n}{\frac{a}{n}+1} = \frac{205 - 175}{5+1} = \frac{30}{6} = 5 \ \text{€}$$

c) Der neue Mittelkurs nach der Kapitalerhöhung muss rein rechnerisch unter sonst gleichen Bedingungen bei 200 € liegen. Dies entspricht einem Gewinn von 25 € je junger Aktie und einem Verlust von 5 € je alter Aktie.

Um eine neue Aktie kaufen zu können, benötigt man fünf Bezugsrechte. Der Altaktionär hat aber nur drei Bezugsrechte, folglich muss er zwei Bezugsrechte erwerben, die rechnerisch jeweils 5 € kosten. Für den Altaktionär stellt sich die Situation dann wie folgt dar:

Gewinn bei Kauf einer Aktie: 25 € - Kauf zweier Bezugsrechte
zu je 5 € = 25 − 10 = 15 €
Verlust bei drei alten Aktien: 3 * 5 = 15 €

Folglich ergibt sich für den Altaktionär rein rechnerisch keine Vermögensänderung.

Aufgabe 3-5: *Beteiligungsfinanzierung bei der AG*

a) Gemäß § 71 Abs. 1 AktG ist der Erwerb eigener Aktien u.a. in folgenden Fällen möglich:

- zur Abwendung eines schweren, unmittelbar bevorstehenden Schadens,
- zur Ausgabe von Belegschaftsaktien,
- zur Abfindung von Aktionären,
- bei unentgeltlichem Erwerb oder falls ein Kreditinstitut mit dem Erwerb eine Einkaufskommission ausführt,
- durch Gesamtrechtsnachfolge und
- zur Einziehung der Aktien im Rahmen der Herabsetzung des Grundkapitals.

b) Der Erwerb eigener Aktien gemäß § 71 Abs. 1 Nummer 8 AktG ermöglicht es der Gesellschaft, kostengünstig und flexibel zu agieren bei einem beabsichtigten Erwerb von bzw. bei einer Beteiligung an Unternehmen, bei einem Unternehmenszusammenschluss oder zur Abwehr einer feindlichen Übernahme.

c) Bei einer Kapitalerhöhung gegen Einlagen fließen der Aktiengesellschaft durch die Ausgabe der jungen Aktien an bisherige und ggf. neue Aktionäre flüssige Mittel von außerhalb des Unternehmens zu (effektive Kapitalerhöhung). Die Kapitalerhöhung aus Gesellschaftsmitteln beinhaltet lediglich eine Umwandlung von dafür verwertbaren Rücklagen in Grundkapital und bleibt ohne Liquiditätszufluss (nominelle Kapitalerhöhung).

d) Das Grundkapital soll auf Euro umgestellt werden. Das bedarf wegen des ungeraden Umrechnungsbetrages einer entsprechenden zusätzlichen Kapitalerhöhung, um das Grundkapital auf einen runden Wert zu glätten.

e) Die Optionsanleihe verbrieft neben der Anleihe das separate Recht, den Optionsschein gegen Aktien zu tauschen. Der Inhaber der Optionsanleihe erwirbt bei Ausübung des Rechts also zusätzlich zur Obligation noch Aktien, sodass er dann sowohl Fremd- als auch Eigenkapitalgeber ist.

Bei der Wandelschuldverschreibung tauscht der Inhaber durch Ausübung des Umtauschrechts Obligationen gegen Aktien. Nach dem Tausch sind die Gläubigerrechte erloschen; der Inhaber wird vom Fremd- zum Eigenkapitalgeber.

f) Die Eigentumsübertragung von Inhaberaktien erfolgt durch Einigung und Übergabe; die Aktien wechseln technisch durch Umbuchung bei den Depotbanken sowie bei dem Zentralverwahrer

(Deutsche Börse Clearing) den Eigentümer. Hingegen wird bei Namensaktien jedes Kauf-/Verkaufsgeschäft im Aktienbuch der Gesellschaft erfasst, in dem die jeweiligen Eigentümer mit Adresse verzeichnet sind.

Durch die Umstellung erhält die Aktiengesellschaft einen Überblick über die Aktionärsstruktur und deren Veränderung, da der Aktiengesellschaft alle Anteilseigner einschließlich der Zahl der gehaltenen Aktien bekannt werden. Damit werden „feindliche Übernahmen" eher erkennbar, sodass das Unternehmen ggf. auf ein solches Vorhaben reagieren kann.

Ist das Grundkapital auf Namensaktien aufgeteilt, kann das Unternehmen die Aktionäre gezielt ansprechen und die Investor-Relations-Beziehungen pflegen.

Sofern die Aktiengesellschaft auch an den US-Börsen vertreten sein will, muss eine Umstellung auf Namensaktien erfolgen, da dort nur Namensaktien direkt gehandelt werden.

Aufgabe 3-6: *Operation Blanche*

a) Voraussichtlicher Mittelkurs (MK) der Aktien:

MK = (4 * 360 + 1 * 160) / (4 + 1) = 1.600 / 5 = 320 Euro

Rechnerischer Wert des Bezugsrechts (BRW):

BRW = (360 - 160) / (4:1 + 1) = 200 / 5
　　 = 360 - 320
　　 = 40 Euro

b) Ablauf der „Operation Blanche" (Beträge in Euro)

Maximaler Erlös aus Bezugsrechten (80 * 40,00)	3.200,00
/ Benötigte Mittel je junge Aktie (160 + 4 * 40,00)	320,00
= Von Bolle zu erwerbende junge Aktien	10
* Bezugsverhältnis	4
= Benötigte Bezugsrechte	40

Verkauf der freien Bezugsrechte (80 - 40)	40
* Bezugsrechtswert	40,00
= Verkaufserlös aus Bezugsrechtsverkauf	1.600,00
- Benötigte Mittel für junge Aktien (10 * 160,00)	1.600,00
= Saldo	0,00

Bolle hält nach der „Operation Blanche" 90 Aktien der AG, ohne weitere Liquidität eingesetzt zu haben.

c) Vergleich der Vermögenspositionen Bolles:

Vor der „Operation Blanche": 80 A. à 360 Euro = 28.800 Euro
Nach der „Operation Blanche": 90 A. à 320 Euro = 28.800 Euro

Bolles Aktienpaket verliert durch die Kapitalerhöhung der AG also nicht an Wert.

d) Da die jungen Aktien für das Emissionsjahr nur zur Hälfte dividendenberechtigt sind, haben sie gegenüber den alten Aktien für das Emissionsjahr einen Dividendennachteil in Höhe der halben Dividende. In die Berechnung des Mittelkurses der alten Aktien muss deshalb der Emissionskurs der jungen Aktien zuzüglich des erwarteten Dividendennachteils (z.B. 4,00 Euro) eingehen. Dadurch steigt der Mischkurs der alten Aktien (hier: 320,80 Euro).

Der Mischkurs der jungen Aktien ist um den Dividendennachteil kleiner; er beträgt 316,80 Euro.

Da der Bezugsrechtswert einen Ausgleich für den emissionsbedingten Rückgang der Kurse darstellt, wird unmittelbar klar, dass er in dem Maße fällt, wie der Mischkurs der alten Aktien ansteigt (hier: 39,20 Euro).

e) Durch die „Operation Blanche" verringert sich der relative Anteil des Aktionärs. Während dieser Sachverhalt für einen Kleinaktionär von untergeordneter Bedeutung ist, kann sich für Großaktionäre ein erheblicher Nachteil dadurch ergeben, dass bestimmte Stimmrechtsanteile verloren gehen (Sperrminorität mit 25% der Anteile und einer Aktie, absolute Mehrheit mit 50% und einer Aktie, Dreiviertelmehrheit mit 75%).

3.3. Außenfinanzierung/Kreditfinanzierung

Aufgabe 3-7: *Kreditbesicherung durch Grundpfandrechte*

a) Die akzessorische Hypothek ist vom Bestand der zu Grunde liegenden Forderung abhängig. Der dingliche Anspruch des Gläubigers aus der Hypothek ist vom Bestehen des persönlichen Anspruchs gegenüber dem Schuldner abhängig und verringert sich bei einem besicherten Darlehen in dem Maße, in dem das Darlehen durch den Schuldner getilgt wird.

Die fiduziarische Grundschuld ist nicht an den Bestand der zu Grunde liegenden Forderung gebunden. Die dingliche Sicherheit des Gläubigers bleibt - bis zur Löschung der Grundschuld - in voller Höhe bestehen, auch wenn das ursprünglich besicherte Darlehen vollständig zurückgezahlt ist.

b) Aufgrund der unter a) dargelegten Eigenschaften ist nur die Grundschuld, nicht aber die Hypothek zur Besicherung von Kontokorrentkrediten geeignet. Denn jede Tilgung des Kredits verringert bei der Hypothek die grundbuchmäßige Sicherung; wird der Kredit erneut beansprucht, lebt die Hypothek nicht wieder auf. Hingegen bleibt die Grundschuld unabhängig von Änderungen des Saldos des Kontokorrentkredits in voller Höhe bestehen.

Aufgabe 3-8: *Indirekte Belastung des Lieferantenkredits*

a) Ermittlung eines überschlägigen und präzisierten Jahreszinssatzes

Zahlungsziel	42 Tage
- Skontierungszeitraum	12 Tage
= Belastete Laufzeit des Lieferantenkredits	30 Tage
Skontoverlust bei Lieferantenkredit für 30 Tage	3,0%
≅ Überschlägiger Jahreszinssatz bei 360 Zinstagen	36,0%
/ Kreditiertes Volumen (100% - 3%)	97,0%
= Präzisierter Jahreszinssatz	37,1%

Der überschlägige und der präzisierte Jahreszinssatz berücksichtigen nicht unterjährige Zinsen und Zinseszinsen. Unter Einbeziehung der unterjährigen Verzinsung bedeutet der Skontoverlust folgende Effektivbelastung:

Effektiver Jahreszinssatz = $((100 / 97)^{360/30} - 1) * 100\% = 44,1\%$

b) Da der Jahreszinssatz bei Skontoverlust deutlich über dem Kontokorrentsatz liegt, lohnt sich die Skontoziehung bei Finanzierung über den Kontokorrentkredit selbst dann, wenn der Kreditrahmen überzogen wird und die Bank Überziehungszinsen berechnet.

Betriebliche Finanzwirtschaft - Lösungen

Rechnungsbetrag brutto	20.880,00 Euro
- Skonto (3%), einschl. Vorsteuer	626,40 Euro
= Erforderliches Kreditvolumen	20.253,60 Euro
* Kontokorrentsatz	15 %
= Kontokorrentzinsen p.a.	3.038,04 Euro
bzw. Kontokorrentzinsen für 30 Tage	253,17 Euro
Skonto einschl. Vorsteuer	626,40 Euro
- Vorsteuer (16%)	86,40 Euro
= Skontoertrag netto	540,00 Euro
- Kontokorrentzinsen für 30 Tage	253,17 Euro
= Zinsverlust des Lieferantenkredits	286,83 Euro

Aufgabe 3-9: *Effektivverzinsung bei Kreditfinanzierung*

a) Berechnung der Annuität (A)

$A = 200.000 * ANF_{10J.}^{9\%} = 200.000 * 0,155820 = 31.164\ €$

Zur Bestimmung der Effektivverzinsung wird die Kapitalwertgleichung gleich null gesetzt und dann nach dem internen Zinssatz (= Effektivzinssatz) aufgelöst.

$C_0 = -183.532 + 31.164 * BAF_{10J.}^{r} = 0$
$BAF_{10J.}^{r} = 5,8892311$

Der berechnete Barwertfaktor ergibt sich nach den Tabellenwerken für eine Laufzeit von 10 Jahren bei einer Effektivverzinsung von $r = 0,11 = 11\%$.

b) Die Kapitalwertgleichung wird gleich null gesetzt und nach dem internen Zinssatz aufgelöst.

$C_0 = -60 + 100 * (1 + r)^{-10} = 0$

$(1+r)^{-10} = 60/100$

$(1+r)^{10} = 100/60$

$1+r = \sqrt[10]{\dfrac{100}{60}}$

$r = 0{,}0524 = 5{,}24\%$

c) Aus Sicht des Kunden stellt sich die Zahlungsreihe wie folgt dar:

t_0	t_1	t_2
+ 81.000	- 4.500	- 4.500
		- 90.000

Es ergibt sich folgende Kapitalwertgleichung, die gleich null gesetzt und nach dem internen Zinsfuß aufgelöst werden muss.

$C_0 = +81.000 - 4.500\,(1+r)^{-1} - 94.500\,(1+r)^{-2} = 0$

$+81.000\,(1+r)^2 - 4.500\,(1+r) - 94.500 = 0$

$(1+r)^2 - 45/810\,(1+r) - 945/810 = 0$

$(1+r)_{1,2} = +(45/1620) \pm \sqrt{\left(\dfrac{45}{1.620}\right)^2 + \dfrac{945}{810}}$

$(1+r)_{1,2} = (1/36) \pm 1{,}080480574$

$r_1 = 0{,}1038 = 10{,}83\%$

$r_2 < -1$ (nicht zulässig bzw. sinnvoll)

d) Auch in dieser Aufgabe ist die Lösung mit Hilfe der nullgesetzten Gleichung für den Kapitalwert zu bestimmen, die nach dem internen Zinsfuß aufgelöst wird.

$C_0 = -100 + 220 (1 + r)^{-15} = 0$
$(1 + r)^{15} = 2{,}2$
$1 + r = \sqrt[15]{2{,}2}$
$r = 0{,}0539698 = 5{,}4\%$

e) Berechnung der Annuität (A)

$A = 250.000 * \text{ANF}_{20J.}^{7\%} = 250.000 * 0{,}094393 = 23.598{,}25 \, €$

Die Effektivverzinsung errechnet sich nun aus der gleich null gesetzten Kapitalwertgleichung.

$C_0 = -245.000 + 23.598{,}25 * \text{BAF}_{20J.}^{r} = 0$
$\text{BAF}_{20J.}^{r} = 10{,}38212579$

Interpolation zwischen 7% und 8% ergibt einen jährlichen Effektivzinssatz von $r = 0{,}07273 = 7{,}27\%$.

Aufgabe 3-10: *Unterjährige Effektivverzinsung*

a) Zur Berechnung der Effektivverzinsung wird die Kapitalwertgleichung gleich null gesetzt und nach dem internen Zinsfuß aufgelöst.

$C_0 = -50.000 + 55.000 (1 + r)^{-(100/365)} = 0$
$(1 + r)^{-(100/365)} = (50.000/55.000)$
$(1 + r)^{(100/365)} = 55/50$

$r = \sqrt[\frac{100}{365}]{\frac{55}{50}} - 1$

$r = 0{,}416065 = 41{,}61\%$

b) Die Kapitalwertgleichung wird gleich null gesetzt und nach dem Zinsfuß aufgelöst.

$C_0 = -100.000 + 52.780,50 * BAF_{2Halbj.}^{r} = 0$
$BAF_{2Halbj.}^{r} = 1,894639$

Interpolation zwischen 3% und 4% ergibt einen unterjährigen Zins (Halbjahreszins) von $r_u = 0,0368787877$

Mit Hilfe der Zinsumrechnungsformel

$r = (1 + r_u)^m - 1$

ergibt sich der jährliche Effektivzins zu:

$r = (1 + r_u)^2 - 1 = (1 + 0,0368787877)^2 - 1 = 0,07511 = 7,51\%$

c) Der Effektivzinssatz errechnet wie folgt:

$C_0 = -10.000 + 10.500 (1 + r)^{-(50/365)} = 0$
$(1 + r)^{-(50/365)} = 10.000/10.500$
$1 + r = \sqrt[50/365]{1,05} = 1,427847$
$r = 0,4278 = 42,78\%$

d) $K_n/R = ENF_{5Mon.}^{r} = 509.081,40/100.000 = 5,090814$

Es ergibt sich ein Monatszins von $r_u = 0,009$.

Einsetzen in die Zinsumrechnungsformel ergibt einen effektiven Jahreszins von

$r = (1 + r_u)^m - 1 = 1{,}009^{12} - 1 = 0{,}113509 = 11{,}35\%$.

Da die bestellende Unternehmung mit einem Kalkulationszins von 12% arbeitet, sollte sie nicht Ratenzahlung wählen, sondern nach Fertigstellung der Anlage zahlen.

e) Die Zahlungsreihe lässt sich wie folgt darstellen:

t_0	t_1	t_2	...	t_{24}
- 30.000	+ 1.149	+ 1.149	...	+ 1.149
+ 5.001				

Daraus ergibt sich folgende Kapitalwertgleichung, die gleich null gesetzt wird und nach dem Barwertfaktor aufgelöst werden muss.

$C_0 = -24.999 + 1.149 * BAF_{24Mon.}^r = 0$

$BAF_{24Mon.}^r = 21{,}75718016$

Nachschlagen in den Zinstabellen ergibt einen Monatszins von

$r_u = 0{,}008$.

Einsetzen in die Zinsumrechnungsformel führt zu einem effektiven Jahreszins von

$r = (1 + 0{,}008)^{12} - 1 = 0{,}100338 = 10{,}03\%$.

Das Auto sollte sofort bezahlt werden, denn die sofortige Zahlung hat gegenüber der Ratenzahlung eine Effektivbelastung von 10,03%, sodass eine Finanzierung über einen Bankkredit zu 8% lohnend ist.

f) $C_0 = -80.000 + 8.906,12 * BAF_{10Mon.}^r = 0$
$BAF_{10Mon.}^r = (80.000/8.906,12) = 8,982587255$

Nachschlagen in den Zinstabellen ergibt einen unterjährigen Monatszins von $r_u = 0,02$.

Einsetzen in die Zinsumrechnungsformel führt zu einem effektiven Jahreszins von

$r = (1 + 0,02)^{12} - 1 = 0,268241795 = 26,82\%$.

g) $K_n/R = 541.632,30/100.000 = 5,4163230 = ENF_{5Quart.}^r$

Nachschlagen in den Zinstabellen ergibt einen unterjährigen Quartalszins von $r_u = 0,04$.

Die Zinsumrechnungsformel liefert den effektiven Jahreszins von

$r = (1 + 0,04)^4 - 1 = 0,16985856 = 16,99\%$.

Die bestellende Unternehmung sollte die Ratenzahlung wählen, wenn sie mit einem Kalkulationszins von 14% rechnet.

h) $C_0 = -36.000 + 3.616,63 * BAF_{12Quart.}^r = 0$
$BAF_{12Quart.}^r = 9,954017967$

Es ergibt sich ein unterjähriger Quartalszins von $r_u = 0,03$.

Nach dem Einsetzen in die Zinsumrechnungsformel ergibt sich ein effektiver Jahreszins von

$r = (1 + 0,03)^4 - 1 = 0,125508 = 12,55\%$.

i) $C_0 = -4.850 + 5.000 (1 + r)^{-(20/365)} = 0$

$(1 + r)^{20/365} = 5.000/4.850$

$1 + r = \sqrt[\frac{20}{365}]{1,030927835}$

$r = 0,74347 = 74,35\%$

Der effektive Jahreszins des Lieferantenkredits beträgt 74,35%.

j) $C_0 = -2.000 + 2.050 (1 + r)^{-(30/365)} = 0$

$(1 + r)^{30/365} = 2.050/2.000$

$1 + r = \sqrt[\frac{30}{365}]{1,025}$

$r = 0,35043 = 35,04\%$

Der jährliche Effektivzinssatz der Variante „Sofortige Zahlung" liegt bei 35,04%.

Aufgabe 3-11: *Konditionenbestimmung für Ratenkredite*

a) Teilen wir den Kreditbetrag durch die Jahresrate, erhalten wir den Barwertfaktor, der der Berechnung der Jahresrate zugrunde lag. Da der Zinssatz in Höhe von 10% p.a. vorgegeben ist, suchen wir in der zugehörigen Zinstabelle in der Spalte der Barwertfaktoren den von uns ermittelten Barwert. Die entsprechende Zeile gibt uns die Laufzeit des Kredites an.

$BAF^{10\%}_{n \text{ Jahre}} = 15.000 / 2.201,45 = 6,813691 \rightarrow n = 12$ Jahre

Die Laufzeit beträgt 12 Jahre.

b) Wir verfahren ähnlich wie bei a) beschrieben; jedoch suchen wir diesmal über die Zeile mit der vorgegebenen Laufzeit von 15 Jahren den Zinssatz, der zu unserem Barwertfaktor gehört. Wenn wir den Barwertfaktor vom Kreditbetrag ausgehend berechnen, erhalten wir den nominellen Jahreszinssatz (i). Verwenden wir hingegen den Auszahlungsbetrag, d.h. den Kreditbetrag abzüglich Disagio, können wir aus den Zinstabellen den Effektivzinssatz (r) ablesen.

$BAF^i_{15\ Jahre} = 500.000 / 65.737 = 7{,}606067$ → $i = 10\%$

$BAF^r_{15\ Jahre} = (500.000 - 500.000 * 5{,}46\%) / 65.737$
$= 7{,}190775$ → $r = 11\%$

Der Nominalzinssatz beträgt 10%, der Effektivzinssatz 11%.

c) Die Gebühr entspricht dem Saldo aus Barwert der Monatsraten und Kreditauszahlung.

Gebühr $= 2.800 * BAF^{0{,}85\%}_{24\ Monate} - 60.000$
$= 2.800 * 21{,}627565 - 60.000$
$= 557{,}18$ Euro

Die Gebühr beträgt 557,18 Euro.

d) Wie die Gebühr unter c) lässt sich hier das Disagio als Saldo aus Barwert der Jahresraten und Kreditauszahlung ermitteln.

Disagio $= 60.000 * BAF^{9\%}_{10\ Jahre} - 350.000$
$= 60.000 * 6{,}417658 - 350.000$
$= 35.059{,}48$ Euro

Das entspricht 35.059,48 / (350.000 + 35.059,48) = 9,1%.

Der Effektivzinssatz ist ähnlich wie unter b) über den Barwertfaktor für die Laufzeit von 10 Jahren zu bestimmen. Da nur die Tabellen für Zinssätze von 11% und 12% zur Verfügung stehen, wird der Effektivzinssatz durch lineare Interpolation mithilfe der „regula falsi" angenähert.

$BAF^r_{10\ Jahre} = 350.000 / 60.000 = 5,833333$
$BAF^{11\%}_{10\ Jahre} = 5,889232$
$BAF^{12\%}_{10\ Jahre} = 5,650223$

$r = 11\% + (12\%-11\%)*(5,889232-5,833333)/(5,889232-5,650223)$
$= 11,24\%$

Der Effektivzinssatz p.a. beträgt rund 11,24%.

Aufgabe 3-12: *Obligation*

a) Aus der Emission erhält die Bank am 01.04.01 Einzahlungen in Höhe von 96% * 200 Mio. = 192 Mio. Euro. Davon sind die Auszahlungen für die Emissionskosten in Höhe von 3 Mio. Euro abzusetzen, sodass der Bank netto 189 Mio. Euro bleiben.

In den folgenden sechs tilgungsfreien Jahren bis zum 01.04.07 zahlt die Bank an die Obligationäre jeweils Zinsen in Höhe von 8% * 200 Mio. = 16 Mio. Euro.

In den fünf Tilgungsjahren 08 bis 12 fallen Auszahlungen für die Tilgung zuzüglich Kursaufschlag und die Zinsen an. Die Tilgung beträgt in jedem dieser Jahre ein Fünftel des Gesamtbetrags; hinzu kommt der Rückzahlungsaufschlag von 2%. Das ergibt zusammen 200 Mio. / 5 * 102% = 40,8 Mio. Euro. Die Zinsen fallen in diesen Jahren entsprechend der geringeren Restschuld:

in 08:   8% * 200 Mio. = 16,0 Mio. Euro
in 09:   8% * 160 Mio. = 12,8 Mio. Euro
in 10:   8% * 120 Mio. = 9,6 Mio. Euro
in 11:   8% * 80 Mio. = 6,4 Mio. Euro
in 12:   8% * 40 Mio. = 3,2 Mio. Euro

b) Die Effektivbelastung entspricht dem Zinssatz, für den der Kapitalwert der gesamten Zahlungsreihe null wird. Hier muss gelten (Beträge in Mio. Euro):

$$C_0 = 192 - 16 * BAF^r_{6\ Jahre} - 56,8 * ABF^r_{7\ Jahre} - 53,6 * ABF^r_{8\ Jahre} - 50,4 * ABF^r_{9\ Jahre} - 47,2 * ABF^r_{10\ Jahre} - 44 * ABF^r_{11\ Jahre} = 0$$

Für Probierzinssätze (i) von 9% und 10% erhalten wir Kapitalwerte knapp über bzw. knapp unter null:

i = 9%: $C_0^{9\%}$ = -0,941 Mio.
i = 10%: $C_0^{10\%}$ = 1,017 Mio.

Mithilfe der „regula falsi" ergibt sich die Effektivbelastung:

r = 9% + (10% - 9%) * 0,941 / (0,941 + 1,017) = 9,48%

Die Effektivbelastung der Bank beträgt rund 9,48%.

c) Die Effektivverzinsung ist aus der Sicht der Anleihezeichner niedriger als die Effektivbelastung der Bank, da die Beträge der Emissionskosten für Prospekterstellung etc. nicht ihnen zufließen.

d) Sofern Obligationen in mehreren Teilbeträgen zurückzuzahlen sind, werden die zu den verschiedenen Tilgungszeitpunkten zum Zuge kommenden Teilschuldverschreibungen unter notarieller

Aufsicht ausgelost. Zur Identifikation tragen die Teilschuldverschreibungen verschiedene Los- bzw. Werpapierkennnummern.

e) Ihre Auszahlungen betragen zum Anlagezeitpunkt 96% * 10.000 = 9.600 Euro. Dafür erhalten Sie über sieben Jahre nachschüssig jeweils Zinsen in Höhe von 8% * 10.000 = 800 Euro. Hinzu kommt die Rückzahlung am Ende des siebten Anlagejahres, also zum 01.04.08, über 10.000 * 102% = 10.200 Euro.

Ihre Effektivverzinsung ergibt sich zu dem Zinssatz, für den der Kapitalwert der Zahlungsreihe null wird. Hier muss gelten:

$C_0 = -9.600 + 800 * BAF^r_{7\ Jahre} + 10.200 * ABF^r_{7\ Jahre} = 0$

Für Probierzinssätze (i) von 9% und 10% erhalten wir Kapitalwerte knapp über bzw. knapp unter null:

$i = 9\%$: $C_0^{9\%} = 6{,}11$
$i = 10\%$: $C_0^{10\%} = -471{,}05$

Mithilfe der „regula falsi" ergibt sich die Effektivverzinsung:

$r = 9\% + (10\% - 9\%) * 6{,}11 / [6{,}11 - (-471{,}05)] = 9{,}01\%$

Die Effektivverzinsung beträgt rund 9,01%.

Ob die frühzeitige Auslosung aus der Sicht des betroffenen Inhabers der Anleihe vorteilhaft ist, hängt z.B. davon ab, ob dieser zum Zeitpunkt der Auslosung einen entsprechenden Geldbedarf hat. Ist dies nicht der Fall und sollen die frei werdenden Mittel wieder angelegt werden, ist die frühzeitige Auslosung nur dann von Vorteil, wenn der Finanzmarkt zu diesem Zeitpunkt bessere Anlagekonditionen bietet.

260 Betriebliche Finanzwirtschaft - Lösungen

Aufgabe 3-13: *Leasing*

a) In der Schilderung des Falles werden folgende Finanzierungsformen angesprochen:

- Kreditfinanzierter Kauf (Kauf mit Hilfe des Bankkredits)
- Finanzierungsleasing (als generelle Alternative zum Kauf)
- Spezialleasing (sofern die Spezialcontainer für die Kleinviehtransporte geleast werden)
- Direktes Leasing (beim Hersteller)
- Indirektes Leasing (über eine Leasinggesellschaft)
- Leasing ohne Kaufoption
- Leasing mit Kaufoption

b) Der Bankkredit gewährt der SCHNELL KG ein hohes Maß an Liquidität, da ihr zunächst der gesamte Kaufpreis finanziert wird und sie zudem die Tilgung beliebig nach ihren Möglichkeiten vornehmen kann. Sie genießt damit ein Höchstmaß an Flexibilität und kann - sofern die finanziellen Möglichkeiten ausreichen - bei stark anziehenden Zinsen ggf. den Kredit vorzeitig tilgen. Der Nominalzinssatz von 9,4% (variabel) bei voller Auszahlung des Kredits entspricht auch effektiv 9,4%, solange der Zinssatz sich nicht ändert.

c) Der Vorteil des Leasing bezüglich der Gewerbeertragsteuer besteht darin, dass im Vergleich zum kreditfinanzierten Kauf keine Hinzurechnung der halben Dauerschuldzinsen zum Gewerbeertrag als Bemessungsgrundlage dieser Steuerart erfolgt. Die Gewerbeertragsteuer fällt also beim Leasing - abhängig vom Hebesatz der Kommune - geringfügig niedriger aus. Dieser Vorteil setzt aber voraus, dass das Leasingobjekt dem Leasinggeber zugerechnet wird.

Beim Spezialleasing der Container tritt der genannte Vorteil nicht ein. In diesem Fall sind die Container sinnvoll nur beim Leasingnehmer einzusetzen. Sie sind deshalb laut Leasingerlass bei ihm zu bilanzieren und gehören zu seinem Betriebsvermögen.

Das von der Leasinggesellschaft vorgelegte Angebot ohne Option hat eine Grundmietzeit von 48 Monaten entsprechend 80% der betriebsgewöhnlichen Nutzungsdauer von 60 Monaten; die Grundmietzeit liegt innerhalb der im Leasingerlass des Bundesministers der Finanzen gesetzten Grenzen (40% bis 90%) und erfüllt damit die Voraussetzung für die Zurechnung des Leasingobjekts zum Leasinggeber.

Sollte in den Leasingvertrag eine Kaufoption für die SCHNELL KG aufgenommen werden, bleibt der Vorteil bezüglich der Gewerbesteuer nur dann erhalten, wenn der Kaufpreis am Ende der Grundmietzeit den Restbuchwert der Container erreicht, der sich bei linearer Abschreibung nach den amtlichen Abschreibungstabellen ergibt.

d) Die Sonderzahlung beträgt 260.000 * 0,15 = 39.000 Euro.
   Die Leasingrate beträgt 260.000 * 0,024 = 6.240 Euro/Jahr.

Der Effektivzins (r) ist jener Zinssatz, für den der Kapitalwert der Zahlungsreihe null wird:

$C_0 = -260.000 + 39.000 + 6.240 * BAF^r_{48\,Mon.} = 0$

Für die vorgegebenen Probierzinssätze erhalten wir:

$i = 1,0\%$: $BAF^{1,0\%}_{48\,Mon.} = 37,973960$
$i = 1,5\%$: $BAF^{1,5\%}_{48\,Mon.} = 34,042554$

Damit berechnen wir folgende Kapitalwerte:

$i = 1,0\%$: $C_0^{1,0\%} = -260.000 + 39.000 + 236.958 = 15.958$ Euro

$i = 1,5\%$: $C_0^{1,5\%} = -260.000 + 39.000 + 212.426 = -8.574$ Euro

Die „regula falsi" liefert zunächst den monatlichen Effektivzins:

$r = 1,0\% + (1,5\% - 1,0\%) * 15.958 / [15.958 - (-8.574)] = 1,325\%$

Dieser Zinssatz entsprecht einem effektiven Jahreszinssatz von:

$r = [(1 + 0,01325)^{12} - 1] * 100\% = 17,11\%$

e) Die SCHNELL KG sollte sich für den kreditfinanzierten Kauf der Container entscheiden. Die Effektivbelastung dieser Alternative ist deutlich günstiger als beim Leasing, selbst wenn der Zinssatz des Bankkredits anziehen sollte. Ferner erfordert Leasing zum Investitionszeitpunkt eine noch zu finanzierende Auszahlung von 39.000 Euro. Während die Leasingraten von monatlich 6.240 Euro in gleicher Höhe ständig anfallen, können die Tilgungsbeträge und Tilgungszeitpunkte frei gewählt werden, sodass der kreditfinanzierte Kauf eine deutlich höhere Flexiblität aufweist.

3.4. Außenfinanzierung/Mischformen

Aufgabe 3-14: *Finanzierung durch Wandelschuldverschreibungen*

a) Die Ausgabe von Wandelschuldverschreibungen ist vorteilhaft bei hohen Zinsen am Rentenmarkt (reine Industrieobligation hat i. d. R. eine höhere Effektivbelastung) und gleichzeitig niedrigen Aktienkursen (Kapitalerhöhung gegen Einlagen bringt zu wenig Liquiditätszufluss).

b) Vorteile aus Sicht des Unternehmens:

- Die Gewährung des Umtauschrechts der Wandelschuldverschreibung ermöglicht einen geringeren Zinssatz als bei einer Industrieanleihe.
- Die an den Inhaber der Wandelschuldverschreibung als Gläubiger zu zahlenden Zinsen wirken gewinnmindernd und damit steuersenkend.
- Sofern der Inhaber der Wandelschuldverschreibung von seinem Umtauschrecht Gebrauch macht, wird aus dem Fremdkapital Eigenkapital und die Tilgung entfällt.

Vorteile aus Sicht des Anlegers:

- Der Anleger hat Anspruch auf die zum Zeitpunkt der Emission bekannte feste Verzinsung.
- Er kann Kursgewinne aus dem Verkauf der Wandelschuldverschreibung erzielen, denn bei steigenden Aktienkursen steigt auch die Notierung der Wandelanleihe. Die Kursgewinne bleiben außerhalb der Spekulationsfrist steuerfrei.
- Sollte der Kurs zwischenzeitlich sinken, ist sein Risiko begrenzt. Denn zum Ende der Laufzeit wird die Wandelanleihe zum Nominalbetrag zurückgezahlt.

c) Der Anleger kann 7 Wandelschuldverschreibungen im Nennwert von 100 Euro erwerben, wie folgende Rechnung zeigt.

Gesamtnennwert der 70 Aktien á 50 Euro	3.500 Euro
/ Bezugsverhältnis (5:1)	5
= Nennwert der zu erwerbenden Wandelschuldv.	700 Euro
/ Ausgabepreis je Wandelschuldverschreibung	100 Euro
= Anzahl zu erwerbender Wandelschuldverschr.	7

d) Der Inhaber kann seine sieben Wandelschuldverschreibungen gegen die gleiche Anzahl Aktien tauschen, wie folgende Rechnung zeigt.

Nennwert der erworbenen Schuldverschreibungen	700 Euro
/ Umtauschverhältnis (2:1)	2
= Nennwert der zu erwerbenden Aktien	350 Euro
/ Nennwert je Aktie	50 Euro
= Anzahl der zu erwerbenden Aktien	7

e) Ein Vorteil aus dem Tausch ergibt sich, wenn der Anleger daraus einen Wandlungsgewinn ziehen kann.

Kurswert der Schuldverschreibungen (700 * 98%)	686 Euro
+ Zuzahlungen (7 * 60)	420 Euro
= Gesamteinsatz des Wandelobligationärs	1.106 Euro

Gesamtwert der Aktien (7 * 168)	1.176 Euro
- Gesamteinsatz des Wandelobligationärs	1.106 Euro
= Wandlungsgewinn	70 Euro

Der Inhaber der Wandelschuldverschreibungen kann durch die Umwandlung und den anschließenden Verkauf der Aktien einen Wandlungsgewinn von 70 Euro erzielen. Behält er die Aktien, trägt er fortan ein Kursrisiko.

Aufgabe 3-15: *Wandelschuldverschreibung und Optionsanleihe*

a) Wandelschuldverschreibungen und Optionsanleihen sind festverzinsliche Wertpapiere (Teilschuldverschreibungen). Sie verbriefen einen Gläubigeranspruch auf Zinsen und Tilgung gegen die ausgebende Gesellschaft.

b) Die Wandelschuldverschreibung gewährt ein Umtauschrecht in Aktien, das der Inhaber nach einer festgelegten Sperrfrist bzw. in einem definierten Zeitraum und gegen eventuelle Zuzahlung ausüben kann. Durch den Umtausch wird der bisherige Fremdkapitalgeber zum (Mit-) Eigentümer der Gesellschaft.

Den Optionsanleihen ist ein Optionsschein beigefügt, den der Inhaber nach einer festgelegten Sperrfrist bzw. in einem definierten Zeitraum und gegen eventuelle Zuzahlung gegen Aktien einlösen kann. Die ursprüngliche Anleihe bleibt bestehen und wird bei Fälligkeit zurückgezahlt. Nach Ausübung der Option ist der Fremdkapitalgeber also zugleich (Mit-) Eigentümer der Gesellschaft. Der Optionsschein kann getrennt gehandelt werden. Er verfällt, falls die Option nicht ausgeübt wird.

3.5. Innenfinanzierung

Aufgabe 3-16: *Finanzierung aus einbehaltenen Gewinnen*

Finanzierung aus zurückbehaltenen Gewinnen (Selbstfinanzierung i. e. S.) kann in zwei Varianten durchgeführt werden. Zu unterscheiden ist die offene Selbstfinanzierung von der stillen Selbstfinanzierung. Die Einbehaltung von Gewinnen - die Gewinnthesaurierung - setzt voraus, dass Gewinne erzielt werden. Diese Gewinne müssen - neben den Abschreibungen und Rückstellungen - tatsächlich in den Verkaufspreisen enthalten sein und der Unternehmung über die Umsatzerlöse als liquide Mittel zufließen. Dabei reicht es nicht aus, dass Forderungen entstehen, sondern der Verkauf der entsprechenden Produkte/Dienstleistungen muss zu Einzahlungen führen.

Werden die auf diese Weise der Unternehmung zufließenden Gewinne offen ausgewiesen und nach Abzug von Steuern zur Bildung von Rücklagen verwendet, also nicht an die Gesellschafter ausgeschüttet, spricht man von *offener Selbstfinanzierung*.

Die *stille Selbstfinanzierung* erfolgt durch die Bildung stiller Reserven, soweit diese durch Gewinne gedeckt sind. Sie sind für den externen Interessenten nicht ohne weiteres in der Bilanz zu erkennen. Stille Reserven ergeben sich aus der Differenz zwischen Tageswert und Buchwert. Stille Selbstfinanzierung wird einerseits möglich durch Unterbewertung von Aktiva, z.b. überhöhte Abschreibungen oder zu niedrige Wertansätze beim Umlaufvermögen, und andererseits durch Überbewertung von Passiva, z.B. überhöhte Rückstellungen. Insgesamt wird durch überhöhte Aufwandsverrechnung der Gewinn geschmälert und damit der Besteuerung und der Ausschüttung zunächst entzogen. Bei Auflösung der stillen Reserven erhöht sich der Gewinn entsprechend. Es handelt sich also bei der stillen Selbstfinanzierung lediglich um einen Steuerstundungseffekt, aus dem die Unternehmung einen Zinsvorteil zieht.

Vorteile der Finanzierung aus einbehaltenen Gewinnen:
- Beschaffung und Verwendung der finanziellen Mittel ist kostengünstig
- Keine Rückzahlungsverpflichtungen
- Keine Stellung von Sicherheiten
- Kreditfähigkeit wird erhöht
- Keine Beachtung von Vorschriften
- Herrschaftsverhältnisse ändern sich nicht

Nachteile der Finanzierung aus einbehaltenen Gewinnen:
- Gefahr von Fehlinvestitionen, da Entscheidungen subjektiv und wenig fundiert erfolgen können
- Gewinnmanipulation; Täuschung der Öffentlichkeit
- Rentabilitätsverschleierung

Aufgabe 3-17: *Cashflow und Innenfinanzierung*

a) Nettomethode (Beträge in Mio. Euro):

Jahresüberschuss	70
+ Abschreibungen auf Sachanlagen	185
+ Zuführung zu Pensionsrückstellungen (netto)	75
= Cashflow	330

Bruttomethode (Beträge in Mio. Euro):

Einnahmen	Umsatzerlöse	1.890
	Außerordentliche Erträge	75
- Ausgaben	Aufwand für RHB	-830
	Löhne und Gehälter	-440
	Pensionszahlungen	-15
	Sonstige betriebliche Aufwendungen	-55
	Zinsen und ähnliche Aufwendungen	-90
	Außerordentliche Aufwendungen	-125
	Steuern vom Einkommen und Ertrag	-60
	Sonstige Steuern	-20
= Cashflow		330

b) Da aus dem Cashflow zunächst 20 Mio. Euro als Liquidität vorgehalten und im Verlaufe des Jahres 05 ausgeschüttet werden sollen, verbleiben vom gesamten Cashflow noch 310 Mio. Euro für andere Verwendungen. Die Bilanzpositionen verändern sich nun wie folgt:

Sachanlagen	Anfangsbestand	930
	Abschreibungen	-185
	Investitionen (70% * 310)	+217
	Endbestand	962

Kasse/Bank	Anfangsbestand	100
	Liquidität für Dividendenzahlung	+20
	Einbehalt aus Cashflow (10% * 310)	+31
	Endbestand	151

Gewinnrücklagen	Anfangsbestand	120
	Rücklagenzuführung	+50
	Endbestand	170

Pensionsrückst.	Anfangsbestand	260
	Inanspruchnahme	-15
	Zuführung	+90
	Endbestand	335

Kurzfristiges FK	Anfangsbestand	380
	Vorgesehene Dividendenauszahlung	20
	Tilgung aus Cashflow (20% * 310)	-62
	Endbestand	338

Daraus ergibt sich folgende Schlussbilanz:

Aktiva	31.12.04		Passiva
Sachanlagen	962	Gezeichnetes Kapital	500
Finanzanlagen	370	Kapitalrücklagen	180
Vorräte	390	Gewinnrücklagen	170
Forderungen	210	Pensionsrückstellungen	335
Kasse/Bank	151	Langfristige Darlehen	560
		Kurzfristiges Fremdkapital	338
	2.083		2.083

c) Gegenüber der Fremdfinanzierung hat die Innenfinanzierung aus dem Cashflow folgende Vorteile:

- Die aus dem Unternehmensprozess erwirtschafteten Mittel sind frei von Zins- und Tilgungszahlungen.
- Es bedarf zur Aufbringung der Mittel keiner ausdrücklichen Finanzierungsgespräche und keiner Sicherheiten wie etwa bei einem Bankdarlehen.
- Die Innenfinanzierung trägt zur Entlastung der Kapitalstruktur bei und dient damit der Aufrechterhaltung/Verbesserung der Kreditwürdigkeit.
- Die Mittel sind ohne Verwendungszwang und können von der CASH AG für Kredittilgung, Investitionen und/oder Dividendenauszahlungen verwendet werden.

Aufgabe 3-18: *Finanzierung aus Abschreibungsgegenwerten*

a) AB = Anfangsbestand zu Beginn des Jahres

Jahr	AB	davon ... Jahre alt				Abschr.-bungen	Reinvestitionen		Liquid.-rest
		0	1	2	3		Anz.	Betrag	
1	5	5				47.750	1	38.200	9.550
2	6	1	5			57.300	1	38.200	28.650
3	7	1	1	5		66.850	2	76.400	19.100
4	9	2	1	1	5	85.950	2	76.400	28.650
5	6	2	2	1	1	57.300	2	76.400	9.550
6	7	2	2	2	1	66.850	2	76.400	0
7	8	2	2	2	2	76.400	2	76.400	0
8	8	2	2	2	2	76.400	2	76.400	0
9	8	2	2	2	2	76.400	2	76.400	0
10	8	2	2	2	2	76.400	2	76.400	0

b) Kapazitätmultiplikator = 2 / (1 + 1 / Nutzungsdauer)
   = 2 / (1 + 1 / 4)
   = 1,6

Bestand langfristig = AB * Kapazitätsmultiplikator
   = 5 * 1,6
   = 8 Maschinen

Dieses Ergebnis stimmt mit der sich langfristig einstellenden Anzahl Maschinen gemäß der Tabelle zu a) überein.

c)
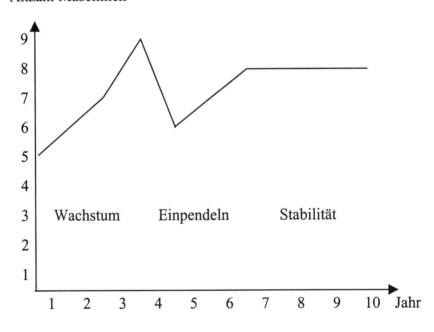

Die Grafik zeigt, dass zunächst bis zum Beginn des vierten Jahres die Anzahl der Maschinen ansteigt, da über die verdienten Abschreibungen nur neue Maschinen hinzukommen (Phase I). Mit dem Verschrotten bzw. dem Verkauf der Erstausstattung geht die Zahl der Maschinen anschließend zunächst deutlich zurück, um dann bis zum Beginn des siebten Jahres wieder leicht anzusteigen und sich einzupendeln (Phase II). Nach dem Einpendeln hält sich die Zahl der Maschinen ab dem achten Jahr stabil (Phase III).

d) Dem Kapazitätserweiterungseffekt liegt die Annahme zu Grunde, dass über den Umsatzprozess auch die in den Preis kalkulierten Abschreibungen verdient werden, die in der entsprechenden Periode zwar erfolgswirksam, nicht aber zahlungswirksam sind. Der Finanzierungseffekt kommt also letztlich durch die Gegenwerte der Abschreibungen im Umsatz zustande, sodass präzise von der „Finanzierung aus Abschreibungsgegenwerten" zu sprechen ist.

e) Die Abschreibungen müssen dem Unternehmen über den Umsatzprozess in liquider Form zurückfließen und zum Zeitpunkt der Reinvestition zur Verfügung stehen. Gründe wie zu gering kalkulierte Abschreibungen und Ausfälle durch Zahlungsunfähigkeit der Kunden mindern den Kapazitätserweiterungseffekt.

Die über den Umsatzprozess gewonnenen Abschreibungsgegenwerte müssen vollständig und ausschließlich für Reinvestitionen in Objekte der gleichen Art verwendet werden; eine anderweitige Verwendung der Mittel zum Beispiel zur Schuldentilgung beeinträchtigt den Kapazitätserweiterungseffekt.

Der Effekt setzt voraus, dass die zusätzlich gewonnene Kapazität auch vollständig genutzt werden kann. Macht man sich klar, dass der Leistungsprozess in der Regel mehrstufig erfolgt und die Kapazitäten auf den verschiedenen Leistungsstufen unterschiedliche Nutzungs- gleich Abschreibungsdauern haben, entwickelt sich die Kapazitätserweiterung auf den Leistungsstufen unterschiedlich. Als Folge bestimmt die Engpassstufe die Kapazitätsnutzung. Andere Stufen bleiben teilweise unausgelastet und der Effekt verringert sich aus Sicht des Gesamtbetriebes. Gleiches gilt auch, falls Teile der Kapazität z.B. durch Maschinenschäden oder Betriebsstörungen ungenutzt bleiben.

Der Kapazitätserweiterungseffekt wird ferner verringert durch die faktisch auftretende Verteuerung der Investitionsgüter. Werden die Abschreibungen auf der Basis der Anschaffungskosten berechnet, entsteht zum Zeitpunkt der Ersatzinvestition eine Finanzierungslücke. Diesem Problem könnte durch Abschreibungen vom Wiederbeschaffungswert begegnet werden.

Schließlich ist zu beobachten, dass Investoren meist nicht vollständig identische Objekte, sondern aufgrund des technischen Fortschritts regelmäßig verbesserte oder höherwertige, teils auch preiswertere (EDV) oder teurere Reinvestitonsgüter erwerben. Dadurch wird der Kapazitätsmultiplikator teils günstig, meist jedoch ungünstig beeinflusst.

f) Diese von Marx vertretene These ist deshalb unrichtig, weil sich die Altersstruktur der Maschinen im Zeitablauf ändert. Die fünf Maschinen zu Beginn sind neu; das entspricht 20 Restnutzungsjahren. Ihr Gesamtwert beträgt 191.000 Euro.

Im achten Jahr ergibt sich wiederum genau dieselbe Wertigkeit der dann acht Maschinen. Denn deren Restnutzungsdauer beträgt

$2 * 4 + 2 * 3 + 2 * 2 + 2 * 1 = 20$ Jahre

und ihr Gesamtwert

$2 * 38.200 + 2 * 28.650 + 2 * 19.100 + 2 * 9.550 = 191.000$ Euro.

Durch die Finanzierung aus Abschreibungsgegenwerten steigt letztlich nicht die Totalkapazität, sondern die Periodenkapazität.

3.6. Kapitalbedarfsermittlung und Finanzplanung

Aufgabe 3-19: *Statische Kapitalbedarfsermittlung*

a) Berechnung der Kapitalbindungsdauern

Fertigungsmaterial (FM): 15 + 5 + 10 + 30 - 20 = 40 Tage
Materialgemeinkosten (MGK): 15 + 5 + 10 + 30 = 60 Tage
Fertigungslöhne (FL): 5 + 10 + 30 = 45 Tage
Fertigungsgemeinkosten (FGK) 5 + 10 + 30 = 45 Tage

Ermittlung des Kapitalbedarfs	Kapitalbed. (Euro)
Grundstücke	420.000
Gebäude	1.100.000
Maschinen und Anlagen	1.300.000
Betriebs- und Geschäftsausstattung	300.000
Investitionsnebenkosten	150.000
Bruttokapitalbedarf des Anlagevermögens	3.270.000

	Kalkulation (Euro/Tag)	dav. Auszahlungen (Euro/Tag)		Kap.bind. (Tage)	Kapitalbed. (Euro)
FM	15.500		15.500	40	620.000
MGK (10%)	1.550	(30%)	465	60	27.900
FL	4.500		4.500	45	202.500
FGK (270%)	12.150	(66,67%)	8.100	45	364.500
HK	33.700				
VWK (8%)	2.696	(75%)	2.022	30	60.660
VTK (12%)	4.044	(75%)	3.033	30	90.990
Bruttokapitalbedarf des Umlaufvermögens					1.366.550

Bruttokapitalbedarf insgesamt	4.636.550
Verfügbare Liquidität	1.700.000
Nettokapitalbedarf	2.936.550

b) Durch die Verkürzung der Zahlungsfrist für Einkäufe von 20 auf 10 Tage erhöht sich die Kapitalbindungsdauer für das Fertigungsmaterial auf 50 Tage. Dadurch steigt der Kapitalbedarf um 10 * 15.500 = 155.000 Euro. Der neue Nettokapitalbedarf beträgt dann 3.091.550 Euro.

c) Die statische Kapitalbedarfsermittlung hat folgende Mängel:

- Die Kalkulation basiert auf Durchschnittswerten. Schwankungen im Zeitablauf bleiben unberücksichtigt, obwohl dadurch der Kapitalbedarf höher oder niedriger ausfällt.
- Der zahlungswirksame Anteil der Kalkulationspositionen wird nur pauschal geschätzt. Tatsächlich sind aber Löhne und Gehälter regelmäßig am Monatsende zahlbar, Versicherungsprämien z.B. quartalsweise oder gar jährlich.
- Die Kapitalbindungsdauern können erheblich schwanken, und zwar teilweise ohne Einfluss des Unternehmens. So wirkt sich z.B. das Zahlungsverhalten der Kunden auf die Bindungsdauer und damit auf die Höhe des Kapitalbedarfs aus.
- Mindestlagerbestände bleiben im Grundansatz unberücksichtigt. Sie könnten jedoch wie das Anlagevermögen als Sockelkapitalbedarf berücksichtigt werden.
- Während Kostensteuern (z.B. Grundsteuer) über die Kalkulation erfasst werden, bleiben Erfolgs- und Umsatzsteuerzahlungen unberücksichtigt.
- Tilgungs- und Zinszahlungen aus der Finanzierung fehlen.
- Die Berechnung bezieht sich auf den Investitionszeitpunkt; danach eintretende betriebliche Änderungen werden vernachlässigt („statische Betrachtung").

Die statische Kapitalbedarfsermittlung ist deshalb nur für die überschlägige Kapitalbedarfsschätzung bei Betriebsgründungen und -erweiterungen geeignet.

Betriebliche Finanzwirtschaft - Lösungen 275

Aufgabe 3-20: *Bilanzorientierte Finanzplanung*

a) Planbilanz zum 31.12.02 (in 1.000 Euro)

Aktiva			Passiva		
Waren	1)	264	Eigenkapital	4)	496
Kundenforderungen	2)	360	Rückstellungen (neu)		40
Kasse/Bank	3)	40	Lieferantenkredite	5)	128
		664			664

Erläuterungen zu den Positionen der Planbilanz:

1) Die HANNI Handelsgesellschaft will den Umsatz von 600 im Jahr 01 im Jahr 02 um 20% auf 720 und im Jahr 03 um weitere 10% auf 792 steigern. Die Hälfte des Umsatzes des Jahres 03 will sie bereits zum 31.12.02 auf Lager haben; das entspricht einem Verkaufswert von 396. Der Lagerbestand an Waren wird mit den Anschaffungskosten bewertet. Da die Handelsgesellschaft mit 50% Aufschlag auf den Wareneinstand verkauft, beträgt der Wareneinstand zwei Drittel vom Verkaufswert, bei 396 Verkaufswert also 264.

2) Aufgrund des Zahlungszieles von einem halben Jahr geht nur die Hälfte des Umsatzes aus dem Jahr 02 (720) noch im selben Jahr ein; der Rest verbleibt als Kundenforderungen.

3) Vgl. hierzu den Kassenplan.

4) Das Eigenkapital zu Beginn des Jahres 02 beträgt 390; hinzu kommen die Einlage der Gesellschafter (100) und der einbehaltene Gewinn (6, zur Ermittlung siehe Gewinn- und Verlustrechnung).

5) Die Höhe der Lieferantenkredite ist dem Kassenplan zu entnehmen; sie ergibt sich aufgrund der Aufgabenstellung bei Liquiditätsengpässen als Saldogröße aus dem Kassenplan (vgl. die Anmerkung zum Kassenplan).

Gewinn- und Verlustrechnung für das Jahr 02 (in 1.000 Euro)

Umsatz	720
Wareneinsatz (2/3 vom Umsatz)	-480
Personalaufwand (150 zzgl. 10%)	-165
Forderungsverluste (5% von 300)	-15
Sonstige betriebliche Aufwendungen	-40
Zinsaufwand (10% auf 200 für ein halbes Jahr)	-10
Ergebnis der gewöhnlichen Geschäftstätigkeit	10
Ertragsteuern (40%)	-4
Jahresüberschuss	6

Kassenplan (Zahlungsrechnung) für das Jahr 02 (in 1.000 Euro)

Kasse/Bank am 31.12.01			80
+ Einzahlungen aus ...			
Forderungen 31.12.01 (ohne Forderungsverluste)		285	
Umsatz (50% vom Umsatz im Jahr 02)		360	
Einlage der Gesellschafter		100	
Gesamt			745
- Auszahlungen für ...			
Personalaufwendungen (vgl. GuV)		165	
Tilgung sonstige Verbindlichkeiten 31.12.01		30	
Tilgung Darlehen		200	
Zinsen Darlehen (vgl. GuV)		10	
Ertragsteuern (vgl. GuV)		4	
(Zwischensumme Kasse/Bank)		*(416)*	
Wareneinkauf	*)	376	
Gesamt			785
Kasse/Bank am 31.12.02 (Zielvorgabe)			40

*) Für den Umsatz des Jahres 02 in Höhe von 720 werden Waren im Umfang von zwei Dritteln entsprechend 480 (vgl. GuV) benötigt.

Ferner soll der Warenbestand von 240 am 31.12.01 auf 264 am 31.12.02 steigen; dazu werden weitere 24 benötigt. Im Jahr 02 sind also Waren im Wert von 504 einzukaufen. Die Gesellschaft will die Einkäufe möglichst sofort begleichen; da aber der Kassenplan unter Berücksichtigung des Geldanfangsbestands und der übrigen Ein- und Auszahlungen nur eine Zwischensumme von 416 aufweist und darüber hinaus ein Endbestand Kasse/Bank von mindestens 40 angestrebt wird, können nur Einkäufe von 416 - 40 = 376 sofort bezahlt werden. Dadurch entstehen Verbindlichkeiten gegenüber den Lieferanten in Höhe von 504 - 376 = 128.

b) Finanzierungsformen („+" = positive, „-" = negative Wirkung)

Selbstfinanzierung	Einbehaltener Gewinn	+10
Vermögensumschichtung	Zunahme Vorräte	-24
	Zunahme Forderungen	-60
	Gesamt	-84
Beteiligungsfinanzierung	Einlage der Gesellschafter	+100
Innenfinanzierung	Selbstfinanzierung	+10
	Vermögensumschichtung	-84
	Bildung Pensionsrückstellung	+40
	Gesamt	-34
Außenfinanzierung	Beteiligungsfinanzierung	+100
	Tilgung Bankdarlehen	-200
	Zunahme Lieferantenkredite	+124
	Tilgung sonstige Verbindlichkeiten	-30
	Gesamt	-6
Summe aus Innen- und Außenfinanzierung (-34 - 6)		-40

Eigenfinanzierung	Selbstfinanzierung	+10
	Beteiligungsfinanzierung	+100
	Gesamt	+110
Fremdfinanzierung	Bildung Pensionsrückstellung	+40
	Tilgung Bankdarlehen	-200
	Zunahme Lieferantenkredite	+124
	Tilgung sonstige Verbindlichkeiten	-30
	Gesamt	-66
Summe aus Eigen- und Fremdfinanzierung (110 - 66)		+44

Überleitung/Abstimmung

Summe aus Eigen- und Fremdfinanzierung	+44
+ Vermögensumschichtung	-84
= Summe aus Innen- und Außenfinanzierung	-40

Die HANNI Handelsgesellschaft verzeichnet einen Finanzierungseffekt von insgesamt -40; dieser zeigt sich als Veränderung der Bilanzposition Kasse/Bank.

Aufgabe 3-21: *Optimale kurz- und langfristige Kreditfinanzierung*

a) Zahlungsplan (AB = Anfangsbestand, EB = Endbestand)

Monat	AB	Einz.	Ausz.	EB	Dauer
Jan.	20	120	165	-25	4
Feb.	-25	140	145	-30	1
Mär.	-30	150	148	-28	2
Apr.	-28	160	153	-21	6
Mai	-21	160	147	-8	9

Betriebliche Finanzwirtschaft - Lösungen

Monat	AB	Einz.	Ausz.	EB	Dauer
Jun.	-8	145	142	-5	10
Jul.	-5	150	135	10	--
Aug.	10	145	153	2	--
Sep.	2	145	161	-14	8
Okt.	-14	150	158	-22	5
Nov.	-22	160	154	-16	7
Dez.	-16	145	154	-25	4

b) Durch Aufnahme eines langfristigen Bankkredits in Höhe von 10 Mio. Euro (vgl. Zeile Jan. - Dez.) reduzieren sich die zu 12% kurzfristig zu finanzierenden Kapitalbedarfe (-) bzw. erhöhen sich die zu 6% verzinslichen Überschüsse (+) wie folgt:

Monat	EB	Zins p.a.	Sollzinsen	Habenzinsen
Jan.	-15	12%	-0,150	
Feb.	-20	12%	-0,200	
Mär.	-18	12%	-0,180	
Apr.	-11	12%	-0,110	
Mai	2	6%		0,010
Jun.	5	6%		0,025
Jul.	20	6%		0,100
Aug.	12	6%		0,060
Sep.	-4	12%	-0,040	
Okt.	-12	12%	-0,120	
Nov.	-6	12%	-0,060	
Dez.	-15	12%	-0,150	
Jan.-Dez.	-10	8%	-0,800	
Summe	---	---	-1,810	0,195

Die gesamten Kosten der Finanzierung unter Einbeziehung der Habenzinsen betragen gemäß dem Vorschlag des Finanzleiters 1,81 - 0,195 = 1,615 Mio. Euro.

c) Die kritische Zeit nach Polak und Goldschmidt beträgt:

t_{krit} = 12 Monate * $(i_{Lang} - i_{Haben}) / (i_{Kurz} - i_{Haben})$
= 12 Monate * (8% - 6%) / (12% - 6%)
= 4 Monate

d) Aus der Tabelle zu a) geht hervor, dass die „Dauer" des im Januar und Dezember ausgewiesenen Kapitalbedarfs der kritischen Zeit (t_{krit}) entspricht. Daraus folgt, dass die OPTI AG einen langfrisigen Bankkredit in Höhe von 25 Mio. Euro aufnehmen sollte. Bei dieser Lösung reduzieren sich die zu 12% kurzfristig zu finanzierenden Kapitalbedarfe (-) bzw. erhöhen sich die zu 6% verzinslichen Überschüsse (+) wie folgt:

Monat	Kredit	Zins p.a.	Sollzinsen	Habenzinsen
Jan.	0	6%		0,000
Feb.	-5	12%	-0,050	
Mär.	-3	12%	-0,030	
Apr.	4	6%		0,020
Mai	17	6%		0,085
Jun.	20	6%		0,100
Jul.	35	6%		0,175
Aug.	27	6%		0,135
Sep.	11	6%		0,055
Okt.	3	6%		0,015
Nov.	9	6%		0,045
Dez.	0	6%		0,000
Jan.-Dez.	-25	8%	-2,000	
Summe	---	---	-2,080	0,630

Die gesamten Kosten der Finanzierung unter Einbeziehung der Habenzinsen betragen nach dem Ansatz von Polak und Goldschmidt 2,08 - 0,63 = 1,45 Mio. Euro.

Im Vergleich zum Vorschlag des Finanzleiters der OPTI AG zeigt dieser Plan bei den Finanzierungskosten im Planjahr eine mögliche Einsparung von 1,615 - 1,450 = 0,165 Mio. Euro.

Aufgabe 3-22: *Finanzplanung*

Zunächst sind die Zahlungseingänge aus den Umsatzerlösen festzustellen (Werte in 1.000 Euro):

Monatliche Umsatzerlöse	1.250
+ Umsatzsteuer (16%)	200
= Monatlicher Forderungszugang	1.450

Zahlungseingang aus Umsatz im ...	Jan.	Feb.	Mär.
50% im laufenden Monat	725	725	725
30% im nächsten Monat		435	435
10% im übernächsten Monat			145
Zahlungseingang aus Umsatz	725	1.160	1.305

Berechnung der laufenden monatlichen Auszahlungen:

Material	406
Betriebsaufwand	174
Sonstiger ausgabenwirksamer Aufwand	116
Abschreibung GWG	29
Sachausgaben gesamt (inkl. Vorsteuer)	725
Vorsteuer (16%)	100
Umsatzsteuer (vgl. oben)	200
- Vorsteuer	100
= Umsatzsteuerzahllast im Folgemonat	100

Finanzplan:

	Januar (1.000 Euro)	Februar (1.000 Euro)	März (1.000 Euro)
Zahlungsmittel-Anfangsbestand	988	643	-157
Einzahlungen aus/für ...			
Forderungen aus Lief. u. Lstg.	495	90	270
Sonstige Forderungen			130
Besitzwechsel	140		
Umsatz, laufend	725	1.160	1.305
Summe der Einzahlungen	1.360	1.250	1.705
Auszahlungen aus/für ...			
Rückstellungen	85		170
Tilgung Darlehen		510	
Verbindl. aus Lief. u. Lstg.	310	124	62
Wechselverbindlichkeiten		150	
Sonstige Verbindlichkeiten	200		
Materialbeschaffung	406	406	406
Personalaufwand	385	385	385
Betriebsaufwand	174	174	174
Sonstiger Aufwand	116	116	116
Anschaffung GWG	29	29	29
Darlehenszinsen		56	
Umsatzsteuer		100	100
Summe der Auszahlungen	1.705	2.050	1.442
Zahlungsmittel-Endbestand	643	-157	106

Die Liquidität liegt Anfang Januar recht hoch und erreicht Ende Januar noch die Höhe von fast der Hälfte der Auszahlungen für den laufenden betrieblichen Aufwand. Zwecks Rentabilitätsverbesserung ist zu prüfen, ob z.B. für den Januar eine kurzfristige Geldanlage von ca. 500.000 Euro möglich ist.

Im Verlauf des Monats Februar zeigt der rechnerisch negative Geldbestand zusätzlichen Handlungsbedarf zur Vermeidung der Zahlungsunfähigkeit an. Begründet ist diese Entwicklung insbesondere durch das Auslaufen eines Bankdarlehens, für das im Februar eine letzte Annuität in Höhe von 566.000 Euro zu zahlen ist. Hier ist zu prüfen, ob der negative Zahlungssaldo sich auch in die folgenden Monate und dauerhaft fortsetzt oder nur temporären Charakter hat. Davon abhängig wird die JOLLY GmbH eine langfristige Folgefinanzierung anstreben oder kurzfristige Anpassungsmaßnahmen umsetzen. Zu letzteren rechnen etwa die Aufnahme eines Kontokorrentkredites, die verstärkte Nutzung des Zahlungszieles der Lieferanten und das vorzeitige Einbringen der zunächst erst für den März erwarteten Zahlungseingänge aus Forderungen an Kunden.

Nach der Entscheidung über die anstehenden Anpassungsmaßnahmen ist der Finanzplan zu aktualisieren.

3.7. Optimierung der Finanzierungsstruktur

Aufgabe 3-23: *Finanzierungsregeln*

a) Die goldene Finanzierungsregel stellt auf die Fristenkongruenz von Kapitalüberlassungs- und Kapitalbindungsdauer ab. Bei strenger Auslegung fordert diese Regel, dass für jede einzelne Investition die Kapitalbindung kürzer oder höchstens gleich lang wie die Kapitalüberlassung der zugehörigen Finanzierung sein muss. Im weiteren Sinne folgt aus der Regel, dass das langfristig gebundene (Anlage-) Vermögen mit Eigenkapital oder langfristigem Fremdkapital zu finanzieren ist, während das kurzfristig gebundene (Umlauf-) Vermögen auch kurzfristig finanziert sein darf.

Die goldene Bilanzregel ist eine konkrete Ausgestaltung der goldenen Finanzregel und findet ihren Ausdruck in den sogenannten

Anlagedeckungsgraden. Nach der Anlagedeckung I soll das bilanzielle Eigenkapital das Anlagevermögen - ggf. zusätzlich die „eisernen Bestände" im Umlaufvermögen - abdecken. Diese strenge Forderung wird jedoch nur selten erfüllt. Für die Finanzierungspraxis ist die Anlagedeckung II bedeutsam; danach müssen Eigen- und langfristiges Fremdkapital zusammen das Anlagevermögen - ggf. zusätzlich die „eisernen Bestände" im Umlaufvermögen - erreichen.

b) Die Finanzierung mit dem Kontokorrentkredit ist für die Finanzierung der Reisebus-Investition wenig geeignet. Zum einen ist nicht sicher, ob die Kreditlinie der Bank für die Nutzungsdauer des Reisebusses in der erforderlichen Höhe bereitsteht, da sie ggf. anderweitig beansprucht wird und zudem kurzfristig kündbar ist. Diese Form der Finanzierung widerspricht der goldenen Finanzierungs- bzw. Bilanzregel, da eine fünfjährige Investition mit kurzfristigem Fremdkapital finanziert wird. Schließlich ist der Kontokorrentkredit im Vergleich zu einem Bankdarlehen in der Regel recht teuer.

Die Beteiligungsfinanzierung durch Aufnahme des stillen Gesellschafters führt zur Ausweitung des Eigenkapitals für einen zunächst begrenzten, aber die Nutzungsdauer des Reisebusses übertreffenden Zeitraum. Die goldene Finanzierungsregel und die goldene Bilanzregel werden bei dieser Form der Finanzierung eingehalten.

Der Bankkredit ist fristenkongruent zur finanzierten Investition. Die jährliche Kapitalrückführung (Tilgung) entspricht den „verdienten Abschreibungen", sofern der Reisebus auf Basis des Anschaffungswertes linear abgeschrieben wird und der Umsatzprozess neben den übrigen Kosten auch die Abschreibungen deckt. Die goldene Finanzierungsregel wird ideal eingehalten. Außerdem ist die Finanzierung über den fünfjährigen Bankkredit kostengünstiger als der Kontokorrentkredit.

c) Offene Selbstfinanzierung ist die vollständige oder teilweise Einbehaltung (Thesaurierung) des im Jahresabschluss ausgewiesenen Jahresüberschusses, die z.B. bei Kapitalgesellschaften durch Einstellung in die Gewinnrücklagen erfolgt.

Diese Finanzierungsform steht mit der goldenen Finanzierungsregel und mit der goldenen Bilanzregel im Einklang. Denn die thesaurierten Gewinne sind Eigenkapital und stehen dem Unternehmen in der Regel längerfristig - bis zur eventuellen Auflösung der Rücklagen - zur Verfügung. Zur unmittelbaren Finanzierung des Reisebusses kommt die offene Selbstfinanzierung gleichwohl nur dann zum Tragen, wenn im Zusammenhang mit der Investition auch die Entscheidung über die Gewinneinbehaltung fällt, d.h. durch die vermiedene Gewinnausschüttung letztlich die Finanzmittel für den Kauf des Reisebusses bereitgestellt werden.

Aufgabe 3-24: *Leverage-Effekt und Leverage-Formel*

a) Mit dem Leverage-Effekt (auch Hebelwirkungseffekt genannt) bezeichnet man die Möglichkeit, durch vermehrten Fremdkapitaleinsatz die Eigenkapitalrentabilität zu steigern. Der Leverage-Effekt beruht auf folgenden Prämissen:

- Der Eigenkapitaleinsatz ist konstant.
- Die Höhe des eingesetzten Fremdkapitals ist variabel.
- Die Rendite der bei einem zusätzlichen Kapitaleinsatz durchzuführenden Investitionen ist konstant.
- Der Sollzins für das zusätzliche Fremdkapital ist konstant.
- Der Sollzins liegt unter der Investitionsrendite.

Wenn diese Voraussetzungen gelten, besagt der Leverage-Effekt, dass sich die Eigenkapitalrentabilität durch zusätzlichen Kapitaleinsatz steigern lässt. Diese Aussage lässt sich einfach beweisen:

Für den über die Gesamtkapitalrentabilität r berechneten Bruttogewinn G_{br} vor Abzug der Fremdkapitalzinsen gilt:

$$G_{br} = r * (EK + FK) = r * EK + r * FK$$

Kürzt man den Bruttogewinn um die Fremdkapitalzinsen, ergibt sich der Nettogewinn G_n:

$$G_n = EK * r + FK * r - FK * i_s = EK * r + FK * (r - i_s)$$

Die Eigenkapitalrentabilität r_{EK} erhält man, indem man den Nettogewinn auf das eingesetzte Eigenkapital bezieht:

$$r_{EK} = \frac{G_n}{EK} = \frac{EK * r + FK * (r - i_s)}{EK}$$

$$r_{EK} = r + \frac{FK}{EK} (r - i_s)$$

Da der Eigenkapitaleinsatz sowie die Investitionsrendite und der Fremdkapitalzins laut Prämissen konstant sind und der Fremdkapitalzins kleiner ist als die Investitionsrendite, führt - wie der Formel zu entnehmen ist - vermehrter Einsatz von Fremdkapital zu einer höheren Eigenkapitalrentabilität.

Tatsächlich sinkt aber die Investitionsrendite tendenziell mit jeder zusätzlichen Investition, weil man die erfolgversprechendsten Investitionen zuerst tätigt. Der Fremdkapitalzins steigt hingegen tendenziell mit zunehmenden Fremdkapitaleinsatz, weil das Risiko für den Fremdkapitalgeber immer höher wird. Somit kommt es schließlich zu der Situation, dass der Fremdkapitalzins die Investitionsrendite übersteigt, zusätzlicher Einsatz von Fremdkapital die Eigenkapitalrentabilität also sinken lässt, bis sie sogar negativ wird. Zusammenfassend lässt sich feststellen, dass die Prämissen des Leverage-Effektes nicht praxisgemäß sind.

b) Die Leverage-Formel zeigt, dass die Eigenkapitalrendite mit zunehmendem Verschuldungsgrad steigt, solange die Gesamtkapitalrendite größer ist als der Fremdkapitalkostensatz (= positiver Leverage-Effekt bzw. Leverage-Chance). Daher empfiehlt sich zur Verbesserung der Eigenkapitalrendite die Fremdfinanzierung gegenüber der Eigenfinanzierung.

c) Aus dem Leverage-Effekt lässt sich nicht generell die Handlungsempfehlung für Fremdfinanzierung ableiten. Zu beachten ist, dass die Fremdkapitalzinsen auch in schlechten Jahren zu bedienen sind. Die Gesamtkapitalrendite ist jedoch in hohem Maße vom Geschäftsverlauf abhängig und damit eine unsichere Größe. Sinkt die Gesamtkapitalrendite unter den Fremdkapitalzins, wird die Eigenkapitalrendite umso stärker belastet, je höher die Verschuldung ist (negativer Leverage-Effekt bzw. Leverage-Risiko).

Aufgabe 3-25: *Leverage-Effekt und Eigenkapitalrentabilitäten*

Eigenkapitalrenditen abhängig von der Gesamtkapitalrentabilität r:

	$r_1 = 15\%$	$r_2 = 12\%$	$r_3 = 10\%$	$r_4 = 9\%$	$r_5 = 5\%$
FK/EK = 0	15%	12%	10%	9%	5%
FK/EK = 1	22%	16%	12%	10%	2%
FK/EK = 2	29%	20%	14%	11%	-1%
FK/EK = 3	36%	24%	16%	12%	-4%
FK/EK = 4	43%	28%	18%	13%	-7%

Die Tabelle zeigt, dass die Eigenkapitalrentabilität bei steigendem Einsatz von Fremdkapital nur dann wächst, wenn der Sollzinsfuß unter der Investitionsrendite liegt. Ist der Sollzins aber größer, lässt zunehmende Fremdfinanzierung die Eigenkapitalrentabilität sinken, bis es letztlich sogar zu negativen Eigenkapitalrentabilitäten kommt.

Aufgabe 3-26: *Leverage-Effekt und Finanzierungsstruktur*

a) GK = EK / EK-Quote = 2.500.000 / 25% = 10.000.000 Euro

FK = GK - EK = 10.000.000 - 2.500.000 = 7.500.000 Euro

i = Zinsaufwand / FK = 600.000 / 7.500.000 = 10%

JÜ = Erträge - (Zinsaufwand + Sonstiger Aufwand)
   = 14.400.000 - (600.000 + 13.400.000) = 400.000 Euro

r_{GK} = (JÜ + Zinsaufwand) / GK
   = (400.000 + 600.000) / 10.000.000 = 10%

b) Da die Gesamtkapitalrentabilität (10%) größer ist als der Fremdkapitalzinssatz (8%), wird aus den investierten Fremdmitteln ein Überschuss erwirtschaftet, der die Fremdkapitalzinsen übersteigt. Der verbleibende Überschuss kommt den Eigentümern zugute. Mithin steigt durch die Verschuldung die Eigenkapitalrentabilität. Die Leverage-Formel macht dies deutlich, denn die positive Zinsdifferenz (2%), gewichtet mit dem „Hebel" von 3 (= 7,5 / 2,5), wird zur Gesamtkapitalrentabilität noch hinzugerechnet.

c) Eigenkapitalrentabilität gemäß ursprünglicher Definition:

r_{EK} = JÜ / EK = 400.000 / 2.500.000 = 16%

Eigenkapitalrentabilität gemäß Leverage-Formel:

$r_{EK} = r_{GK} + (r_{GK} - i) * FK / EK = 10\% + (10\% - 8\%) * 3 = 16\%$

d) Trotz der fremdfinanzierten Investition bleiben die Gesamtkapitalrendite und der durchschnittliche Zinssatz für das Fremdkapital unverändert. Da der Hebel auf 10 / 2,5 = 4 steigt, wächst die Eigenkapitalrentabilität auf $r_{EK} = 10\% + (10\% - 8\%) * 4 = 18\%$. Also lohnt sich die Investition (Leverage-Chance).

e) In der veränderten Situation sind die wesentlichen Kennzahlen neu zu ermitteln:

$JÜ_{neu}$ = $JÜ_{alt}$ - zusätzliche Zinsen + Kapitalrendite der Investition
= 400.000 - 2.500.000 * 8% + 2.500.000 * (-2%)
= 150.000 Euro

r_{GK} = (JÜ + Zinsaufwand) / GK
= (150.000 + 600.000 + 200.000) / (10.000.000 + 2.500.000)
= 7,6%

r_{EK} = JÜ / EK = 150.000 / 2.500.000
= $r_{GK} + (r_{GK} - i) * FK / EK = 7,6\% + (7,6\% - 8\%) * 4$
= 6%

Aufgrund der negativen Rentabilität der geplanten Investition sinkt die Gesamtkapitalrentabilität unter den Fremdkapitalzins. Die Eigenkapitalrendite knickt, auch wegen des höheren Hebels, deutlich von 16% auf 6% ein. Es stellt sich das Leverage-Risiko ein: Wenn die erwirtschafteten Mittel z.B. durch Schwächen im Absatz nicht mehr ausreichen, die Fremdkapitalzinsen zu zahlen, geht der Erfolg für die Eigner zurück und wird ggf. sogar negativ, und zwar umso stärker, je größer die Verschuldung ist.

Finanzmathematische Formeln

Zins- und Zinseszinsrechnung

nachschüssige Verzinsung:

Endwert für volle Jahre bzw. Zinsperioden:

$$K_n = K_0 * q^n$$

mit gebrochenen Jahren:

$$K_{n+t} = K_0 * q^n * \left(1 + i * \frac{t}{ZT}\right)$$

m unterjährige Zinstermine:
Relativer Zinssatz:

$$p_R = \frac{p}{m}$$

Zinssatz:

$$p = 100 * \left(\sqrt[n]{\frac{K_n}{K_0}} - 1\right)$$

Konformer Jahreszinssatz:

$$p_K = 100 * ((1 + \frac{p}{m*100})^m - 1)$$

$$K_n = K_0 * (1 + \frac{i}{m})^{n*m}$$

oder

$$K_n = K_0 * (1 + \frac{p_K}{100})^n$$

Laufzeit (stimmt nur für ganzzahlige Werte):

$$n = \frac{log\left(\frac{K_n}{K_0}\right)}{log\, q}$$

vorschüssige (antizipative) Verzinsung:

$$K_n = \frac{K_0}{(1 - i_A)^n}$$

$$i_A = \frac{p_A}{100}$$

oder mit Ersatzzinsfuß:

$$K_n = K_0 * (1 + \frac{p_E}{100})^n$$

nachschüssiger Ersatzzinsfuß:

$$p_E = \frac{100 * p_A}{100 - p_A}$$

Finanzmathematische Formeln 291

Rentenrechnung

Endwert der Rente:

nachschüssige Rentenzahlung

$K_n = R * ENF$

jährliche Zinstermine - unterjährige Rententermine:

$K_n = R_E * ENF$

vorschüssige Rentenzahlung

$K_n = R * q * ENF$

jährliche Zinstermine - unterjährige Rententermine:

$K_n = R_E * ENF$

Barwert der Rente und Kapitalstock:

nachschüssige Rentenzahlung

$K_0 = r * BAF$ oder

$K_0 = r * \dfrac{q^n - 1}{q^n * (q-1)}$

vorschüssige Rentenzahlung

$K_0 = r * q * BAF$ oder

$K_0 = r * q * \dfrac{q^n - 1}{q^n * (q-1)}$

Konforme, nachschüssige Jahresersatzrente R_E bei einfacher unterjähriger Verzinsung:

nachschüssige Rentenzahlung

$R_E = R * [m + \dfrac{i}{2} * (m-1)]$

vorschüssige Rentenzahlung

$R_E = R * [m + \dfrac{i}{2} * (m+1)]$

Aufgeschobene Rente:

nachschüssige Rentenzahlung

$K_0 = \dfrac{r * BAF}{q^k}$

vorschüssige Rentenzahlung

$K_0 = \dfrac{r * q * BAF}{q^k}$

Kapitalrentenformel:

nachschüssig

$$RK_n = K_0 * q^n - R * ENF$$

vorschüssig

$$RK_n = K_0 * q^n - R * q * ENF$$

Kapitalrentenlaufzeit:

nachschüssige Rentenzahlung

$$n = \frac{\log(\frac{R}{R - K_0 * i})}{\log q}$$

vorschüssige Rentenzahlung

$$n = \frac{\log(\frac{R * q}{R * q - K_0 * i})}{\log q}$$

Tilgungsrechnung

Annuitätenschuld:

Annuität oder Rate $R = \frac{K_0}{BAF}$ Tilgung $T_n = R - K_n * i$

Ratenschuld:

Tilgung $T = \frac{K_0}{n}$ Rate $R_n = T + K_n * i$

Regula falsi:

$$p_{eff} = p_{1/2} \pm (\Delta p * \frac{\Delta K_{Ziel}}{\Delta K})$$

Faustformel für Effektivverzinsung der Zinsschuld, Ratenschuld:

$$p_{eff.} = \frac{p}{C_0} * 100 + \frac{(C_n - C_0)}{n * C_0} * 100$$

Finanzmathematische Formeln

Formeln der Tabellenwerke

Aufzinsungsfaktor $\quad$ AUF $= (1+ i)^n = q^n$

Abzinsungsfaktor $\quad$ ABF $= \dfrac{1}{q^n} = q^{-n} = \dfrac{1}{\text{AUF}}$

Barwertfaktor $\quad$ BAF $= \dfrac{q^n - 1}{q^n * (q-1)} = \dfrac{q^n - 1}{q^n * i}$

Annuitätenfaktor $\quad$ ANF $= \dfrac{q^n * (q-1)}{q^n - 1} = \dfrac{q^n * i}{q^n - 1} = \dfrac{1}{\text{BAF}}$

Endwertfaktor $\quad$ ENF $= \dfrac{q^n - 1}{q-1} = \dfrac{q^n - 1}{i}$

Endwertverteilungsfaktor $\quad$ EVF $= \dfrac{q-1}{q^n - 1} = \dfrac{i}{q^n - 1} = \dfrac{1}{\text{ENF}}$

Finanzmathematische Tabellen

			0,2%			
n	AUF	ABF	BAF	ANF	ENF	EVF
1	1,002000	0,998004	0,998004	1,002000	1,000000	1,000000
2	1,004004	0,996012	1,994016	0,501500	2,002000	0,499500
3	1,006012	0,994024	2,988040	0,334668	3,006004	0,332668
4	1,008024	0,992040	3,980080	0,251251	4,012016	0,249251
5	1,010040	0,990060	4,970139	0,201202	5,020040	0,199202
6	1,012060	0,988084	5,958223	0,167835	6,030080	0,165835
7	1,014084	0,986111	6,944334	0,144002	7,042140	0,142002
8	1,016112	0,984143	7,928477	0,126128	8,056225	0,124128
9	1,018145	0,982179	8,910656	0,112225	9,072337	0,110225
10	1,020181	0,980218	9,890874	0,101103	10,090482	0,099103
11	1,022221	0,978262	10,869136	0,092004	11,110663	0,090004
12	1,024266	0,976309	11,845445	0,084421	12,132884	0,082421
15	1,030424	0,970475	14,762696	0,067738	15,211831	0,065738
18	1,036619	0,964675	17,662513	0,056617	18,309289	0,054617
21	1,042851	0,958910	20,545000	0,048674	21,425368	0,046674
24	1,049120	0,953179	23,410261	0,042716	24,560182	0,040716

			0,3%			
n	AUF	ABF	BAF	ANF	ENF	EVF
1	1,003000	0,997009	0,997009	1,003000	1,000000	1,000000
2	1,006009	0,994027	1,991036	0,502251	2,003000	0,499251
3	1,009027	0,991054	2,982090	0,335335	3,009009	0,332335
4	1,012054	0,988089	3,970179	0,251878	4,018036	0,248878
5	1,015090	0,985134	4,955313	0,201804	5,030090	0,198804
6	1,018136	0,982187	5,937501	0,168421	6,045180	0,165421
7	1,021190	0,979250	6,916750	0,144577	7,063316	0,141577
8	1,024254	0,976321	7,893071	0,126693	8,084506	0,123693
9	1,027326	0,973401	8,866472	0,112784	9,108759	0,109784
10	1,030408	0,970489	9,836961	0,101657	10,136086	0,098657
11	1,033499	0,967586	10,804547	0,092554	11,166494	0,089554
12	1,036600	0,964692	11,769239	0,084967	12,199993	0,081967
15	1,045957	0,956062	14,646038	0,068278	15,319132	0,065278
18	1,055399	0,947509	17,497101	0,057152	18,466427	0,054152
21	1,064926	0,939032	20,322656	0,049206	21,642133	0,046206
24	1,074540	0,930631	23,122934	0,043247	24,846506	0,040247

0,4%

n	AUF	ABF	BAF	ANF	ENF	EVF
1	1,004000	0,996016	0,996016	1,004000	1,000000	1,000000
2	1,008016	0,992048	1,988064	0,503002	2,004000	0,499002
3	1,012048	0,988095	2,976159	0,336004	3,012016	0,332004
4	1,016096	0,984159	3,960318	0,252505	4,024064	0,248505
5	1,020161	0,980238	4,940556	0,202406	5,040160	0,198406
6	1,024241	0,976332	5,916888	0,169008	6,060321	0,165008
7	1,028338	0,972443	6,889331	0,145152	7,084562	0,141152
8	1,032452	0,968568	7,857899	0,127260	8,112900	0,123260
9	1,036581	0,964710	8,822609	0,113345	9,145352	0,109345
10	1,040728	0,960866	9,783475	0,102213	10,181934	0,098213
11	1,044891	0,957038	10,740513	0,093105	11,222661	0,089105
12	1,049070	0,953225	11,693738	0,085516	12,267552	0,081516
15	1,061709	0,941877	14,530687	0,068820	15,427368	0,064820
18	1,074501	0,930665	17,333864	0,057691	18,625254	0,053691
21	1,087447	0,919585	20,103669	0,049742	21,861668	0,045742
24	1,100548	0,908638	22,840501	0,043782	25,137075	0,039782

0,5%

n	AUF	ABF	BAF	ANF	ENF	EVF
1	1,005000	0,995025	0,995025	1,005000	1,000000	1,000000
2	1,010025	0,990075	1,985099	0,503753	2,005000	0,498753
3	1,015075	0,985149	2,970248	0,336672	3,015025	0,331672
4	1,020151	0,980248	3,950496	0,253133	4,030100	0,248133
5	1,025251	0,975371	4,925866	0,203010	5,050251	0,198010
6	1,030378	0,970518	5,896384	0,169595	6,075502	0,164595
7	1,035529	0,965690	6,862074	0,145729	7,105879	0,140729
8	1,040707	0,960885	7,822959	0,127829	8,141409	0,122829
9	1,045911	0,956105	8,779064	0,113907	9,182116	0,108907
10	1,051140	0,951348	9,730412	0,102771	10,228026	0,097771
11	1,056396	0,946615	10,677027	0,093659	11,279167	0,088659
12	1,061678	0,941905	11,618932	0,086066	12,335562	0,081066
15	1,077683	0,927917	14,416625	0,069364	15,536548	0,064364
18	1,093929	0,914136	17,172768	0,058232	18,785788	0,053232
21	1,110420	0,900560	19,887979	0,050282	22,084011	0,045282
24	1,127160	0,887186	22,562866	0,044321	25,431955	0,039321

0,6%

n	AUF	ABF	BAF	ANF	ENF	EVF
1	1,006000	0,994036	0,994036	1,006000	1,000000	1,000000
2	1,012036	0,988107	1,982143	0,504504	2,006000	0,498504
3	1,018108	0,982214	2,964357	0,337341	3,018036	0,331341
4	1,024217	0,976356	3,940713	0,253761	4,036144	0,247761
5	1,030362	0,970533	4,911245	0,203614	5,060361	0,197614
6	1,036544	0,964744	5,875989	0,170184	6,090723	0,164184
7	1,042764	0,958990	6,834979	0,146306	7,127268	0,140306
8	1,049020	0,953271	7,788250	0,128399	8,170031	0,122399
9	1,055314	0,947585	8,735835	0,114471	9,219051	0,108471
10	1,061646	0,941933	9,677768	0,103330	10,274366	0,097330
11	1,068016	0,936315	10,614084	0,094214	11,336012	0,088214
12	1,074424	0,930731	11,544815	0,086619	12,404028	0,080619
15	1,093880	0,914177	14,303834	0,069911	15,646679	0,063911
18	1,113688	0,897917	17,013781	0,058776	18,948048	0,052776
21	1,133855	0,881947	19,675528	0,050825	22,309200	0,044825
24	1,154387	0,866260	22,289933	0,044863	25,731215	0,038863

0,7%

n	AUF	ABF	BAF	ANF	ENF	EVF
1	1,007000	0,993049	0,993049	1,007000	1,000000	1,000000
2	1,014049	0,986146	1,979194	0,505256	2,007000	0,498256
3	1,021147	0,979291	2,958485	0,338011	3,021049	0,331011
4	1,028295	0,972483	3,930968	0,254390	4,042196	0,247390
5	1,035493	0,965723	4,896691	0,204220	5,070492	0,197220
6	1,042742	0,959010	5,855701	0,170774	6,105985	0,163774
7	1,050041	0,952344	6,808045	0,146885	7,148727	0,139885
8	1,057391	0,945724	7,753769	0,128970	8,198768	0,121970
9	1,064793	0,939150	8,692918	0,115036	9,256160	0,108036
10	1,072247	0,932621	9,625539	0,103890	10,320953	0,096890
11	1,079752	0,926138	10,551678	0,094772	11,393199	0,087772
12	1,087311	0,919700	11,471378	0,087173	12,472952	0,080173
15	1,110304	0,900654	14,192298	0,070461	15,757770	0,063461
18	1,133784	0,882002	16,856869	0,059323	19,112054	0,052323
21	1,157761	0,863736	19,466258	0,051371	22,537273	0,044371
24	1,182244	0,845849	22,021609	0,045410	26,034925	0,038410

0,8%

n	AUF	ABF	BAF	ANF	ENF	EVF
1	1,008000	0,992063	0,992063	1,008000	1,000000	1,000000
2	1,016064	0,984190	1,976253	0,506008	2,008000	0,498008
3	1,024193	0,976379	2,952632	0,338681	3,024064	0,330681
4	1,032386	0,968630	3,921262	0,255020	4,048257	0,247020
5	1,040645	0,960942	4,882205	0,204825	5,080643	0,196825
6	1,048970	0,953316	5,835521	0,171364	6,121288	0,163364
7	1,057362	0,945750	6,781270	0,147465	7,170258	0,139465
8	1,065821	0,938244	7,719514	0,129542	8,227620	0,121542
9	1,074348	0,930798	8,650312	0,115603	9,293441	0,107603
10	1,082942	0,923410	9,573722	0,104453	10,367789	0,096453
11	1,091606	0,916082	10,489804	0,095331	11,450731	0,087331
12	1,100339	0,908811	11,398615	0,087730	12,542337	0,079730
15	1,126959	0,887344	14,082000	0,071013	15,869831	0,063013
18	1,154223	0,866384	16,702000	0,059873	19,277826	0,051873
21	1,182146	0,845919	19,260114	0,051921	22,768269	0,043921
24	1,210745	0,825938	21,757802	0,045961	26,343155	0,037961

0,9%

n	AUF	ABF	BAF	ANF	ENF	EVF
1	1,009000	0,991080	0,991080	1,009000	1,000000	1,000000
2	1,018081	0,982240	1,973320	0,506760	2,009000	0,497760
3	1,027244	0,973479	2,946799	0,339351	3,027081	0,330351
4	1,036489	0,964796	3,911595	0,255650	4,054325	0,246650
5	1,045817	0,956190	4,867785	0,205432	5,090814	0,196432
6	1,055230	0,947661	5,815446	0,171956	6,136631	0,162956
7	1,064727	0,939208	6,754654	0,148046	7,191861	0,139046
8	1,074309	0,930831	7,685485	0,130115	8,256587	0,121115
9	1,083978	0,922528	8,608012	0,116171	9,330897	0,107171
10	1,093734	0,914299	9,522312	0,105017	10,414875	0,096017
11	1,103577	0,906144	10,428456	0,095891	11,508609	0,086891
12	1,113510	0,898061	11,326517	0,088288	12,612186	0,079288
15	1,143846	0,874244	13,972923	0,071567	15,982870	0,062567
18	1,175008	0,851058	16,549144	0,060426	19,445384	0,051426
21	1,207020	0,828487	19,057040	0,052474	23,002230	0,043474
24	1,239904	0,806514	21,498424	0,046515	26,655977	0,037515

1,0%

n	AUF	ABF	BAF	ANF	ENF	EVF
1	1,010000	0,990099	0,990099	1,010000	1,000000	1,000000
2	1,020100	0,980296	1,970395	0,507512	2,010000	0,497512
3	1,030301	0,970590	2,940985	0,340022	3,030100	0,330022
4	1,040604	0,960980	3,901966	0,256281	4,060401	0,246281
5	1,051010	0,951466	4,853431	0,206040	5,101005	0,196040
6	1,061520	0,942045	5,795476	0,172548	6,152015	0,162548
7	1,072135	0,932718	6,728195	0,148628	7,213535	0,138628
8	1,082857	0,923483	7,651678	0,130690	8,285671	0,120690
9	1,093685	0,914340	8,566018	0,116740	9,368527	0,106740
10	1,104622	0,905287	9,471305	0,105582	10,462213	0,095582
11	1,115668	0,896324	10,367628	0,096454	11,566835	0,086454
12	1,126825	0,887449	11,255077	0,088849	12,682503	0,078849
15	1,160969	0,861349	13,865053	0,072124	16,096896	0,062124
18	1,196147	0,836017	16,398269	0,060982	19,614748	0,050982
21	1,232392	0,811430	18,856983	0,053031	23,239194	0,043031
24	1,269735	0,787566	21,243387	0,047073	26,973465	0,037073

2,0%

n	AUF	ABF	BAF	ANF	ENF	EVF
1	1,020000	0,980392	0,980392	1,020000	1,000000	1,000000
2	1,040400	0,961169	1,941561	0,515050	2,020000	0,495050
3	1,061208	0,942322	2,883883	0,346755	3,060400	0,326755
4	1,082432	0,923845	3,807729	0,262624	4,121608	0,242624
5	1,104081	0,905731	4,713460	0,212158	5,204040	0,192158
6	1,126162	0,887971	5,601431	0,178526	6,308121	0,158526
7	1,148686	0,870560	6,471991	0,154512	7,434283	0,134512
8	1,171659	0,853490	7,325481	0,136510	8,582969	0,116510
9	1,195093	0,836755	8,162237	0,122515	9,754628	0,102515
10	1,218994	0,820348	8,982585	0,111327	10,949721	0,091327
11	1,243374	0,804263	9,786848	0,102178	12,168715	0,082178
12	1,268242	0,788493	10,575341	0,094560	13,412090	0,074560
15	1,345868	0,743015	12,849264	0,077825	17,293417	0,057825
20	1,485947	0,672971	16,351433	0,061157	24,297370	0,041157
30	1,811362	0,552071	22,396456	0,044650	40,568079	0,024650
40	2,208040	0,452890	27,355479	0,036556	60,401983	0,016556

Finanzmathematische Tabellen

			2,5%			
n	AUF	ABF	BAF	ANF	ENF	EVF
1	1,025000	0,975610	0,975610	1,025000	1,000000	1,000000
2	1,050625	0,951814	1,927424	0,518827	2,025000	0,493827
3	1,076891	0,928599	2,856024	0,350137	3,075625	0,325137
4	1,103813	0,905951	3,761974	0,265818	4,152516	0,240818
5	1,131408	0,883854	4,645828	0,215247	5,256329	0,190247
6	1,159693	0,862297	5,508125	0,181550	6,387737	0,156550
7	1,188686	0,841265	6,349391	0,157495	7,547430	0,132495
8	1,218403	0,820747	7,170137	0,139467	8,736116	0,114467
9	1,248863	0,800728	7,970866	0,125457	9,954519	0,100457
10	1,280085	0,781198	8,752064	0,114259	11,203382	0,089259
11	1,312087	0,762145	9,514209	0,105106	12,483466	0,080106
12	1,344889	0,743556	10,257765	0,097487	13,795553	0,072487
15	1,448298	0,690466	12,381378	0,080766	17,931927	0,055766
20	1,638616	0,610271	15,589162	0,064147	25,544658	0,039147
30	2,097568	0,476743	20,930293	0,047778	43,902703	0,022778
40	2,685064	0,372431	25,102775	0,039836	67,402554	0,014836

			3,0%			
n	AUF	ABF	BAF	ANF	ENF	EVF
1	1,030000	0,970874	0,970874	1,030000	1,000000	1,000000
2	1,060900	0,942596	1,913470	0,522611	2,030000	0,492611
3	1,092727	0,915142	2,828611	0,353530	3,090900	0,323530
4	1,125509	0,888487	3,717098	0,269027	4,183627	0,239027
5	1,159274	0,862609	4,579707	0,218355	5,309136	0,188355
6	1,194052	0,837484	5,417191	0,184598	6,468410	0,154598
7	1,229874	0,813092	6,230283	0,160506	7,662462	0,130506
8	1,266770	0,789409	7,019692	0,142456	8,892336	0,112456
9	1,304773	0,766417	7,786109	0,128434	10,159106	0,098434
10	1,343916	0,744094	8,530203	0,117231	11,463879	0,087231
11	1,384234	0,722421	9,252624	0,108077	12,807796	0,078077
12	1,425761	0,701380	9,954004	0,100462	14,192030	0,070462
15	1,557967	0,641862	11,937935	0,083767	18,598914	0,053767
20	1,806111	0,553676	14,877475	0,067216	26,870374	0,037216
30	2,427262	0,411987	19,600441	0,051019	47,575416	0,021019
40	3,262038	0,306557	23,114772	0,043262	75,401260	0,013262

Finanzmathematische Tabellen

			4,0%			
n	AUF	ABF	BAF	ANF	ENF	EVF
1	1,040000	0,961538	0,961538	1,040000	1,000000	1,000000
2	1,081600	0,924556	1,886095	0,530196	2,040000	0,490196
3	1,124864	0,888996	2,775091	0,360349	3,121600	0,320349
4	1,169859	0,854804	3,629895	0,275490	4,246464	0,235490
5	1,216653	0,821927	4,451822	0,224627	5,416323	0,184627
6	1,265319	0,790315	5,242137	0,190762	6,632975	0,150762
7	1,315932	0,759918	6,002055	0,166610	7,898294	0,126610
8	1,368569	0,730690	6,732745	0,148528	9,214226	0,108528
9	1,423312	0,702587	7,435332	0,134493	10,582795	0,094493
10	1,480244	0,675564	8,110896	0,123291	12,006107	0,083291
11	1,539454	0,649581	8,760477	0,114149	13,486351	0,074149
12	1,601032	0,624597	9,385074	0,106552	15,025805	0,066552
15	1,800944	0,555265	11,118387	0,089941	20,023588	0,049941
20	2,191123	0,456387	13,590326	0,073582	29,778079	0,033582
30	3,243398	0,308319	17,292033	0,057830	56,084938	0,017830
40	4,801021	0,208289	19,792774	0,050523	95,025516	0,010523

			5,0%			
n	AUF	ABF	BAF	ANF	ENF	EVF
1	1,050000	0,952381	0,952381	1,050000	1,000000	1,000000
2	1,102500	0,907029	1,859410	0,537805	2,050000	0,487805
3	1,157625	0,863838	2,723248	0,367209	3,152500	0,317209
4	1,215506	0,822702	3,545951	0,282012	4,310125	0,232012
5	1,276282	0,783526	4,329477	0,230975	5,525631	0,180975
6	1,340096	0,746215	5,075692	0,197017	6,801913	0,147017
7	1,407100	0,710681	5,786373	0,172820	8,142008	0,122820
8	1,477455	0,676839	6,463213	0,154722	9,549109	0,104722
9	1,551328	0,644609	7,107822	0,140690	11,026564	0,090690
10	1,628895	0,613913	7,721735	0,129505	12,577893	0,079505
11	1,710339	0,584679	8,306414	0,120389	14,206787	0,070389
12	1,795856	0,556837	8,863252	0,112825	15,917127	0,062825
15	2,078928	0,481017	10,379658	0,096342	21,578564	0,046342
20	2,653298	0,376889	12,462210	0,080243	33,065954	0,030243
30	4,321942	0,231377	15,372451	0,065051	66,438848	0,015051
40	7,039989	0,142046	17,159086	0,058278	120,799774	0,008278

6,0%

n	AUF	ABF	BAF	ANF	ENF	EVF
1	1,060000	0,943396	0,943396	1,060000	1,000000	1,000000
2	1,123600	0,889996	1,833393	0,545437	2,060000	0,485437
3	1,191016	0,839619	2,673012	0,374110	3,183600	0,314110
4	1,262477	0,792094	3,465106	0,288591	4,374616	0,228591
5	1,338226	0,747258	4,212364	0,237396	5,637093	0,177396
6	1,418519	0,704961	4,917324	0,203363	6,975319	0,143363
7	1,503630	0,665057	5,582381	0,179135	8,393838	0,119135
8	1,593848	0,627412	6,209794	0,161036	9,897468	0,101036
9	1,689479	0,591898	6,801692	0,147022	11,491316	0,087022
10	1,790848	0,558395	7,360087	0,135868	13,180795	0,075868
11	1,898299	0,526788	7,886875	0,126793	14,971643	0,066793
12	2,012196	0,496969	8,383844	0,119277	16,869941	0,059277
15	2,396558	0,417265	9,712249	0,102963	23,275970	0,042963
20	3,207135	0,311805	11,469921	0,087185	36,785591	0,027185
30	5,743491	0,174110	13,764831	0,072649	79,058186	0,012649
40	10,285718	0,097222	15,046297	0,066462	154,761966	0,006462

7,0%

n	AUF	ABF	BAF	ANF	ENF	EVF
1	1,070000	0,934579	0,934579	1,070000	1,000000	1,000000
2	1,144900	0,873439	1,808018	0,553092	2,070000	0,483092
3	1,225043	0,816298	2,624316	0,381052	3,214900	0,311052
4	1,310796	0,762895	3,387211	0,295228	4,439943	0,225228
5	1,402552	0,712986	4,100197	0,243891	5,750739	0,173891
6	1,500730	0,666342	4,766540	0,209796	7,153291	0,139796
7	1,605781	0,622750	5,389289	0,185553	8,654021	0,115553
8	1,718186	0,582009	5,971299	0,167468	10,259803	0,097468
9	1,838459	0,543934	6,515232	0,153486	11,977989	0,083486
10	1,967151	0,508349	7,023582	0,142378	13,816448	0,072378
11	2,104852	0,475093	7,498674	0,133357	15,783599	0,063357
12	2,252192	0,444012	7,942686	0,125902	17,888451	0,055902
15	2,759032	0,362446	9,107914	0,109795	25,129022	0,039795
20	3,869684	0,258419	10,594014	0,094393	40,995492	0,024393
30	7,612255	0,131367	12,409041	0,080586	94,460786	0,010586
40	14,974458	0,066780	13,331709	0,075009	199,635112	0,005009

7,5%

n	AUF	ABF	BAF	ANF	ENF	EVF
1	1,075000	0,930233	0,930233	1,075000	1,000000	1,000000
2	1,155625	0,865333	1,795565	0,556928	2,075000	0,481928
3	1,242297	0,804961	2,600526	0,384538	3,230625	0,309538
4	1,335469	0,748801	3,349326	0,298568	4,472922	0,223568
5	1,435629	0,696559	4,045885	0,247165	5,808391	0,172165
6	1,543302	0,647962	4,693846	0,213045	7,244020	0,138045
7	1,659049	0,602755	5,296601	0,188800	8,787322	0,113800
8	1,783478	0,560702	5,857304	0,170727	10,446371	0,095727
9	1,917239	0,521583	6,378887	0,156767	12,229849	0,081767
10	2,061032	0,485194	6,864081	0,145686	14,147087	0,070686
11	2,215609	0,451343	7,315424	0,136697	16,208119	0,061697
12	2,381780	0,419854	7,735278	0,129278	18,423728	0,054278
15	2,958877	0,337966	8,827120	0,113287	26,118365	0,038287
20	4,247851	0,235413	10,194491	0,098092	43,304681	0,023092
30	8,754955	0,114221	11,810386	0,084671	103,399403	0,009671
40	18,044239	0,055419	12,594409	0,079400	227,256520	0,004400

8,0%

n	AUF	ABF	BAF	ANF	ENF	EVF
1	1,080000	0,925926	0,925926	1,080000	1,000000	1,000000
2	1,166400	0,857339	1,783265	0,560769	2,080000	0,480769
3	1,259712	0,793832	2,577097	0,388034	3,246400	0,308034
4	1,360489	0,735030	3,312127	0,301921	4,506112	0,221921
5	1,469328	0,680583	3,992710	0,250456	5,866601	0,170456
6	1,586874	0,630170	4,622880	0,216315	7,335929	0,136315
7	1,713824	0,583490	5,206370	0,192072	8,922803	0,112072
8	1,850930	0,540269	5,746639	0,174015	10,636628	0,094015
9	1,999005	0,500249	6,246888	0,160080	12,487558	0,080080
10	2,158925	0,463193	6,710081	0,149029	14,486562	0,069029
11	2,331639	0,428883	7,138964	0,140076	16,645487	0,060076
12	2,518170	0,397114	7,536078	0,132695	18,977126	0,052695
15	3,172169	0,315242	8,559479	0,116830	27,152114	0,036830
20	4,660957	0,214548	9,818147	0,101852	45,761964	0,021852
30	10,062657	0,099377	11,257783	0,088827	113,283211	0,008827
40	21,724521	0,046031	11,924613	0,083860	259,056519	0,003860

Finanzmathematische Tabellen

			9,0%			
n	AUF	ABF	BAF	ANF	ENF	EVF
1	1,090000	0,917431	0,917431	1,090000	1,000000	1,000000
2	1,188100	0,841680	1,759111	0,568469	2,090000	0,478469
3	1,295029	0,772183	2,531295	0,395055	3,278100	0,305055
4	1,411582	0,708425	3,239720	0,308669	4,573129	0,218669
5	1,538624	0,649931	3,889651	0,257092	5,984711	0,167092
6	1,677100	0,596267	4,485919	0,222920	7,523335	0,132920
7	1,828039	0,547034	5,032953	0,198691	9,200435	0,108691
8	1,992563	0,501866	5,534819	0,180674	11,028474	0,090674
9	2,171893	0,460428	5,995247	0,166799	13,021036	0,076799
10	2,367364	0,422411	6,417658	0,155820	15,192930	0,065820
11	2,580426	0,387533	6,805191	0,146947	17,560293	0,056947
12	2,812665	0,355535	7,160725	0,139651	20,140720	0,049651
15	3,642482	0,274538	8,060688	0,124059	29,360916	0,034059
20	5,604411	0,178431	9,128546	0,109546	51,160120	0,019546
30	13,267678	0,075371	10,273654	0,097336	136,307539	0,007336
40	31,409420	0,031838	10,757360	0,092960	337,882445	0,002960

			10,0%			
n	AUF	ABF	BAF	ANF	ENF	EVF
1	1,100000	0,909091	0,909091	1,100000	1,000000	1,000000
2	1,210000	0,826446	1,735537	0,576190	2,100000	0,476190
3	1,331000	0,751315	2,486852	0,402115	3,310000	0,302115
4	1,464100	0,683013	3,169865	0,315471	4,641000	0,215471
5	1,610510	0,620921	3,790787	0,263797	6,105100	0,163797
6	1,771561	0,564474	4,355261	0,229607	7,715610	0,129607
7	1,948717	0,513158	4,868419	0,205405	9,487171	0,105405
8	2,143589	0,466507	5,334926	0,187444	11,435888	0,087444
9	2,357948	0,424098	5,759024	0,173641	13,579477	0,073641
10	2,593742	0,385543	6,144567	0,162745	15,937425	0,062745
11	2,853117	0,350494	6,495061	0,153963	18,531167	0,053963
12	3,138428	0,318631	6,813692	0,146763	21,384284	0,046763
15	4,177248	0,239392	7,606080	0,131474	31,772482	0,031474
20	6,727500	0,148644	8,513564	0,117460	57,274999	0,017460
30	17,449402	0,057309	9,426914	0,106079	164,494023	0,006079
40	45,259256	0,022095	9,779051	0,102259	442,592556	0,002259

11,0%

n	AUF	ABF	BAF	ANF	ENF	EVF
1	1,110000	0,900901	0,900901	1,110000	1,000000	1,000000
2	1,232100	0,811622	1,712523	0,583934	2,110000	0,473934
3	1,367631	0,731191	2,443715	0,409213	3,342100	0,299213
4	1,518070	0,658731	3,102446	0,322326	4,709731	0,212326
5	1,685058	0,593451	3,695897	0,270570	6,227801	0,160570
6	1,870415	0,534641	4,230538	0,236377	7,912860	0,126377
7	2,076160	0,481658	4,712196	0,212215	9,783274	0,102215
8	2,304538	0,433926	5,146123	0,194321	11,859434	0,084321
9	2,558037	0,390925	5,537048	0,180602	14,163972	0,070602
10	2,839421	0,352184	5,889232	0,169801	16,722009	0,059801
11	3,151757	0,317283	6,206515	0,161121	19,561430	0,051121
12	3,498451	0,285841	6,492356	0,154027	22,713187	0,044027
15	4,784589	0,209004	7,190870	0,139065	34,405359	0,029065
20	8,062312	0,124034	7,963328	0,125576	64,202832	0,015576
30	22,892297	0,043683	8,693793	0,115025	199,020878	0,005025
40	65,000867	0,015384	8,951051	0,111719	581,826066	0,001719

12,0%

n	AUF	ABF	BAF	ANF	ENF	EVF
1	1,120000	0,892857	0,892857	1,120000	1,000000	1,000000
2	1,254400	0,797194	1,690051	0,591698	2,120000	0,471698
3	1,404928	0,711780	2,401831	0,416349	3,374400	0,296349
4	1,573519	0,635518	3,037349	0,329234	4,779328	0,209234
5	1,762342	0,567427	3,604776	0,277410	6,352847	0,157410
6	1,973823	0,506631	4,111407	0,243226	8,115189	0,123226
7	2,210681	0,452349	4,563757	0,219118	10,089012	0,099118
8	2,475963	0,403883	4,967640	0,201303	12,299693	0,081303
9	2,773079	0,360610	5,328250	0,187679	14,775656	0,067679
10	3,105848	0,321973	5,650223	0,176984	17,548735	0,056984
11	3,478550	0,287476	5,937699	0,168415	20,654583	0,048415
12	3,895976	0,256675	6,194374	0,161437	24,133133	0,041437
15	5,473566	0,182696	6,810864	0,146824	37,279715	0,026824
20	9,646293	0,103667	7,469444	0,133879	72,052442	0,013879
30	29,959922	0,033378	8,055184	0,124144	241,332684	0,004144
40	93,050970	0,010747	8,243777	0,121304	767,091420	0,001304

15,0%

n	AUF	ABF	BAF	ANF	ENF	EVF
1	1,150000	0,869565	0,869565	1,150000	1,000000	1,000000
2	1,322500	0,756144	1,625709	0,615116	2,150000	0,465116
3	1,520875	0,657516	2,283225	0,437977	3,472500	0,287977
4	1,749006	0,571753	2,854978	0,350265	4,993375	0,200265
5	2,011357	0,497177	3,352155	0,298316	6,742381	0,148316
6	2,313061	0,432328	3,784483	0,264237	8,753738	0,114237
7	2,660020	0,375937	4,160420	0,240360	11,066799	0,090360
8	3,059023	0,326902	4,487322	0,222850	13,726819	0,072850
9	3,517876	0,284262	4,771584	0,209574	16,785842	0,059574
10	4,045558	0,247185	5,018769	0,199252	20,303718	0,049252
11	4,652391	0,214943	5,233712	0,191069	24,349276	0,041069
12	5,350250	0,186907	5,420619	0,184481	29,001667	0,034481
15	8,137062	0,122894	5,847370	0,171017	47,580411	0,021017
20	16,366537	0,061100	6,259331	0,159761	102,443583	0,009761
30	66,211772	0,015103	6,565980	0,152300	434,745146	0,002300
40	267,863546	0,003733	6,641778	0,150562	1.779,090308	0,000562

20,0%

n	AUF	ABF	BAF	ANF	ENF	EVF
1	1,200000	0,833333	0,833333	1,200000	1,000000	1,000000
2	1,440000	0,694444	1,527778	0,654545	2,200000	0,454545
3	1,728000	0,578704	2,106481	0,474725	3,640000	0,274725
4	2,073600	0,482253	2,588735	0,386289	5,368000	0,186289
5	2,488320	0,401878	2,990612	0,334380	7,441600	0,134380
6	2,985984	0,334898	3,325510	0,300706	9,929920	0,100706
7	3,583181	0,279082	3,604592	0,277424	12,915904	0,077424
8	4,299817	0,232568	3,837160	0,260609	16,499085	0,060609
9	5,159780	0,193807	4,030967	0,248079	20,798902	0,048079
10	6,191736	0,161506	4,192472	0,238523	25,958682	0,038523
11	7,430084	0,134588	4,327060	0,231104	32,150419	0,031104
12	8,916100	0,112157	4,439217	0,225265	39,580502	0,025265
15	15,407022	0,064905	4,675473	0,213882	72,035108	0,013882
20	38,337600	0,026084	4,869580	0,205357	186,688000	0,005357
30	237,376314	0,004213	4,978936	0,200846	1.181,881569	0,000846
40	1.469,771568	0,000680	4,996598	0,200136	7.343,857840	0,000136